入门·进阶·提高

# Photoshop CS4

## 数码照片处理入门、进阶与提高

卓越科技 编著

電子工業出版社
Publishing House of Electronics Industry
北京·BEIJING

## 内容简介

本书是指导初学者使用Photoshop对数码照片进行编辑处理的入门、提高书籍。书中知识点讲解深刻，实例丰富典型，操作步骤细致有效，着重介绍实际生活中拍摄的数码照片之常见问题的解决方法，使读者通过本书不仅可以系统地学习Photoshop CS4的操作，而且可以针对个人的实际问题轻松找到最佳的解决方法。整书的结构分入门、进阶、提高三大块，完美切合读者的学习过程，使学习更有目标性和阶段性。



**图书在版编目（CIP）数据**

Photoshop CS4数码照片处理入门、进阶与提高 / 卓越科技编著. 一北京：电子工业出版社，2010.7

（入门·进阶·提高）

ISBN 978-7-121-10866-2

Ⅰ.①P… Ⅱ.①卓… Ⅲ.①图形软件，Photoshop CS4 Ⅳ.①TP391.41

中国版本图书馆CIP数据核字（2010）第087517号

责任编辑：于 兰

印　　刷：北京东光印刷厂

装　　订：三河市皇庄路通装订厂

出版发行：电子工业出版社

北京市海淀区万寿路173信箱　　邮编：100036

开　　本：787×1092　1/16　　印张：19.5　　字数：500千字　　彩插：1

印　　次：2010年7月第1次印刷

定　　价：39.90元（含DVD光盘一张）

凡所购买电子工业出版社图书有缺损问题，请向购买书店调换。若书店售缺，请与本社发行部联系，联系及邮购电话：（010）88254888。

质量投诉请发邮件至zlts@phei.com.cn，盗版侵权举报请发邮件至dbqq@phei.com.cn。

服务热线：（010）88258888。

# 前　言

每位读者都希望找到适合自己阅读的图书，通过学习掌握软件功能，提高实战应用水平。本着一切从读者需要出发的理念，我们精心编写了《入门·进阶·提高》丛书，通过“学习基础知识”、“精讲典型实例”和“自己动手练”这三个过程，让读者循序渐进地掌握各软件的功能和使用技巧。随书附带的多媒体光盘更可帮助读者掌握知识、提高应用水平。

## 本套丛书的编写结构

《入门·进阶·提高》系列丛书立意新颖、构意独特，采用“书＋多媒体教学光盘”的形式，向读者介绍各软件的使用方法。本系列丛书在编写时，严格按照“入门”、“进阶”和“提高”的结构来组织、安排学习内容。

### 入门——基本概念与基本操作

快速了解软件的基础知识。这部分内容对软件的基本知识、概念、工具或行业知识进行了介绍与讲解，使读者可以很快地熟悉并能掌握软件的基本操作。

### 进阶——典型实例

通过学习实例达到深入了解各软件功能的目的。本部分精心安排了一个或几个典型实例，详细剖析实例的制作方法，带领读者一步一步进行操作，通过学习实例引导读者在短时间内提高对软件的驾驭能力。

### 提高——自己动手练

通过自己动手的方式达到提高的目的。精心安排的动手实例，给出了实例效果与制作步骤提示，让读者自己动手练习，以进一步提高软件的应用水平，巩固所学知识。

## 本套丛书的特点

作为一套定位于“入门”、“进阶”和“提高”的丛书，它的最大特点就是结构合理、实例丰富，有助于读者快速入门，提高在实际工作中的应用能力。

### 结构合理、步骤详尽

本套丛书采用入门、进阶、提高的结构模式，由浅入深地介绍了软件的基本概念与基本操作，详细剖析了实例的制作方法和设计思路，帮助读者快速提高对软件的操作能力。

### 快速入门、重在提高

每章先对软件的基本概念和基本操作进行讲解，并渗透相关的设计理念，使读者可以快速入门。接下来安排的典型实例，可以在巩固所学知识的同时，提高读者的软件操作能力。

### 图解为主、效果精美

图书的关键步骤均给出了清晰的图片，对于很多效果图还给出了相关的说明文字，细微之处彰显精彩。每一个实例都包含了作者多年的实践经验，只要动手进行练习，很快就能掌握相关软件的操作方法和技巧。

### 举一反三、轻松掌握

本书中的实例都是在大量工作实践中挑选的，均具有一定的代表性，读者在按照实例进行操作时，不仅能轻松掌握操作方法，还可以做到举一反三，在实际工作和生活中实现应用。

## 丛书配套光盘使用说明

本套丛书随书赠送多媒体教学光盘，以下是本套光盘的使用简介。

**运行环境要求**

| 操作系统 | Windows 9X/Me/2000/XP/2003/NT/Vista/7简体中文版 |
| --- | --- |
| 显示模式 | 分辨率不小于800×600像素，16位色以上 |
| 光驱 | 4倍速以上的CD-ROM或DVD-ROM |
| 其他 | 配备声卡与音箱（或耳机） |

**安装和运行**

将光盘印有文字的一面朝上放入电脑光驱中，几秒钟后光盘就会自动运行，并进入光盘主界面。如果光盘未能自动运行，请用鼠标右键单击光驱所在盘符，在弹出的快捷菜单中选择“打开”命令，然后双击光盘根目录下的“Autorun.exe”文件，启动光盘。在光盘主界面中单击相应目录，即可进入播放界面，进行相应内容的学习。

## 本书作者

参与本书编写的作者均为长期从事Photoshop图像处理的专家或学者，有着丰富的教学经验和实践经验，本书是他们多年科研成果和教学结果的结晶，希望能为广大读者提供一条快速掌握软件操作的捷径。参与本书编写的主要人员有刘泽兰、唐薇、郭今、傅红英、霍媛媛、罗晓文、韩继业、易翔、鲍志刚、冯梅、王英、彭春燕、万先桥、毛磊、刘万江等。由于作者水平有限，书中疏漏和不足之处在所难免，恳请广大读者及专家不吝赐教。

# 目　录

Chapter 1

# 第1章 数码照片处理基础

## 本章要点

- 数码相机简介
- 数码相机与传统相机的区别
- 获取和导出数码照片
- 数码照片的存储格式
- 照片构图

## 本章导读

本章主要介绍数码照片处理基础，其中包括数码相机简介、数码相机与传统相机的区别、获取和导出数码照片、数码照片的存储格式和照片构图等。通过对本章的学习，读者可以掌握数码照片处理的一些基础知识。

# 1.1 数码相机简介

数码相机是光学、机械、电子一体化的产品，它集成了影像信息的转换、存储和传输等部件，具有数字化存取模式、与计算机交互处理及实时拍摄等特点。光线通过镜头或者镜头组进入相机，通过成像元件转化为数字信号，数字信号通过影像运算芯片处理后存储在存储设备中。数码相机的成像元件是CCD或者CMOS，该成像元件的特点是光线通过时，能根据光线的不同转化为电子信号。

随着社会的发展，数码相机以方便、实用的功能广泛步入人们的生活，越来越多人购买数码相机，在选购数码相机时用户应注意以下几个方面。

### 1. 成像质量

数码相机的成像质量，除镜头质量的因素外，很大程度上取决于成像芯片的像素水平。芯片上的电荷耦合极点被称为像素点，像素点数目越多，像素水平就越高，图像的最大分辨率也就越高，就能拍摄更大尺寸、细腻、清晰、层次分明的图像。像素水平和分辨率越高，相机的档次与价位就越高，成像质量也就越好。

**提示** 在选购数码相机时，如果财力允许，分辨率越高越好；但也不要一味追求高分辨率，而应根据使用用途量力而行。一般来说，拍摄成品如果是用于在计算机屏幕上显示，或应用在网页设计上，则选择分辨率如640×480像素的经济实用型相机就可以了；如果想输出影像，要求照片相对清晰、逼真，则应选择中档以上分辨率的相机（如1024×768像素）；如果你是专业摄影师或编辑记者，对图片质量要求较高，则应选择分辨率如1620×1200像素的高档相机。

### 2. 存储媒体的选择

数码相机存储容量的大小决定你所能拍摄的照片张数，在经济条件允许的情况下，存储量越大越好。目前，多数相机可配套使用移动式存储卡，机身带有存储卡插槽，为容量的扩充提供方便，拍完后换上另一个存储卡即可继续拍摄。

### 3. 自动变焦功能

近年来，越来越多的数码相机采用了CCD、TTL自动聚焦方式，进一步提高了聚焦精度，使画面质量有了较大的提高。在曝光模式上，快门优先式自动曝光、光圈优先式自动曝光、手动曝光模式均有提供，消费者可根据个人的习惯、爱好及自身摄影技艺进行选择。

**提示** CCD类型数码相机又可分为CCD面型和CCD扫描线型两类。CCD面型数码相机具有拍摄速度快的优点，对拍摄活动景物和闪光灯使用无特殊要求。CCD扫描线型相机分辨率极高，但曝光时间较长，无法拍摄活动景物，也不能进行闪光摄影，因此该类数码相机只能用于静物拍摄，选购时要据使用用途而定。

### 4. 镜头的品质

目前大多数数码相机都采用了内置变焦镜头，并在镜头中使用了非球面镜片，光圈的挡位数也由2或3挡提高到6挡左右；镜头的口径也明显加大，变焦镜头已有多种产品，使拍摄的灵活性和成像质量有了较大提高；有的相机还具有电子变焦功能，可提高超远距离拍摄能力，特别适用于野外科考等人员。

### 5. 液晶显示功能

具备液晶显示功能的数码相机，可以在拍摄前预览并先行检视拍摄对象，还能在拍摄后方便地浏览和编辑照片，删除不想要的照片，以便在下载到计算机之前，充分利用相机的有限存储空间。目前，显示器的显示方式有放大显现、幻灯显现、连续播放、多幅同时显现等；显示屏通常为1.8英寸和2英寸，有些产品已达到3英寸。

### 6. 特殊功能

目前，有些数码相机产品已有声音记录、微距拍摄、影像处理、高速连拍等辅助功能，给消费者提供了更为广泛的选择空间。

## 1.2 数码相机与传统相机的区别

数码相机的外观、部分功能及操作虽与传统相机基本相同，但还是有一些差别。

### 1. 制作工艺不同

传统相机是使用银盐感光材料即胶卷作为载体的，拍摄后的胶卷要经过冲洗才能得到照片，拍摄后无法知道照片拍摄效果的好坏，而且不能对拍摄不好的照片进行删除。而数码相机使用电荷耦合器CCD元件感光，将光信号转变为电信号，再经模/数转换后记录于存储卡上，存储卡可反复使用。由于数码相机拍摄的照片要经过数字化处理再存储，所以拍摄后的照片可以回放观看效果，对不满意的照片可以立即删除。拍摄后把数码相机与计算机连接，可以方便地将照片传输到计算机中并进行各种图像处理，制作Web页或直接打印输出。这是数码相机与传统相机的主要区别。

### 2. 拍摄效果不同

传统相机的卤化银胶片可以捕捉连续的色调和色彩，而数码相机的CCD元件在较暗或较亮的光线下会丢失部分细节，更重要的是，数码相机CCD元件所采集图像的像素远远小于传统相机所拍摄图像的像素。一般而言，传统35mm胶片解析度为每英寸2500线，相当于1800万像素或者更高。在现阶段，数码相机拍摄的照片，不论在影像的清晰度、质感、层次还是色彩饱和度等方面，都无法与传统相机拍摄的照片媲美。但数码相机发展迅速，研发空间很大，相信不出几年将会有长足的发展。

### 3. 拍摄速度不同

在按下快门之前，数码相机要进行调整光圈、改变快门速度、检查自动聚焦、打开闪光灯等操作；拍完照片后，数码相机要对拍摄的照片进行压缩处理并存储起来，这些都需要等待几秒钟。因此数码相机的拍摄速度，特别是连拍速度还无法达到专业摄影的要求，但有些专业数码相机已经达到了1/16000s的快门速度，说明数码相机的技术已经超过了传统相机。

### 4. 存储介质不同

数码相机的图像以数字方式存储在磁介质上，而传统相机的影像是以化学方式记录在卤化银胶片上。目前的数码相机存储介质主要有SM卡、CF卡、XD卡、SD卡、MMC卡、SONY记忆棒和IBM小硬盘。存储容量分2GB、8GB或者更高。在数码相机中，当分辨率为1280×960像素时，64MB存储空间大概能存储80多张照片，如果在低分辨率情况下存储几百张照片是没问题的。

### 5. 输入输出方式不同

数码相机的影像可直接输入计算机，处理后打印输出或直接制作网页，方便快捷。传统相机的影像必须在暗房中冲洗，要想进行处理必须通过扫描仪扫描进计算机，而扫描得到的图像质量必然会受到扫描仪精度的影响。这样即使它的原样质量很高，经过扫描以后得到的图像就差远了。数码相机可以将自然界的一切瞬间轻而易举地拍摄为供计算机直接处理的数码影像，如果接在VIDEO OUT端可以在电视机上显示。

## 1.3 获取和导出数码照片

数码照片是以数字图像文件的形式保存在计算机或其他介质中的。与传统照片相比，数码照片具有传输方便、处理简单和成本低廉等特点。随着数码相机的日益普及，它终将被人们所接受。

下面将详细介绍获取数码照片和导出数码照片的途径。

### 1. 获取数码照片

- 将扫描仪连接到计算机中，然后将纸质照片扫描输入，存储这些照片文件即可获取数码照片。
- 使用数码相机或数码摄像机直接拍摄，即可获取数码照片。
- 使用手机或摄像头进行直接拍摄，即可获取数码照片。

### 2. 导出数码照片

所有的数码相机都具有保存照片文件的功能，但由于其内存容量有限，因此需要将数码照片导出并保存到计算机中。

不同的数码相机与计算机的连接方式有所不同。如果数码相机上具有USB接口，则只需用数码相机附带的数据传输线将相机与计算机连接好，然后装上驱动程序即可执行导出数码照片的操作。如果数码相机上没有USB接口而只有串行接口，则需另外购买带有USB接口的存储卡读卡器，然后进行数码照片导出。

导出数码照片的具体操作步骤如下所示。

1. 启动计算机，进入操作系统桌面，如图1.1所示。
2. 取出数码相机附带的USB数据传输线，一端连接数码相机的输出口，一端连接计算机的USB接口。
3. 打开数码相机的电源，计算机会自动识别到数码相机，并在“计算机”窗口中显示一个可移动磁盘图标。
4. 双击打开该磁盘，然后打开要导出的数码照片的文件夹，按下“Ctrl+A”组合键选择文件夹中的所有照片，按“Ctrl+C”组合键复制照片。
5. 单击两次“返回”按钮，在“计算机”窗口中双击任何一个本地磁盘图标，然后按下“Ctrl+V”组合键复制即可导出数码照片，如图1.2所示。

图1.1　操作系统桌面

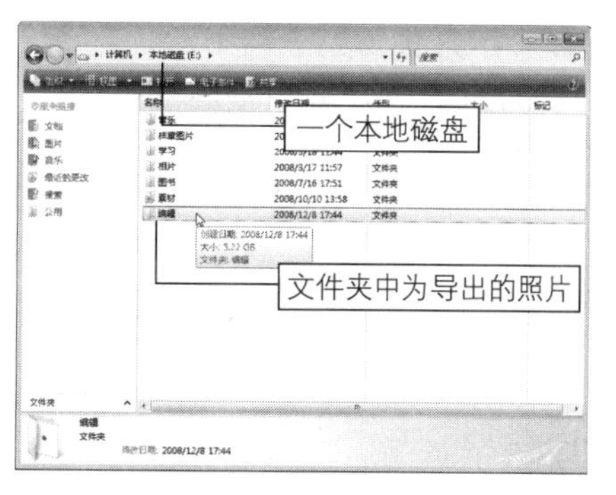


图1.2　"计算机"窗口

**提示**　在导出数码照片的过程中，一定要保持数码相机为开机状态。导出完成后，要先关闭打开的相机存储器窗口，然后关闭相机电源，再断开数码相机与计算机之间的连接，这样可以防止数码相机中数据的损坏与丢失。

# 1.4 数码照片的存储格式

随着数码相机的普及，越来越多的人开始关心数码照片的格式。数码照片的格式非常多，但最为常用的还是JPEG、TIFF、GIF和RAW格式。

- **JPEG图像格式：**该格式的图像文件扩展名为JPG，是目前几乎所有数码相机都采用的照片格式。JPEG是一个可以提供优异图像质量的文件压缩格式。所谓压缩格式就是程序获得一个图像数据，为减少它占的储存空间大小而去除多余的数据（在压缩过程中丢掉的原始图像的部分数据是无法恢复的，通常压缩比在10:1至40:1之间），这样可以节省很大一部分存储卡空间，从而大大增加照片拍摄的数量，并加快照片文件的存储速度，同时也加快了的连续拍摄的速度，所以JPEG广泛用于新闻摄影。
- **TIFF图像格式：**该格式的图像文件扩展名为TIF，是一种非失真的压缩格式（最高为2至3倍的压缩比）。这种压缩是文件本身的压缩，即把文件中某些重复的信息采用一种特殊的方式记录，文件可完全还原，能保持原有图像的颜色和层次。此格式比JPEG格式图像质量高，兼容性比RAW格式好，但占用空间稍大。
- **GIF图像格式：**该格式的图像文件扩展名为GIF。在压缩过程中，该格式的图像像素资料不会被丢失，而损失的是图像的色彩。GIF格式最多只能储存256色，所以通常用来显示简单图形及字体。有一些数码相机会有一种名为Text Mode的拍摄模式，就可以储存成GIF格式。
- **RAW图像格式：**该格式的图像文件扩展名为RAW。RAW是一种无损压缩格式，它的数据没有经过相机处理，因此它的大小要比TIFF格式略小。当上传到计算机中之后，要用图像软件的Twain界面直接导入成TIFF格式才能处理。

# 1.5 照片的构图

摄影离不开构图，构图在摄影中的作用是十分重要的，正如俗话所说，"不以规矩，不成方圆"。一幅摄影作品如果没有完美的构图，是不能称为一幅佳作的。因此，对从事摄影的朋友们来说，学点构图原理十分必要。

下面介绍几种常见的构图形式。

### 1. 井字形构图

这种构图形式是假设将画面的长、宽各三等分，把各等分点用直线连接，形成“井”字形。被摄主体不是位于画面的正中，而是被放置在组成“井”字的纵横线条的交叉点上，整幅画面显得既庄重，又不拘谨，而且主体形象格外醒目，如图1.3所示。

### 2. 三角形构图

三角形构图主要包括正三角形构图、倒三角形构图和斜三角形构图。

- **正三角形构图：** 这种形式的构图给人以坚强、镇静的感觉。在表现一定严肃气氛时，正三角形构图可以说是最恰当的形式之一，如图1.4所示。
- **倒三角形构图：** 这种构图具有明快、敞露的感觉。但是在它的左右两边，最好要有些不同的变化，以打破左右两边的绝对平衡，使画面免于呆板，如图1.5所示。
- **斜三角形构图：** 这种构图形式与正三角形构图相反，可以充分显示生动活泼的感觉，如图1.6所示。

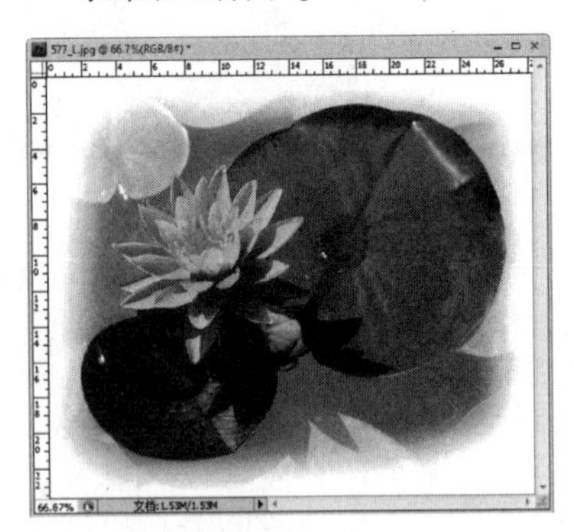
图1.3 井字形构图

图1.4 正三角形构图

图1.5 倒三角形构图

### 3. 垂直式构图

这种构图形式是由垂直线条组成的，能将被摄景物表现得巍峨高大和富有气势，如图1.7所示。

### 4. 斜线式构图

这种构图形式是用斜线来表示物体运动、变化的一种方式，能使画面产生动感。其动感的程度与角度有关，角度越大，前进的动感越强烈，如图1.8所示，但角度不能大于45°，否则会产生下倾感。

图1.6 斜三角形构图

图1.7 垂直式构图

图1.8 斜线式构图

### 5. 水平式构图

这种构图形式常能给人以一种平静、舒坦的感觉。在表现自然风光时，此构图可以使景色更显得辽阔、浩瀚，如图1.9所示。

### 6. 曲线式构图

这种构图形式可以渲染被摄景物，使其更加美丽动人，如图1.10所示。

图1.9 水平式构图

图1.10 曲线式构图

### 7. 双对角线构图

双对角线构图形式主要是将主体安排在对角线上，能有效利用画面对角线的长度，同时也使衬体和主体发生直接关系。使用这种构图形式可以使画面富于动感，显得活泼，容易产生线条的汇聚趋势，吸引人的视线，达到突出主体的效果，如图1.11所示。

### 8. 延伸式构图

这种构图形式可以使画面看上去有韵律感，同时产生优美、雅致和协调的感觉，如图1.12所示。

图1.11 双对角线构图

图1.12 延伸式构图

## 结束语

本章通过介绍数码照片处理的相关基础知识，让大家了解什么是数码相机、如何购买数码相机、数码相机与传统相机的区别、如何获取和导出数码照片以及数码照片的构图形式等。通过本章的学习，读者要对数码相机有一定基础的认识。

Chapter 2

# 第2章 Photoshop CS4的基础知识

## 本章要点

**入门——基本概念与基本操作**

- 像素与分辨率
- Photoshop CS4的工作界面
- 图像文件的基本操作
- 编辑图像视图
- 图像的调整

**进阶——典型实例**

- 更改照片大小

**提高——自己动手练**

- 调整图像显示

## 本章导读

Photoshop作为专业的图形图像处理软件，具有完善和强大的图像处理技术。它被广泛应用于数码照片处理、平面设计、网页设计以及效果图后期处理等领域。本书主要介绍如何使用Photoshop处理数码照片，在学习处理照片之前，首先要了解Photoshop的基础知识。

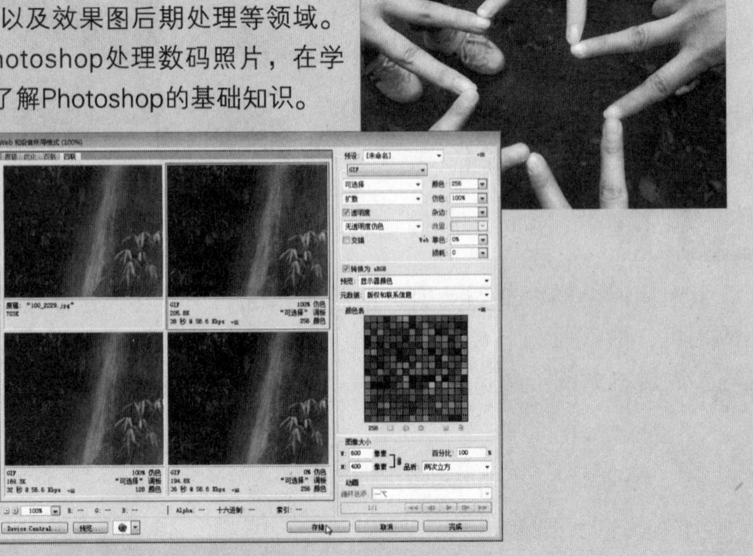

# 2.1 入门——基本概念与基本操作

本节主要介绍Photoshop CS4的基础知识，主要包括像素与分辨率、Photoshop CS4的工作界面、图像文件的基本操作、编辑图像视图和图像的调整等相关知识。

## 2.1.1 像素与分辨率

像素和分辨率是图像文件中不可缺少的部分，它决定了图像的数据量。用户在更改分辨率时，图像像素也在发生变化，从而保证图像的数据量保持不变。

### 1. 像素

像素是构成图像的基本单位，呈矩形网格显示，其中每个网格都分配有特定的位置和颜色值。文件中包含的像素越多，记录的信息也越多，图像就越清晰、逼真，效果也就越好。

### 2. 分辨率

分辨率是指单位长度或面积上像素的数目，通常由“像素/英寸”或“像素/厘米”表示。分辨率的高低直接影响图像的效果，越高的图像分辨率，表示单位长度内所含的像素越多，图像文件越清晰，同时图像文件也越大，就意味着处理该文件所占用的内存越大，机器运行速度也会有所降低。分辨率有多种类型，常见的有图像分辨率、显示器分辨率和打印分辨率。

- **图像分辨率：**指图像中每单位长度所包含的像素数目，常以“像素/英寸”（ppi）为单位来表示。图像分辨率与图像的精细度和图像文件大小有关，同等尺寸的图像文件，分辨率越高，所占的磁盘空间就越大，记录的像素信息也就越多。
- **显示器分辨率：**指显示器上每单位长度显示的像素数目，常以“点/英寸”（dpi）为单位来表示。图像在屏幕上显示的大小取决于图像的像素大小、显示器大小和显示器的分辨率设置。
- **打印分辨率：**指打印机、扫描仪或绘图仪等图像输出设备在输出图像时每英寸所产生的油墨点数。一般来说，每英寸的油墨点数越多，得到的打印输出效果就越好。通常打印分辨率设置为“300点/英寸（dpi）”，即可达到高分辨率的输出需要。

## 2.1.2 Photoshop CS4的工作界面

Photoshop CS4的工作界面主要由标题栏、菜单栏、属性栏、工具箱、图像窗口、调板等几部分组成，如图2.1所示。

### 1. 标题栏

标题栏位于程序窗口的最顶端，与以往版本不同的是，在Photoshop CS4中常用的一些辅助绘图与查看图像的命令，以按钮的方式分类放置在标题栏中，极大地方便了用户的操作，如图2.2所示。

图2.1 Photoshop CS4工作界面

图2.2 标题栏

在该标题栏中各参数选项的含义如下。

- **"启动Bridge"按钮**：单击该按钮将启动Bridge应用程序。
- **"查看额外内容"按钮**：单击该按钮可查看所打开图像的额外的一些相关内容。
- **缩放比例**：以指定的比例值进行图像的缩放显示，在其列表中包括25%、50%、100%、200%等几种缩放比例。
- **抓手工具**：当图像放大到一定比例，导致不能在图像窗口中完全显示时，可使用抓手工具移动并查看图像的其他部分。
- **缩放工具**：任意放大或缩小图像。
- **旋转视图工具**：主要用于旋转画布的方向，方便于图像的编辑。
- **排列文档**：设置所有打开文件的排列方式。
- **屏幕模式**：快捷切换屏幕的显示方式。

## 2. 菜单栏

菜单栏位于标题栏的下方，包含Photoshop CS4所有的菜单命令，主要用于完成图像的各项处理操作。在菜单栏中从左到右依次为文件、编辑、图像、图层、选择、滤镜、分析、3D、视图、窗口和帮助11个菜单项。其中每个菜单项集合了多个菜单命令，有的菜单命令右侧标有▶符号，表示该命令下还有子菜单，如图2.3所示。

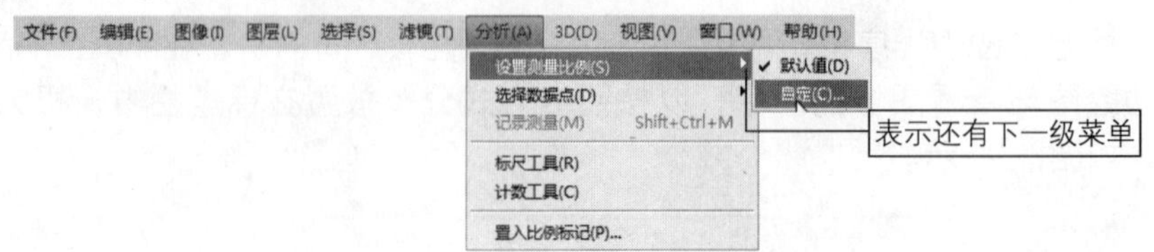


图2.3 菜单栏

## 3. 属性栏

在工具箱中选择任意一种工具，就会在菜单栏下方显示相应的属性栏。属性栏可对选取的工具信息进行设置，根据所选的工具不同，显示出的工具信息也有区别。如图2.4和图2.5所示，读者可仔细观察选择矩形选框工具和选择渐变工具所显示的属性栏的异同。

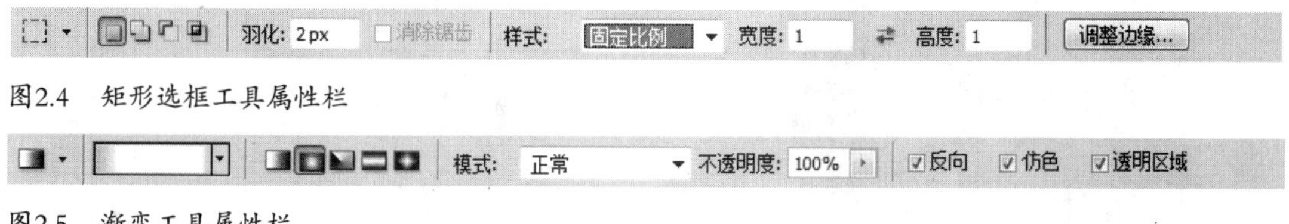


图2.4　矩形选框工具属性栏

图2.5　渐变工具属性栏

## 4. 工具箱

工具箱位于工作界面的左侧，包含创建和编辑图像、图稿、页面元素等工具。默认情况下，工具箱以单列显示，单击其顶部的折叠按钮，转换为双列显示，这时折叠按钮变为形状，单击该按钮即可还原为单列显示工具箱，如图2.6所示。

在工具箱中，有的工具按钮右下侧有一个黑色的小三角图标，这表示该工具位于一个工具组中，其下还隐藏有其他工具。在该图标上按住鼠标左键不放或单击鼠标右键，即可弹出功能相近的被隐藏了的其他工具，如图2.7所示。

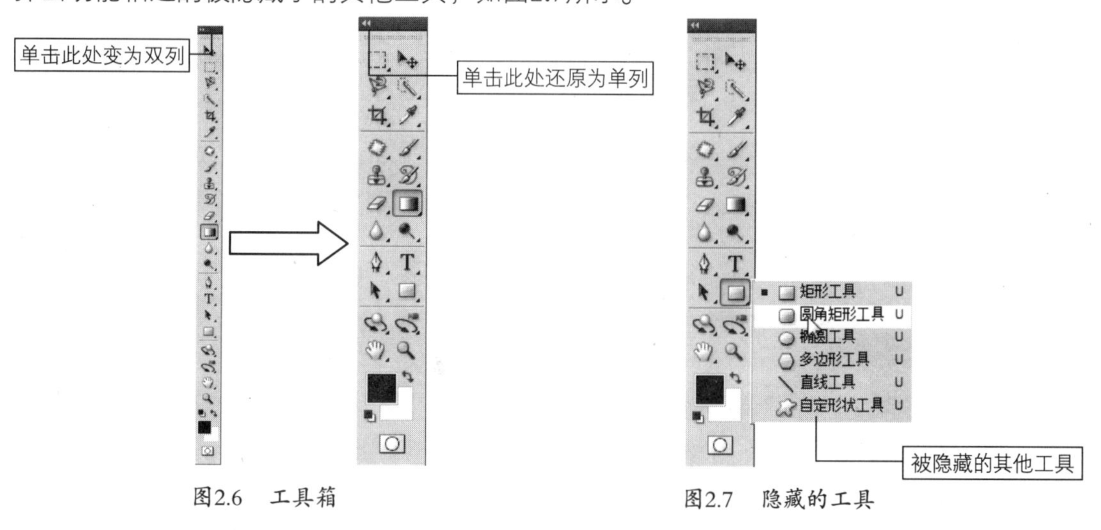


图2.6　工具箱

图2.7　隐藏的工具

## 5. 图像窗口

图像窗口是图像浏览和编辑的工作空间，用户进行的所有操作都是以该窗口为工作对象的，它由选项卡、图像区域和状态栏组成。

选项卡是Photoshop CS4对图像窗口的进一步更新，它显示了文件名称、文件格式、缩放比例以及颜色等相关信息，如图2.8所示。

状态栏位于图像窗口的下端，主要显示当前编辑图像文件的大小等信息，如图2.9所示。

## 6. 调板

在Photoshop CS4中，调板汇集了图像操作中常用的选项和功能，如图2.10所示。在界面中并不是每个调板都是打开的，如果需要打开隐藏的调板，在菜单栏的“窗口”菜单中选择相应的名称即可，如图2.11所示。

图2.8 图像窗口

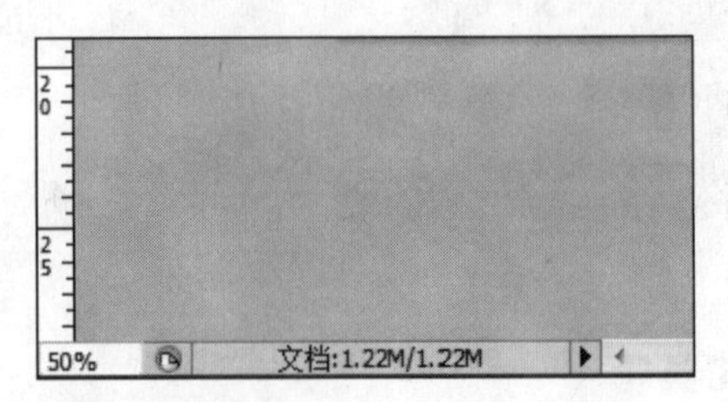


图2.9 状态栏

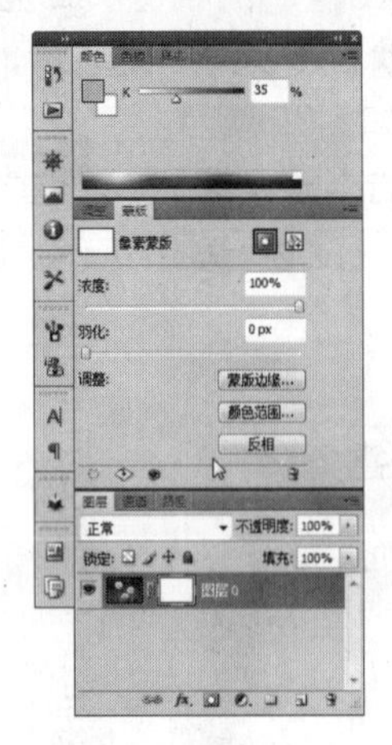

图2.10 调板

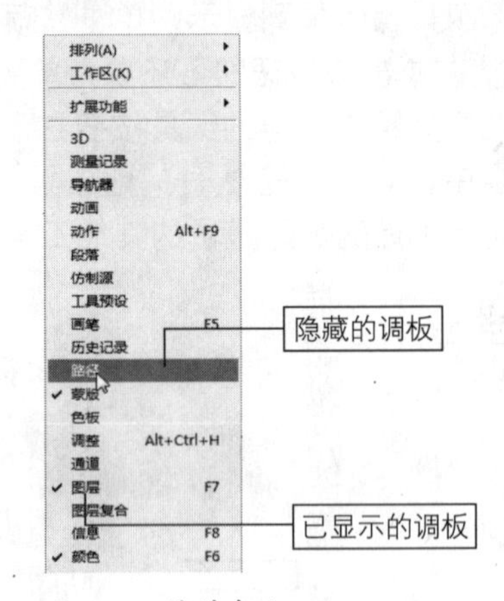


图2.11 菜单命令

## 2.1.3 图像文件的基本操作

Photoshop对图像文件的基本操作包括新建图像文件、打开图像文件、保存和关闭图像文件三个部分内容，掌握这些内容是使用Photoshop处理图像的基础。

### 1. 新建图像文件

新建图像文件是指创建一个自定义尺寸、分辨率和颜色模式的图像窗口，在该图像窗口中可以进行图像的绘制、编辑和保存等操作。

在菜单栏中选择“文件”→“新建”命令或按下“Ctrl+N”组合键，在弹出的“新建”对话框中设置图像窗口的实际参数，包括“宽度”、“高度”、“分辨率”等，然后单击“确定”按钮即可新建图像文件，如图2.12所示。

在该对话框中各参数选项的含义如下。

- **名称：**用于输入新建图像文件的名称，默认文件名为“未标题-x”（x代表数字）。
- **预设：**在该下拉列表框中可以使用系统预设参数新建图像文件。
- **宽度和高度：**用于设置图像文件的大小和尺寸单位。图像尺寸最大可设置为6位数，可输入1~300 000之间的任意数值。

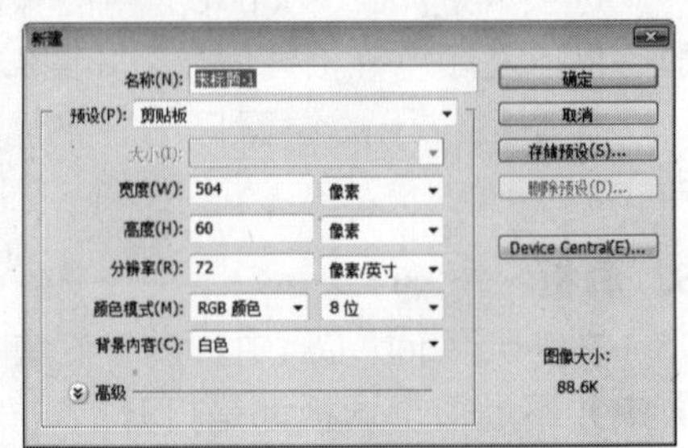


图2.12 “新建”对话框

- **分辨率**：用于输入图像文件的分辨率。分辨率越高，图像品质越好。其右侧的下拉列表框用于选择分辨率单位。
- **颜色模式**：在该下拉列表框中可以选择Photoshop支持的颜色模式。
- **背景内容**：用于设置文件背景的颜色，其中包括“白色”、“背景色”和“透明”三种颜色方案。
- **图像大小**：位于对话框右侧，主要用来显示当前文件在磁盘中所占的空间大小。
- **高级**：单击按钮展开“高级”栏，在其中可设置图像文件的颜色配置文件和像素长宽比，一般保持默认设置即可。

**提示**　按住“Ctrl”键的同时，在工作界面中的空白区域双击鼠标左键，也可以弹出“新建”对话框。

## 2. 打开图像文件

在Photoshop CS4中，要编辑处理已经存在的图像文件，必须在启动程序后打开需要处理的图像文件。

- 在菜单栏中选择“文件”→“打开”命令或按下“Ctrl+O”组合键，在弹出的“打开”对话框中选择需要的文件并单击“打开”按钮，即可打开图像文件，如图2.13所示。
- 在菜单栏中选择“文件”→“最近打开文件”命令，在弹出的子菜单中列出了最近打开的几个文件，单击需要的文件即可将其直接打开。
- 打开图像文件还可以通过Adobe Bridge管理器来实现。在标题栏中单击“启动Bridge”按钮，在弹出的Bridge对话框中双击文件的缩略图即可打开该文件，如图2.14所示。

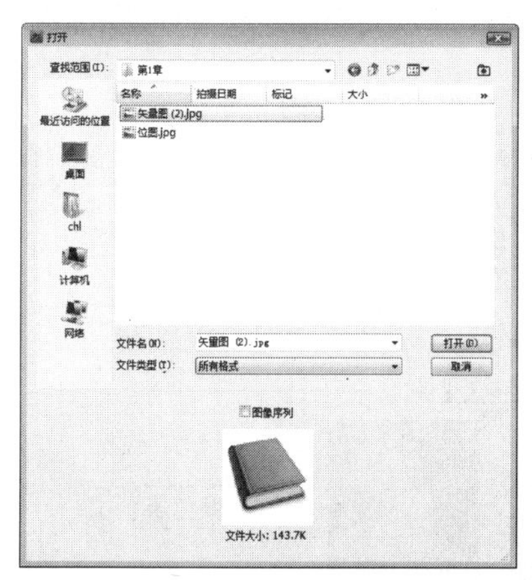

图2.13　“打开”对话框

图2.14　Bridge管理器

## 3. 存储图像文件

在Photoshop CS4中可以利用多种命令保存文件。在菜单栏中单击“文件”菜单，在弹出的下拉菜单中提供有“存储”、“存储为”和“存储为Web和设备所用格式”命令，如图2.15所示。

### 存储

在Photoshop CS4中，保存图像文件最常用的方法是在菜单栏中选择“文件”→“存储”命令，保存处理完成的图像文件并覆盖原文件。如果该文件为新创建的文件，则在执行“存储”命令后，会自动弹出“存储为”对话框，要求用户指定新文件的保存路径、名称及格式，然后单击“确定”按钮即可保存文件，如图2.16所示。

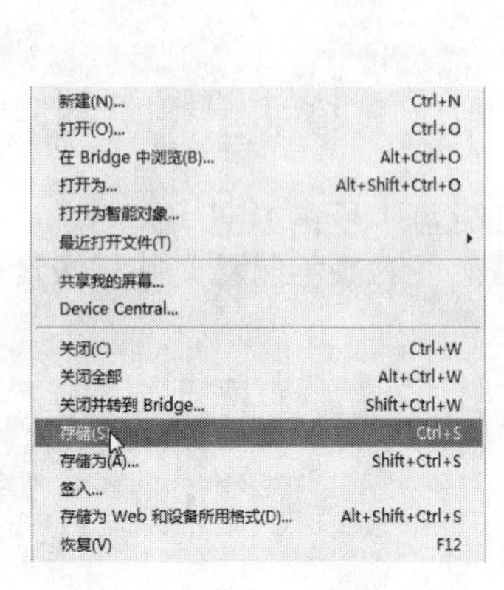


图2.15　菜单命令

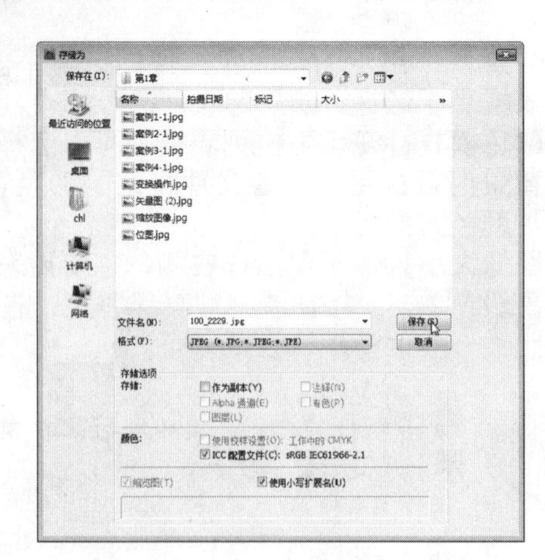

图2.16　“存储为”对话框

**存储为**

使用“存储为”命令可以将当前图像文件保存为不同文件名、不同格式的图像副本，而且不改变原始图像文件，并保持当前图像为打开状态。在菜单栏中选择“文件”→“存储为”命令，在弹出的“存储为”对话框中设置保存文件的路径、名称及格式，然后单击“确定”按钮即可保存文件。

**存储为Web和设备所用格式**

“存储为Web和设备所用格式”的图像文件可以在保持原稿画质的同时缩小文件容量。在菜单栏中选择“文件”→“存储为Web和设备所用格式”命令，在弹出的对话框中设置参数选项，完成后单击“存储”按钮即可，如图2.17所示。

该对话框中各参数选项的含义介绍如下。

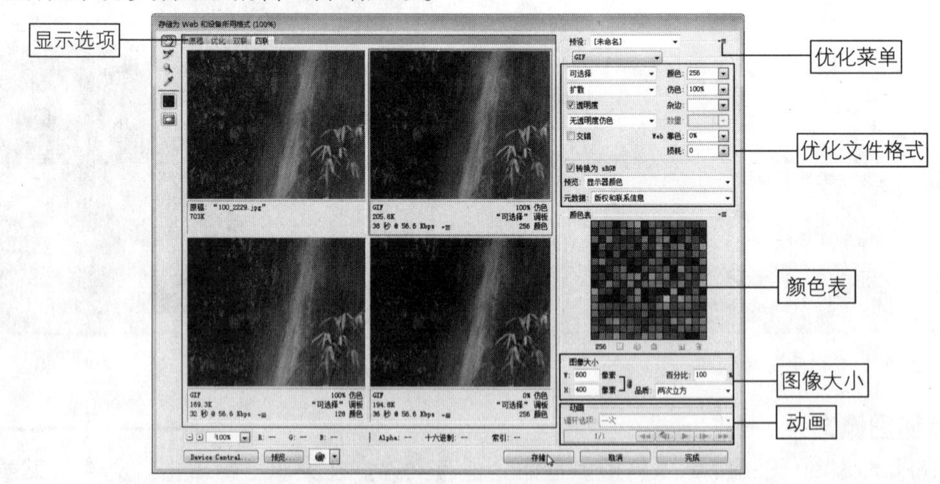


图2.17　“存储为Web和设备所用格式”对话框

单击该对话框顶部的选项卡可以选择显示选项，其中“原稿”显示没有优化的图像，“优化”显示应用了当前优化设置的图像，“双联”并排显示图像的两个版本，“四联”并排显示图像的4个版本。

- **“抓手工具”**：用于在视图区域内平移图像。
- **“缩放工具”**：用于在视图区域内单击放大图像。按下“Alt”键的同时在视图中单击，则缩小图像。

- "吸管工具"：用于在视图中提取颜色，这时在■中显示颜色。
- "切片工具"：用于在视图中选择需要的切片，按下"Shift"键并单击鼠标可选择多个切片。

**提示** 在"存储为Web和设备所用格式"对话框中，如果要查看切片选项，则在选中的切片中单击，将弹出"切片选项"对话框；如果要链接切片，则选择两个或两个以上的切片，然后单击"优化菜单"按钮，在弹出的下拉菜单中选择"链接切片"命令即可（在"优化菜单"按钮弹出的下拉菜单中还可以取消链接）。

- **"切换切片可见性"按钮**：用于显示或隐藏所有的切片。
- **优化文件格式**：在该选项区域中选择不同的优化格式，参数设置也有所不同。
- **颜色表**：在该选项区域中显示图像的全部颜色。
- **图像大小**：在该选项区域中可以重新设置图像的宽度、高度、品质和取样法。
- **动画**：在图像窗口中绘制好动画效果后，在"存储为Web和设备所用格式"对话框中可以通过控制播放动画，查看动画效果。

#### 4. 关闭图像文件

对图像文件进行保存操作以后，就需要将其关闭，以防止图像文件占用内存资源，或因为突然停电等意外情况造成文件损坏。关闭图像文件的方法有以下几种。

- 在菜单栏中选择"文件"→"关闭"命令关闭当前图像文件。
- 在菜单栏中选择"文件"→"关闭全部"命令关闭打开的所有图像文件。
- 按"Ctrl+W"或"Ctrl+F4"组合键关闭当前图像文件。
- 单击图像窗口右上角的按钮关闭相应的图像文件。

### 2.1.4　编辑图像视图

在Photoshop CS4中打开一幅图像文件时，系统将自动根据图像的大小确定其显示比例，并将其大小显示在图像窗口的状态栏上。用户也可以根据个人情况对图像的视图进行调整。调整图像视图主要有使用缩放工具、平移视图工具、旋转视图工具调整图像显示，或者通过改变视图屏幕模式和图像排列方式等方法调整图像视图。

#### 1. 视图缩放工具

在预览和编辑图像时，为了更好地观察图像的效果或进行更为精确的编辑，可通过缩放工具或"导航器"来实现。

**缩放工具**

缩放工具是调整视图最常用的工具。单击工具箱中的"缩放工具"按钮后，可通过以下几种方法来缩放视图。

- 将鼠标指针移动到图像窗口中，当光标变成状态时，在需要放大的图像区域中单击鼠标左键即可放大图像的显示比例。
- 在图像窗口中按下鼠标左键并拖出一个选取框，释放鼠标键后，即可放大指定区域内的图像，如图2.18和图2.19所示。
- 按下"Alt"键的同时在图像窗口中单击，可缩小图像的显示比例，此时鼠标指针显示为状态。
- 在图像窗口中单击鼠标右键，在弹出的下拉列表中选择缩放的方式，如图2.20所示。

图2.18 框选放大区域

图2.19 放大区域

图2.20 下拉列表

**导航器**

使用“导航器”调板也可以完成视图的缩放和平移操作。在菜单栏中选择“窗口”→“导航器”命令，即可打开“导航器”调板，如图2.21所示。

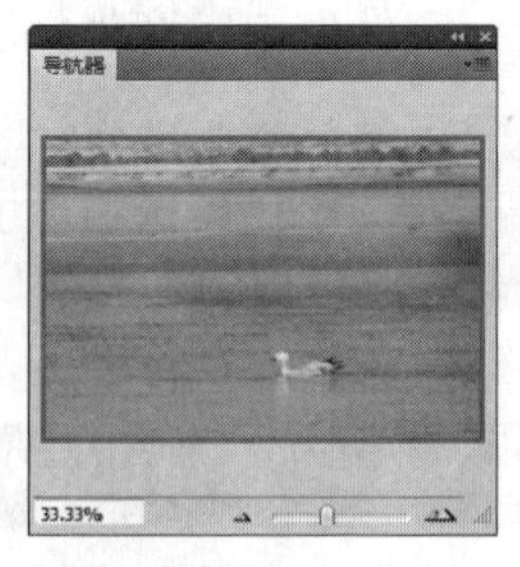


图2.21 “导航器”调板

在进行缩放操作时，拖动调板下方的滑动条或修改左下角的视图显示比例即可缩放视图。其中，滑动条向左拖动为缩小视图，向右拖动为放大视图。

## 2. 平移视图

当图像被放大到超出屏幕的显示范围而不能完全显示时，可单击工具箱中的“抓手工具”按钮，将鼠标指针移动到图像窗口中，按住鼠标左键不放并拖动直至目标图像出现后，释放鼠标键即可。这就是利用抓手工具实现的平移视图操作。

另外，还可以将鼠标指针移动到“导航器”调板的缩略图中，指针变为抓手形状，此时按下鼠标左键并拖动，释放鼠标键即可实现平移视图。

## 3. 旋转视图工具

旋转视图工具是Photoshop CS4的新增功能之一，它可以对当前的视图窗口进行旋转。旋转视图工具是在不破坏图像的情况下旋转画布的，它主要用来帮助用户更好地绘制图像文件，是一种临时性的旋转。

在标题栏中单击“旋转视图工具”按钮或单击工具箱中的“旋转视图工具”按钮，然后将鼠标指针移动到图像窗口上，按住鼠标左键不放并进行顺时针（逆时针）旋转拖动，如图2.22所示。旋转视图后，再使用其他工具编辑图像，用户会发现所绘制的内容也将发生旋转，如图2.23所示。

图2.22　旋转视图

图2.23　视图旋转

如果要将旋转后的视图恢复到原状态，可在属性栏中单击按钮、双击工具箱中的“旋转视图工具”按钮或按下“Esc”键。

**提示**　在执行“旋转视图工具”命令时，鼠标指针可能会变成不能编辑的状态（显示为⊘），这是因为程序中的“显卡加速器（OpenGL）”选项没有勾选。在菜单栏中选择“编辑”→“首选项”→“性能”命令，弹出“首选项”对话框。在其中的“GPU设置”选项区域中勾选“启用OpenGL绘图”复选框，然后单击“确定”按钮，重新启动Photoshop即可实现“旋转视图工具”的使用。

### 4. 改变视图屏幕模式

为了便于更好地查看图像，Photoshop CS4提供了三种不同的屏幕显示模式，主要包括标准屏幕模式、带有菜单栏的全屏模式和全屏模式。在标题栏中单击“屏幕模式”按钮右侧的小三角按钮，弹出下拉列表，从中选择需要的屏幕显示模式即可。

- **标准屏幕模式：**它是Photoshop CS4默认的屏幕显示模式。在该模式下，菜单栏、工具属性栏、调板组等所有部分都显示在工作界面上。
- **带有菜单栏的全屏模式：**它是在标准屏幕模式下将图像文件进行了最大化显示，如图2.24所示。
- **全屏模式：**该窗口占用屏幕所有可用空间，并对窗口中的所有工具进行隐藏，只显示图像文件和标尺，如图2.25所示。

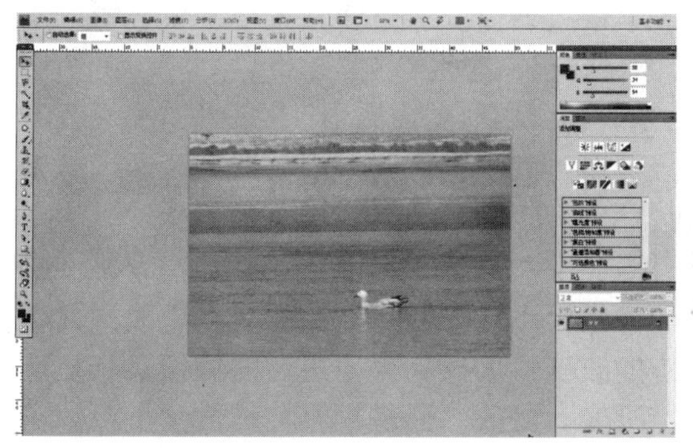

图2.24　带有菜单栏的全屏模式

图2.25　全屏模式

### 5. 改变图像排列方式

在Photoshop CS4中，图像文件的排列方式与以往的版本相比有了进一步的更新，当用户打开多个图像文件时，系统会以标签页的形式来查看图像，如图2.26所示。

如果要显示所有打开的图像，可通过Photoshop CS4新增的“文档排列”按钮来实现。在标题栏中单击“文档排列”按钮，在弹出的下拉列表中可以选择不同的排列方式，以便能更直观地查看图像。下面以选择“六联”的排列方式为例显示所有打开的图像，如图2.27所示。

**提示** 设置图像排列方式还可以在菜单栏中选择“窗口”→“排列”命令，然后在弹出的子菜单中选择合适的排列方式。

图2.26 默认情况下的排列方式

图2.27 以“六联”排列方式显示图像

## 2.1.5 图像的调整

在处理图像文件的过程中，用户可根据绘图需要，调整图像的尺寸大小。调整图像的尺寸可通过调整图像大小或调整画布大小来实现。

在Photoshop CS4中，图像大小和画布大小是有区别的。画布好像一张画纸，图像必须绘制在画纸上。改变图像的大小不会对画布造成影响，而改变画布的大小则会使图像周围发生变化。

### 1. 调整图像大小

在处理图像过程中，有时需要对它的像素大小进行调整。更改像素大小不仅会影响屏幕上图像的大小，还会对图像品质、打印特性或图像分辨率产生影响。

在菜单栏中选择“图像”→“图像大小”命令，将弹出“图像大小”对话框，如图2.28所示。在该对话框中显示了文件的原始大小和分辨率。其中“像素大小”选项区通过像素来显示文档大小，“文档大小”选项区通过设置宽度、高度和分辨率来显示文档大小。

在Photoshop CS4中，如果要通过“图像大小”对话框来查看图像大小和分辨率之间的关系，则取消勾选“重定图像像素”复选框，“像素大小”参数将保持不变，更改“文档大小”中的任意一个值，其他两个值会发生相应的改变；如果勾选“重定图像像素”复选框，“文档大小”中的宽度和高度参数值将保持不变，更改“分辨率”，“像素大小”中的参数也会发生改变。

**提示** 像素大小和分辨率决定了图像的质量。为了保证图像的质量不受影响，在更改像素大小时，分辨率会随之改变；如果要使像素的大小不发生改变，则更改分辨率时，“文档大小”中的宽度和高度也随之改变。

### 2. 调整画布大小

画布相当于图像的背景，当图像要完全显示或局部显示时，就需要通过“画布大小”命令来添加或剪切当前图像周围的工作区域。在菜单栏中选择“图像”→“画布大小”命令，将弹出“画布大小”对话框。“当前大小”显示当前图像画布的大小；“新建大小”栏可用于重新设置宽度和高度；在“定位”右侧的箭头区域中用户可以决定画布向哪个方向扩展或缩小，设置完成后单击“确定”按钮即可，如图2.29所示。

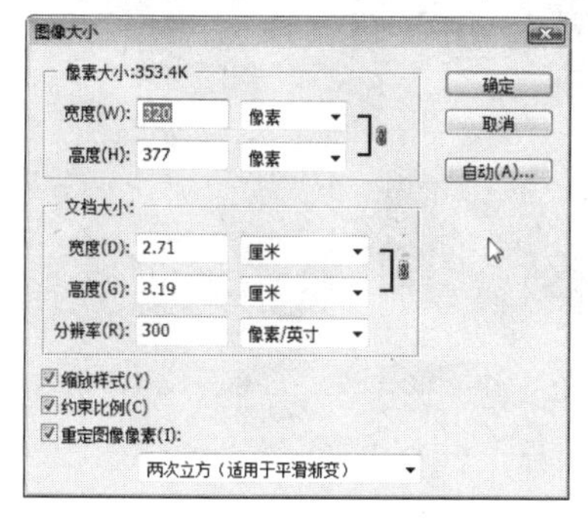


图2.28 “图像大小”对话框

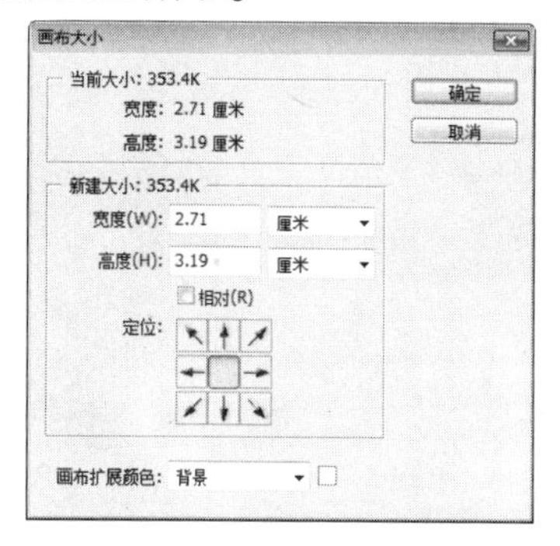


图2.29 “画布大小”对话框

# 2.2 进阶——更改照片大小

本例将介绍更改照片大小的方法，帮助读者巩固Photoshop CS4中“打开”命令和“图像大小”命令的应用方法和技巧。

#### 最终效果

本例制作完成前后的对比效果如图2.30所示。

处理前

处理后

图2.30 前后效果对比

#### 解题思路

1 打开素材图片。

2 执行“图像大小”命令。

#### 操作提示

1 打开Photoshop CS4程序，在菜单栏中选择“文件”→“打开”命令或按下“Ctrl+O”

组合键，如图2.31所示。

2 在弹出的“打开”对话框中选择素材图片“01.jpg”，然后单击“打开”按钮，打开的素材如图2.32所示。

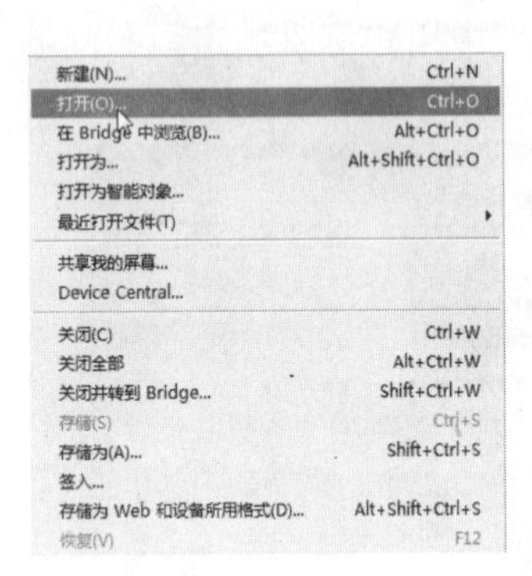


图2.31 “打开”命令

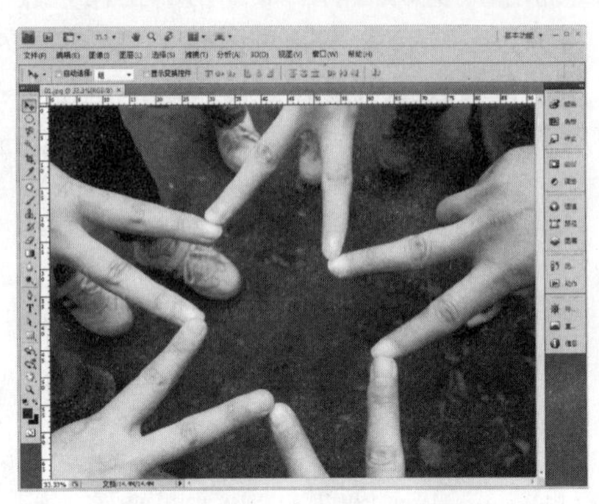

图2.32 打开素材

3 在菜单栏中选择“图像”→“图像大小”命令，弹出“图像大小”对话框，在“文档大小”栏中设置宽度为“61.44厘米”，这时高度选项也随之按比例缩小（因为“高度”与“宽度”被约束比例），如图2.33所示。

4 设置完成后，单击“确定”按钮，照片的尺寸被改小了，最终效果如图2.34所示。

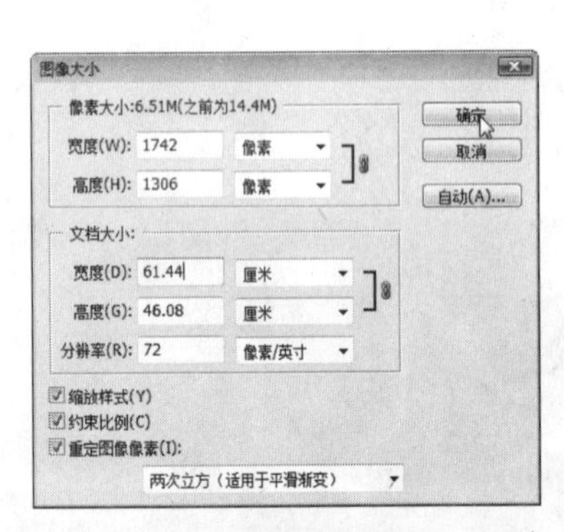


图2.33 “图像大小”对话框

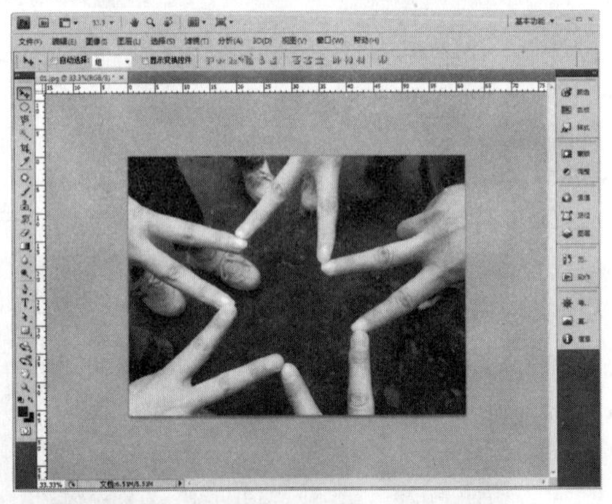

图2.34 更改后的图片

# 2.3 提高——调整图像显示

本例将介绍如何在不完全显示图像的基础上，快速调整图像显示区域。本案例设计的目的是让读者巩固调整图像显示的方法。

## 最终效果

本例制作完成前后的对比效果如图2.35所示。

放大后的区域

调整后的区域

图2.35　前后效果对比

## 解题思路

1 打开素材图片“02.jpg”。
2 使用“缩放工具”缩放照片。
3 调整照片的显示区域。

## 操作提示

1 在菜单栏中选择“文件”→“打开”命令，在弹出的“打开”对话框中选择素材图片“02.jpg”，然后单击“打开”按钮，如图2.36所示。
2 单击工具箱中的“缩放工具”按钮，在其属性栏中取消勾选“调整窗口大小以满屏显示”和“缩放所有窗口”复选框，然后在图像窗口中按住鼠标左键不放，框选要放大显示的区域，如图2.37所示。释放鼠标键，放大显示指定区域图像。
3 在键盘上按住“H”键的同时单击鼠标左键不放，当鼠标指针为状态时，在图像窗口上会显示方框并恢复到原状态，如图2.38所示。
4 将方框移动到需要的位置后，释放鼠标左键即可完成在局部放大模式下调整图像，然后释放“H”键，得到的最终效果如图2.39所示。

图2.36　打开素材

图2.37　框选要缩放的区域

图2.38 恢复原状态

图2.39 最终效果

## 结束语

本章主要介绍了Photoshop CS4的基础知识，其中包括像素与分辨率、Photoshop CS4的工作界面、图像文件的基本操作、编辑图像视图和图像的调整等。通过本章的学习，读者可以对Photoshop CS4有一个基本的认识，并能进行基本操作，从而为以后的数码照片处理打下基础。

Chapter 3

# 第3章 数码照片常见问题的处理

## 本章要点

**入门——基本概念与基本操作**

- 图像变换操作
- 创建选区
- 认识“图层”调板
- 路径概述

**进阶——典型实例**

- 调整倾斜照片
- 照片透视裁剪
- 轻松替换照片背景
- 制作“飞出”相框照片
- 制作卷页效果
- 制作照片边框效果
- 突出照片主体
- 制作全景照片
- 照片包角
- 编辑路径彩虹效果

**提高——自己动手练**

- 照片合成
- 制作照片艺术相框
- 添加照片人物

## 本章导读

对于大多数摄影爱好者来说，在拍摄照片时经常会出现一些如照片倾斜、主体不突出等问题。本章将重点针对这些问题进行介绍。通过本章的学习，读者可以轻松地处理这些常见的照片问题。

# 3.1 入门——基本概念与基本操作

本节主要介绍图像变换操作、如何创建选区和编辑选区，以及带领读者学习“图层”调板、图层的基本操作、路径的绘制和编辑等知识。

## 3.1.1 图像变换操作

图像变换操作是对所选区域或图层进行变换操作。在菜单栏中选择“编辑”→“变换”命令，在弹出的子菜单中选择相应的命令，然后在显示的控制框中进行调整，完成后按下“Enter”键即可完成变换操作，如图3.1所示。

图3.1 “变换”菜单命令

- **缩放**：执行该命令后，将鼠标移动到控制框的节点上，当指针变成形状时，拖动鼠标即可任意缩放或等比例缩放图像。

**提示** 用户如果要等比例缩放图像，则在缩放图像时，按下“Shift”键或“Shift+Alt”组合键不放，然后按下鼠标左键进行缩放。

- **旋转**：执行该命令后，将鼠标移动到控制框的节点上，当指针变成形状时，拖动鼠标即可将图像进行顺时针或逆时针方向的旋转。
- **斜切**：执行该命令后，将鼠标移动到控制框的节点上，当指针变成或形状时，拖动鼠标即可以一定的角度对图像进行斜切变形。
- **扭曲**：执行该命令后，将鼠标移动到控制框的节点上，当指针变成形状时，拖动鼠标即可对图像的形状进行任意扭曲操作。
- **透视**：执行该命令后，将鼠标移动到控制框的节点上，当指针变成形状时，拖动鼠标即可以一定的角度使图像产生一种透视效果。
- **变形**：执行该命令后，图像上将显示网格，拖动调整网格上节点的线条弧度，可使图像产生变形的效果。
- **旋转180度**：执行该命令后，可以使整个图像旋转180°。
- **旋转90度（顺时针/逆时针）**：执行该命令，可使整个图像顺时针（逆时针）旋转90°。
- **水平（垂直）翻转**：执行该命令，可使图像进行水平（垂直）翻转，从而产生对称效果。

**提示** 自由变换命令所包含的缩放、旋转和移动操作与前面介绍的操作方法一致，这里就不再重复介绍了。执行自由变换命令的方法是在菜单栏中选择“编辑”→“自由变换”命令或按下“Ctrl+T”组合键，当图像上显示控制框时，即可根据实际的情况进行操作。

## 3.1.2 创建选区

在Photoshop CS4中，如果要对图像中的局部区域进行编辑，必须首先创建选区。下面将详细介绍常用的选择工具以及这些工具的使用方法和技巧。

### 1. 矩形选框工具组

矩形选框工具组主要用来创建规则选区，其中包括矩形选框工具、椭圆选框工具、单行选框工具和单列选框工具。

**矩形选框工具**

矩形选框工具主要用于创建正方形或长方形选区，其工具属性栏如图3.2所示。

图3.2　矩形选框工具属性栏

单击工具箱中的“矩形选框工具”按钮，在其属性栏中设置各参数选项，然后在图像窗口中按住鼠标左键不放拖动鼠标绘制选区，释放鼠标键后即可得到选区。

**提示**　用户如果要创建正方形的选区，则在选择矩形选框工具后，按住“Shift”键或“Shift+Alt”组合键不放，按下鼠标左键并拖动，释放鼠标键后即可得到正方形选区。

在矩形选框工具属性栏中，各参数选项的含义如下。

- **“新选区”按钮**：单击该按钮，可在图像中创建新的矩形选区。
- **“添加到选区”按钮**：单击该按钮，可将后创建的图像选区和原选区相加形成一个新的选区。
- **“从选区中减去”按钮**：单击该按钮，可在原选区中减去新绘制的选区。
- **“与选区交叉”按钮**：单击该按钮，可保留原选区和新绘制选区的重叠部分。
- **羽化**：用于设置羽化值，使选区的边框以柔和方式显示。
- **样式**：用于设置选区的形状，其中“正常”选项是系统默认的形状，可创建不同大小和形状的选区；“固定比例”选项是通过在激活的“宽度”和“高度”数值框中输入数值来控制选区的长宽比；“固定大小”选项是通过指定“宽度”和“高度”来绘制选区。
- **“调整边缘”按钮**：单击该按钮，打开“调整边缘”对话框，在其中设置选区的边缘。

**椭圆选框工具**

椭圆选框工具可以在图像或图层中创建圆形或椭圆形选区。单击工具箱中的“椭圆选框工具”按钮，将显示其工具属性栏，如图3.3所示。属性栏中显示的参数选项与“矩形选框工具”属性栏的参数选项相同，绘制方法也基本相同。这里不再重复介绍。

图3.3　椭圆选框工具属性栏

**提示**　在使用椭圆选框工具绘制椭圆形选区时，按下“Shift”键可以在图像上创建正圆形选区。

**单行和单列选框工具**

使用单行选框工具和单列选框工具可以创建1像素宽的单行和单列选区。在工具箱中选择该工具，然后在图像中单击鼠标，即可创建单行或单列选区。单行选框工具的属性栏如图3.4所示。

图3.4　单行选框工具属性栏

## 2. 套索工具组

使用套索工具组可以创建不规则的选区，其中包括套索工具、多边形套索工具和磁性套索工具。

**套索工具**

套索工具用于创建任意形状的选区，其属性栏如图3.5所示。

羽化: 0 px
消除锯齿
调整边缘...

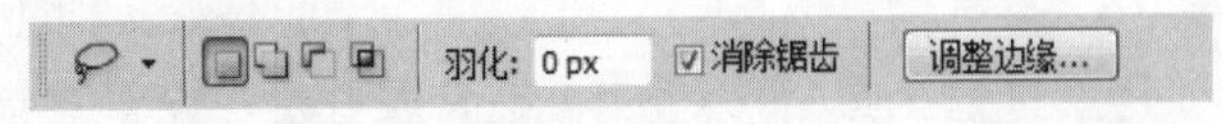

图3.5　套索工具属性栏

单击工具箱中的“套索工具”按钮，在其属性栏中设置参数选项，然后在图像中按住鼠标左键不放并拖动，随着鼠标的移动会形成任意形状的选择范围，释放鼠标键后自动封闭形成选区。

**多边形套索工具**

多边形套索工具用于绘制直线多边形选区，其属性栏如图3.6所示。

羽化: 0 px
消除锯齿
调整边缘...

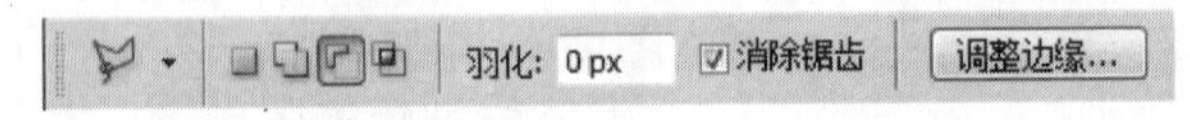

图3.6　多边形套索工具属性栏

单击工具箱中的“多边形套索工具”按钮，在图像中单击鼠标，并沿需要的图像部分的边缘拖动，单击，拖动，再单击，再拖动，直到终点和起点重合时，即可创建完整的选区绘制。

**磁性套索工具**

磁性套索工具用于快速选择边缘复杂且对比强烈的对象，其属性栏如图3.7所示。

羽化: 0 px
消除锯齿
宽度: 10 px
对比度: 10%
频率: 57
调整边缘...

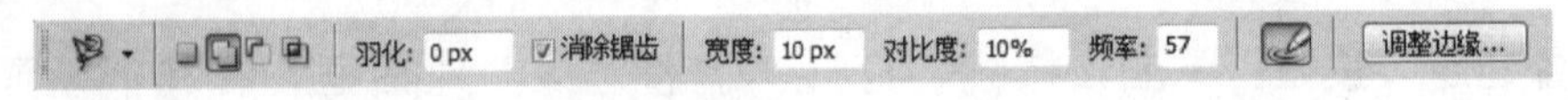

图3.7　磁性套索工具属性栏

单击工具箱中的“磁性套索工具”按钮，在图像窗口中单击鼠标左键，然后沿需要图像的轮廓移动鼠标，自动产生附着在图像边缘的“套索”跟随鼠标移动，当终点和起点重合时，只需单击鼠标左键即可创建选区。

选择磁性套索工具后，其属性栏中增加了几个独有的参数选项。这几个参数选项的含义如下。

- **宽度：** 用于决定磁性套索工具检测指针周围区域的大小。
- **对比度：** 用于设置磁性套索工具对图像边缘的灵敏度，设置较高的数值，将只检测与周边对比鲜明的边缘。
- **频率：** 用于设置生成锚点的密度，设置的数值越大，所生成的锚点越多，反之则锚点越少。

## 3. 魔棒工具组

魔棒工具组的主要用途是选择颜色相似的区域，组内包括魔棒工具和快速选择工具。

**魔棒工具**

魔棒工具主要是在选择颜色和色调比较单一的图像区域时使用，其属性栏如图3.8所示。

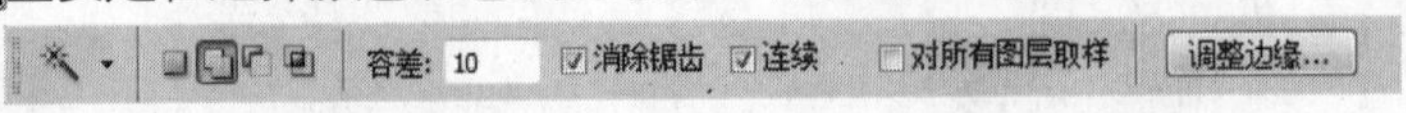

容差: 10
消除锯齿
连续
对所有图层取样
调整边缘...

图3.8　魔棒工具属性栏

单击工具箱中的“魔棒工具”按钮，然后在图像窗口中单击，则单击点附近与单击点颜色相同或相近的区域会自动被创建为选区。

在该属性栏中，各参数选项的含义如下。

- **容差：**用于设置选择的颜色范围，输入的数值越大，选择的颜色范围越大。
- **消除锯齿：**用于消除选区边缘的锯齿。
- **连续：**勾选该复选框，表示只选择颜色相同且连续的图像；取消勾选时，可在当前图层中选择颜色相同的所有图像。
- **对所有图层取样：**当图像文件含有多个图层时，勾选该复选框表示对图像文件中所有图层均起作用；取消勾选时，魔棒工具只对当前图层有用。

**快速选择工具**

使用快速选择工具创建选区时，选取范围会随着鼠标指针的移动而自动向外扩展并自动查找和跟随图像中定义的边缘。

#### 4. 通过“色彩范围”创建选区

在图像上创建选区除了可以使用上面讲过的选区工具外，还可以通过“色彩范围”命令创建选区。

“色彩范围”命令主要通过在图像窗口中指定颜色来定义选区的范围。在菜单栏中选择“选择”→“色彩范围”命令，将弹出“色彩范围”对话框，如图3.9所示，其中各参数选项的含义如下。

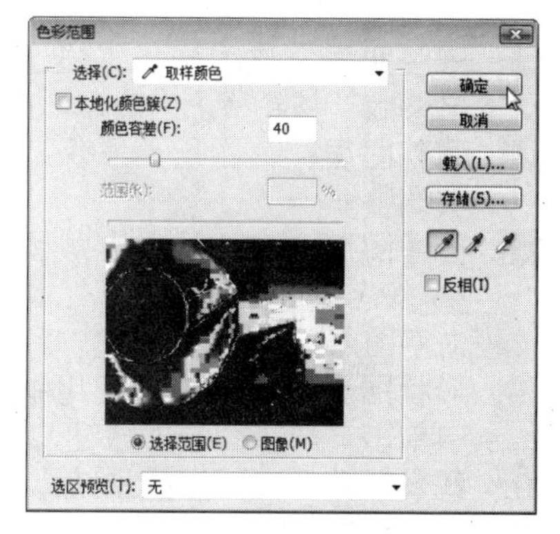


图3.9 “色彩范围”对话框

- **选择：**该下拉列表框用于选择所需颜色的范围。
- **本地化颜色簇：**勾选该复选框，可以根据图像中的不同色彩范围来构建蒙版。
- **颜色容差：**用于调整选取颜色的范围，数值越大，选取范围就越广。
- **选择范围：**选择该单选项，表示在预览框内以蒙版方式显示图像。
- **图像：**选择该单选项，表示在预览框内直接显示图像。
- **选区预览：**该下拉列表框用于选择选区的预览方式。
- **吸管工具：**该工具组是由吸管工具、添加到取样工具和从取样中减去工具组成。读者可根据需要选择不同的取样工具对图像中的颜色进行选择。
- **反相：**勾选该复选框，可对图像进行反相处理。

### 3.1.3 认识“图层”调板

在Photoshop CS4中，图层功能占有相当重要的位置。图像的所有编辑操作都可以在图层中进行。在菜单栏中选择“窗口”→“图层”命令，将弹出“图层”调板，如图3.10所示。

在“图层”调板中，各组成元素的含义如下所示。

- **扩展按钮：**单击该按钮，在弹出的下拉菜单中可选择对图层执行新建、复制和删除等操作。
- **图层混合模式：**该下拉列表框用于选择图像混合模式。
- **不透明度：**用于改变该图层中图像的不透明度。
- **图层锁定工具组：**该工具组中的锁定按钮分别用来锁定当前图层的透明像素、图像像素、图像位置和全部内容。

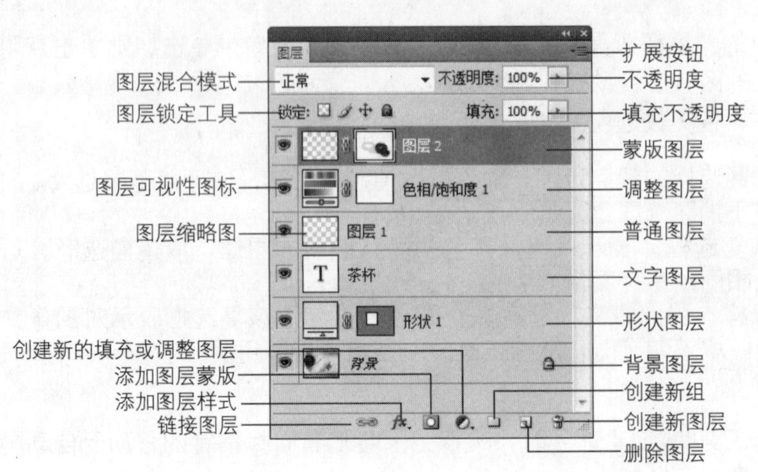


图3.10 “图层”调板

- **填充：**用于改变填充像素的不透明度。
- **图层可视性图标**：单击该图标可显示或隐藏图层上的图像内容。当图层左侧显示“眼睛”图标时，表示显示该图层中的内容；取消显示该图标则表示隐藏图层中的内容。
- **图层缩略图：**该图层的图像内容以缩略图的形式显示。
- **蒙版图层：**该图层用于显示或隐藏图像中的某部分区域，可通过调板底部的“添加图层蒙版”按钮来实现。
- **调整图层：**该图层用于保存对图像或选区进行颜色调整的数据，以方便对图像进行多次调整。
- **普通图层：**该图层是存放图像的最基本图层，可通过调板底部的“创建新图层”按钮来实现。
- **文字图层：**该图层通过文字工具在图像窗口中输入文字而自动生成。
- **形状图层：**该图层是使用钢笔工具组或形状工具组中的任意一个工具，并在其属性栏中单击“形状图层”按钮，然后在图像窗口中绘制形状而自动生成的图层。
- **背景图层：**该图层是系统默认的图层。
- **链接图层**：在调板中选择两个或两个以上的图层，然后单击该按钮，即可将选择的图层链接起来。
- **添加图层样式**：单击该按钮，在弹出的菜单中选择相应的命令，然后在弹出的“图层样式”对话框中进行设置，完成后单击“确定”按钮即可为图层添加图层样式。
- **添加图层蒙版**：单击该按钮，可以在当前图层中添加一个图层蒙版。
- **创建新的填充或调整图层**：单击该按钮，在弹出的菜单中选择相应的命令，即可创建新的填充图层或调整图层。
- **创建新组**：单击该按钮，将创建一个新图层组，用于放置多个图层，便于管理。
- **创建新图层**：单击该按钮，将创建一个新的普通图层。
- **删除图层**：单击该按钮，将删除当前选择的图层。

## 3.1.4 路径概述

路径是由一系列锚点连接起来的线段或曲线。用户在选取和绘制复杂的图形时，可通过使用路径来对图像进行高精度的选取或编辑。在菜单栏中选择“窗口”→“路径”命令，将弹出“路径”调板，如图3.11所示。

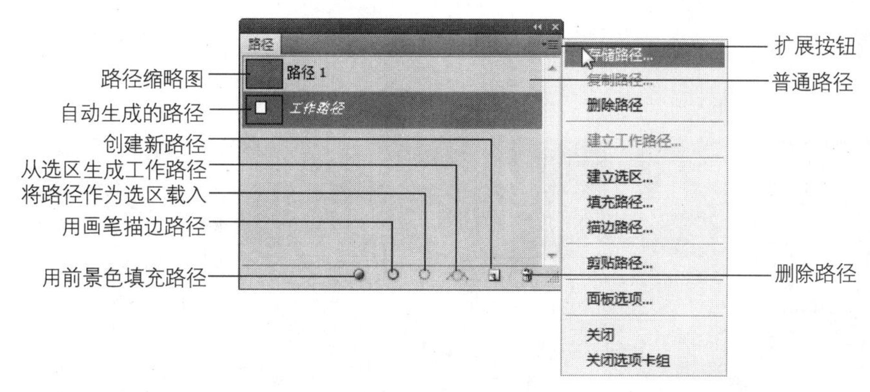


图3.11　“路径”调板

在“路径”调板中，各组成元素的含义如下所示。

- **扩展按钮**：单击该按钮，在弹出的下拉菜单中可对路径执行存储、删除、填充等操作。
- **路径缩略图**：路径上的内容以缩略图的形式显示。
- **工作路径**：该路径是用户在图像窗口中绘制路径时，自动生成的路径。
- **用前景色填充路径**：单击该按钮，可直接使用设置好的前景色填充路径。
- **用画笔描边路径**：单击该按钮，可直接使用设置好的画笔样式来描边路径。
- **将路径作为选区载入**：单击该按钮，可将绘制好的路径转换为选区。
- **从选区生成工作路径**：单击该按钮，可将创建好的选区转换为路径。
- **创建新路径**：单击该按钮，可创建一个新的路径，即“路径1”。
- **删除路径**：单击该按钮，可删除当前选择的路径。

Photoshop CS4提供了3个工具组来绘制和编辑路径，分别为钢笔工具组、形状工具组和路径选择工具组，如图3.12所示。

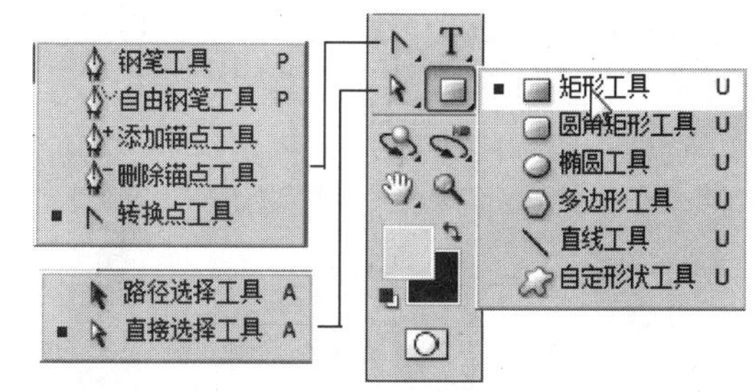


图3.12　路径工具

- **钢笔工具组**：该工具组中的钢笔工具和自由钢笔工具主要用来创建路径，而添加锚点工具、删除锚点工具和转换点工具主要用来编辑路径。

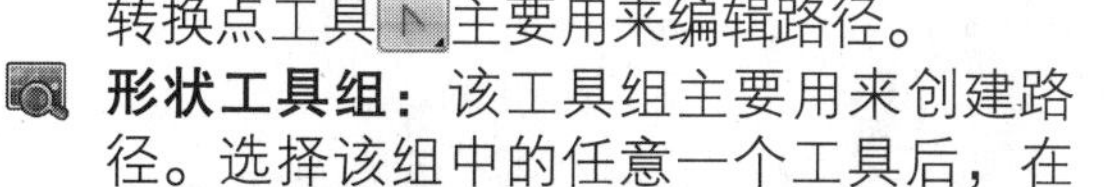

- **形状工具组**：该工具组主要用来创建路径。选择该组中的任意一个工具后，在其属性栏中单击“路径”按钮，然后在图像窗口中进行绘制，即可得到路径。
- **路径选择工具组**：该工具组主要用来选择路径，并对路径或路径锚点进行移动。

# 3.2 进阶——典型实例

通过前面的学习，相信读者对图像的变换操作、创建选区、“图层”调板和路径等相关内容有了一定了解。下面将在此基础上进行相应的实例练习。

## 3.2.1　调整倾斜照片

本例介绍调整倾斜照片的方法，旨在帮助读者巩固“图像旋转”命令和裁剪工具的应用方法和技巧。

## 最终效果

本例制作完成前后的对比效果如图3.13所示。

图3.13　前后对比效果

## 解题思路

1 打开素材图片。
2 使用“图像旋转”命令旋转图像。
3 使用裁剪工具剪切多余的边缘。

## 操作步骤

1 在菜单栏中选择“文件”→“打开”命令，在弹出的“打开”对话框中选择“01.jpg”素材图片（图片位置：\素材\第3章\01.jpg），然后单击“打开”按钮，如图3.14所示。

2 在菜单栏中选择“图像”→“图像旋转”→“任意角度”命令，在弹出的“旋转画布”对话框中设置“角度”为“8”，选择“度（逆时针）”单选项，然后单击“确定”按钮，如图3.15所示。

图3.14　打开01.jpg

图3.15　旋转画布

3 单击工具箱中的“裁剪工具”按钮，然后在图像上拖动鼠标创建一个裁剪控制框，如图3.16所示。

4 按下“Enter”键即可调整倾斜的照片，完成后的效果如图3.17所示。

图3.16　裁剪图像

图3.17　最终效果图

## 3.2.2 照片透视裁剪

本例介绍照片透视裁剪的方法，旨在帮助读者巩固裁剪工具的应用方法和技巧。

### 最终效果

本例制作完成前后的对比效果如图3.18所示。

图3.18　前后对比效果

### 解题思路

1 打开素材图片。

2 使用裁剪工具绘制裁剪控制框。

3 设置裁剪工具属性栏，然后调整控制框。

### 操作步骤

1 在菜单栏中选择“文件”→“打开”命令，在弹出的“打开”对话框中选择“02.jpg”素材图片（图片位置：\素材\第3章\02.jpg），然后单击“打开”按钮，如图3.19所示。

2 单击工具箱中的“裁剪工具”按钮，然后在图像上拖动鼠标创建一个裁剪控制框，如图3.20所示。

3 在裁剪工具属性栏中勾选“透视”复选框，然后在图像文件中拖动控制框上的节点，调整透视角度，如图3.21所示。

4 按下“Enter”键即可裁剪照片，完成后的最终效果如图3.22所示。

图3.19　打开02.jpg

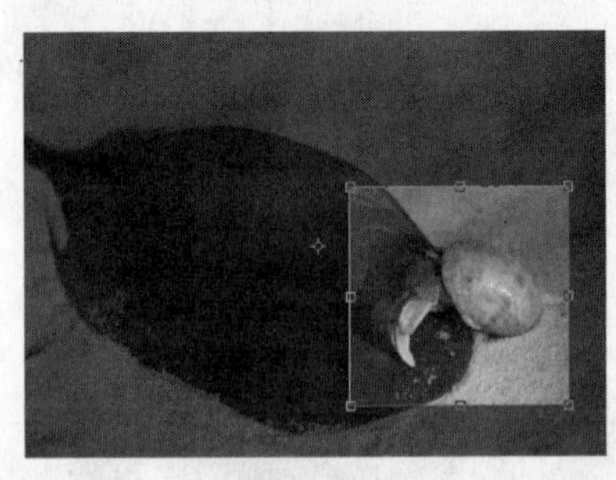

图3.20　裁剪图像

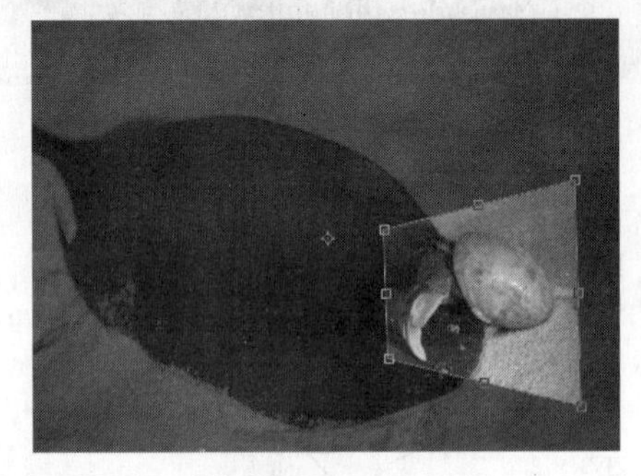

图3.21　改变控制框

图3.22　最终效果图

## 3.2.3　轻松替换照片背景

本例介绍为照片中的人物更换背景并使人物和背景融为一体的方法，旨在帮助读者巩固套索工具的应用方法和技巧。

### 最终效果

本例制作完成前后的对比效果如图3.23所示。

图3.23　前后对比效果

### 解题思路

1 使用套索工具选取照片中的人物。

2 使用移动工具将人物拖放到背景图片中，并调整大小和位置。

3 使用橡皮擦工具擦除多余的边缘。

## 操作步骤

1 打开素材图片“03.jpg”和“04.jpg”（图片位置：\素材\第3章\03.jpg、04.jpg），如图3.24和图3.25所示。

图3.24　03.jpg

图3.25　04.jpg

2 单击工具箱中的“套索工具”按钮，在“03.jpg”图像窗口中按住鼠标左键不放，沿着人物的轮廓边缘创建一个大致的选区，如图3.26所示。

3 单击工具箱中的“移动工具”按钮，将选区内的图像移动到“04.jpg”图像窗口上，然后按“Ctrl+T”组合键进行变换操作，如图3.27所示。

4 单击工具箱中的“橡皮擦工具”按钮，在其属性栏中设置“主直径”为“21px”、硬度为“50%”，如图3.28所示。

图3.26　创建选区

图3.27　移动选区

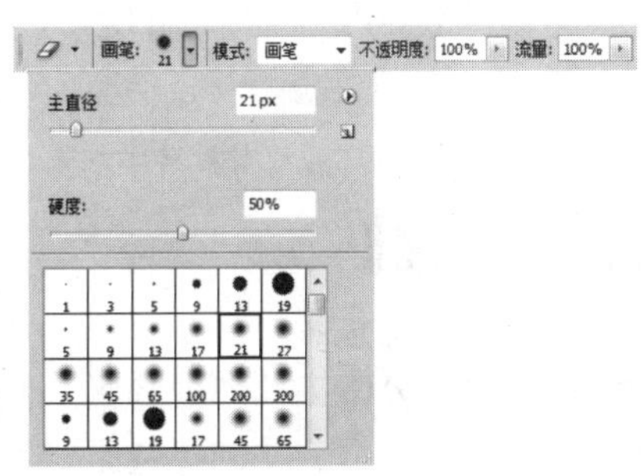


图3.28　橡皮擦工具属性栏

5 将鼠标指针移动到“04.jpg”图像窗口中，然后在人物的周围进行仔细涂抹，擦除人物周围剩余的背景，如图3.29所示。

6 在菜单栏中选择“图像”→“自动颜色”命令，自动调整图像的色调，使图像和背景更好地融合在一起，如图3.30所示。

图3.29　擦除多余区域

图3.30　最终效果图

## 3.2.4　制作“飞出”相框照片

本例介绍制作“飞出”相框照片的方法，旨在帮助读者巩固磁性套索工具、“图层”调板、矩形选框工具、图像变换操作和魔棒工具的应用方法和技巧。

### 最终效果

本例制作完成前后的对比效果如图3.31所示。

图3.31　处理前后对比效果

### 解题思路

1 打开素材图片。
2 使用磁性套索工具创建选区，并进行羽化操作。
3 使用矩形选框工具创建选区，然后进行填充并添加杂色。
4 变换图像操作，然后使用魔棒工具选择区域。
5 填充选区，并进行描边、添加图层样式和制作阴影效果的操作。

### 操作步骤

1 打开素材图片“05.jpg”（图片位置：\素材\第3章\05.jpg），如图3.32所示。
2 单击工具箱中的“磁性套索工具”按钮，将鼠标指针移动到图像上，按住左键不放，沿海豚边缘移动鼠标，得到的选区如图3.33所示。

图3.32　05.jpg

图3.33　创建选区

3 在菜单栏中选择“选择”→“修改”→“羽化”命令，在弹出的“羽化选区”对话框中设置“羽化半径”为2像素，然后单击“确定”按钮，如图3.34所示。

4 按下“Ctrl+J”组合键复制选区，这时“图层”调板中将自动生成“图层1”，如图3.35所示。

5 在“图层”调板中单击底部的“创建新图层”按钮，即可创建“图层2”，如图3.36所示。

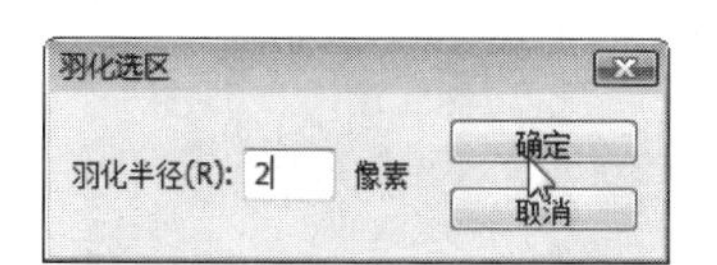


图3.34　“羽化选区”对话框

图3.35　复制图层

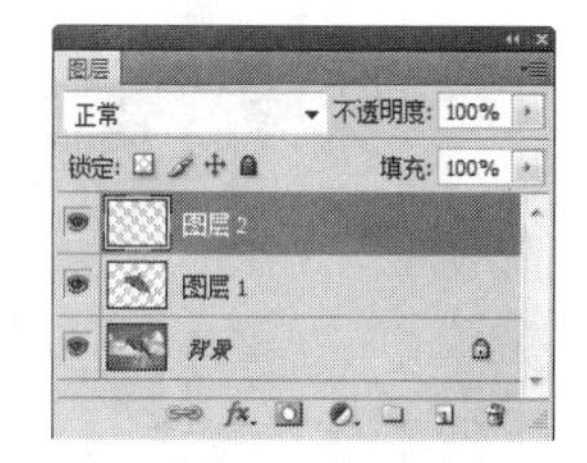


图3.36　新建图层

6 设置前景色为白色，单击工具箱中的“矩形选框工具”按钮，然后将鼠标指针移动到图像窗口中如图3.37所示的位置绘制选区。

7 按下“Alt+Delete”组合键，将选区填充为白色，并将“图层2”拖动到“图层1”的下方，如图3.38所示。

图3.37　创建选区

图3.38　填充选区

8 单击工具箱中的“滤镜”→“杂色”→“添加杂色”命令，在弹出的“添加杂色”对话框中设置“数量”为5%，“分布”选择“平均分布”，单击“确定”按钮，如图3.39所示。

9 在菜单栏中选择“选择”→“修改”→“收缩”命令，在弹出的“收缩选区”对话框中设置“收缩量”为15像素，然后单击“确定”按钮，如图3.40所示。

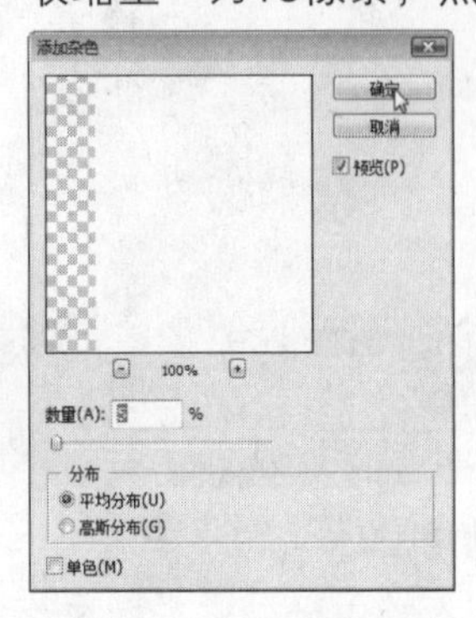


图3.39 “添加杂色”对话框

图3.40 修改选区

**10** 按“Delete”键删除选区内容，按“Ctrl+D”组合键取消选区，如图3.41所示。

**11** 在菜单栏中选择“编辑”→“变换”→“扭曲”命令，打开自由变换框，拖动角点将白色边框变形，然后按“Enter”键确定变形，如图3.42所示。

图3.41 删除选区内的图像

图3.42 变换图像

**12** 在工具箱中单击“魔棒工具”按钮，然后在“图层”调板中单击“背景”图层和“图层1”前面的眼睛图标，隐藏海豚图像，如图3.43所示。

**13** 将鼠标指针移动到图像窗口中，在白色边框之外的地方单击，创建选区，然后在“图层”调板中依次单击“背景”图层和“图层1”前面的空白方框，显示海豚图像，如图3.44所示。

图3.43 隐藏图层

图3.44 创建选区并显示图像

**14** 在“图层”调板中单击底部的“创建新图层”按钮，创建“图层3”，如图3.45所示。

**15** 设置前景色为白色，按住“Alt+Delete”组合键填充选区，然后按“Ctrl+D”组合键取消选区，如图3.46所示。

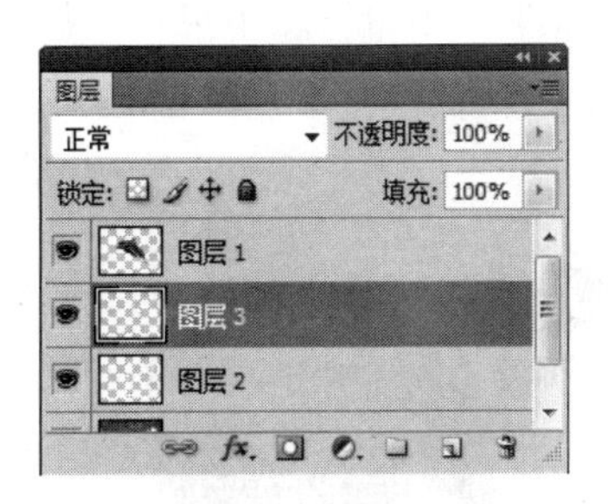


图3.45　新建图层

图3.46　填充选区

**16** 在“图层”调板中双击“图层2”的空白处，这时将弹出“图层样式”对话框，如图3.47所示。

**17** 在“样式”列表框中单击“描边”选项，在右侧面板中设置描边“大小”为2像素，“位置”选择“内部”，在“填充类型”栏中单击“颜色”图标，如图3.48所示。

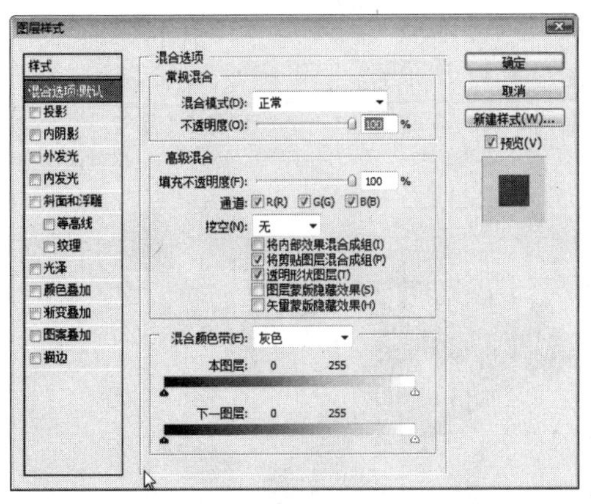


图3.47　“图层样式”对话框

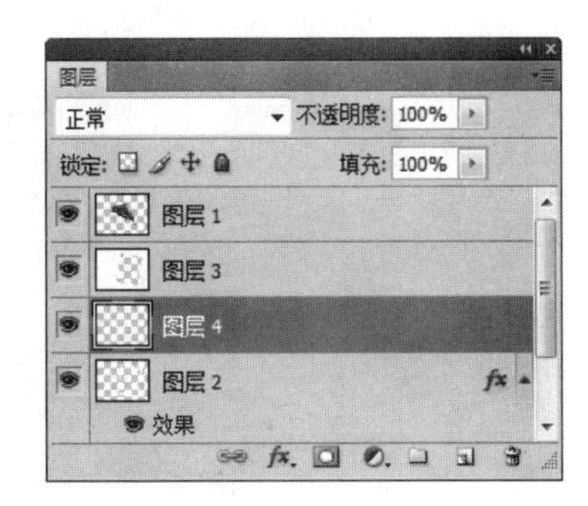

图3.48　描边

**18** 在弹出的“选取描边颜色”对话框中设置（R：210、G：210、B：210），单击“确定”按钮返回“图层样式”对话框中，如图3.49所示。

**19** 单击“确定”按钮后，在“图层”调板中单击底部的“创建新图层”按钮，创建“图层4”，如图3.50所示。

图3.49　选区描边颜色

图3.50　新建图层

**20** 单击工具箱中的“矩形选框工具”按钮[]，然后将鼠标指针移动到图像窗口中绘制选区，如图3.51所示。

**21** 设置前景色为黑色，按下“Alt+Delete”组合键填充前景色，按下“Ctrl+D”组合键取消选区，如图3.52所示。

图3.51 创建选区

图3.52 填充选区

**22** 在菜单栏中选择“编辑”→“变换”→“扭曲”命令，将黑色区域进行扭曲操作，然后在“图层”调板中设置“不透明度”为60%，并将“图层3”拖动到“背景”图层的上方，将“图层4”拖动到“图层2”的下方，效果如图3.53所示。

**23** 单击工具箱中的“橡皮擦工具”按钮，在其属性栏中设置画笔为“柔角21像素”，然后将阴影中多余的部分擦除，如图3.54所示。

图3.53 变换阴影部分

图3.54 擦除多余部分

**24** 在菜单栏中选择“滤镜”→“模糊”→“高斯模糊”命令，在弹出的“高斯模糊”对话框中设置“半径”为10像素，单击“确定”按钮后，得到的最终效果如图3.55所示。

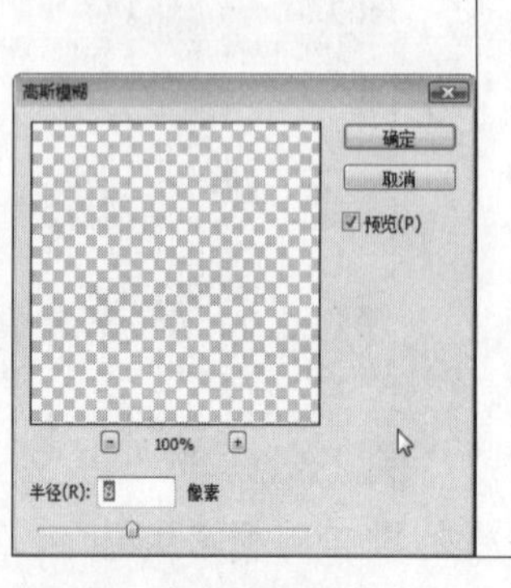


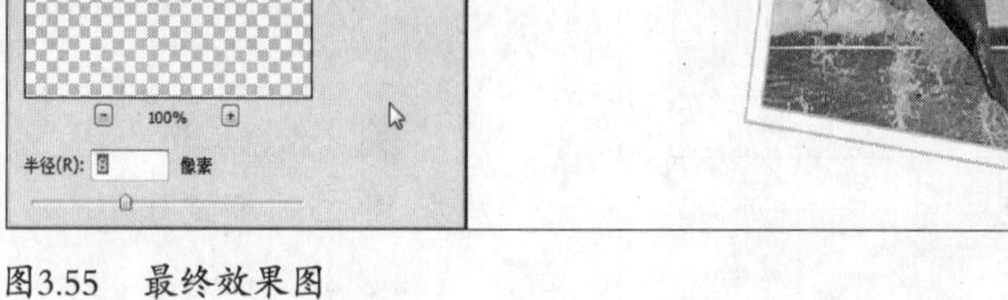

图3.55 最终效果图

## 3.2.5 制作卷页效果

本例介绍卷页效果的制作方法，旨在帮助读者巩固路径工具的使用方法以及图像变换的应用技巧。

### 最终效果

本例制作完成前后的对比效果如图3.56所示。

图3.56　前后对比效果

### 解题思路

1 使用路径工具绘制图形并改变图形的形状。
2 填充路径，然后使用相同的方法绘制卷页图形。
3 使用渐变工具、加深工具和减淡工具制作卷页的质感效果。
4 使用路径工具绘制阴影，并进行编辑操作。
5 打开素材图片，对其进行移动、变换和剪贴蒙版操作。

### 操作步骤

1 在菜单栏中选择“文件”→“新建”命令，在弹出的“新建”对话框中设置名称为“卷页效果”，宽度为“410像素”，高度为“566像素”，分辨率为“72像素/英寸”，然后单击“确定”按钮，如图3.57所示。
2 设置前景色为（R：219、G：197、B：121），然后按下“Alt+Delete”组合键填充前景色，如图3.58所示。
3 单击工具箱中的“矩形工具”按钮，在其属性栏中单击“路径”按钮，然后在图像窗口中绘制路径，如图3.59所示。
4 单击工具箱中的“添加锚点工具”按钮，在路径的右侧和下侧两条路径线上单击鼠标，添加两个新锚点，如图3.60所示。
5 单击工具箱中的“直接选择工具”按钮，然后在路径上单击右下角的锚点并向左上方拖移，再将右侧新锚点向左微微拖移，下侧新锚点向上微微拖移，如图3.61所示。
6 在“路径”调板中单击底部的“将路径作为选区载入”按钮，然后在“图层”调板中单击底部的“创建新图层”按钮，新建“图层1”，如图3.62所示。

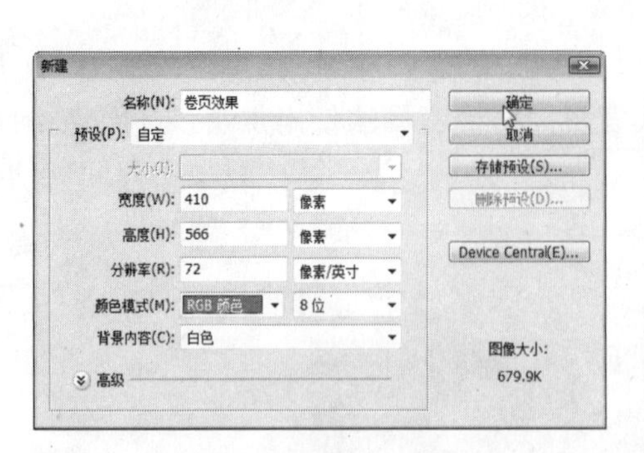


图3.57 “新建”对话框

图3.58 填充前景色

图3.59 绘制路径

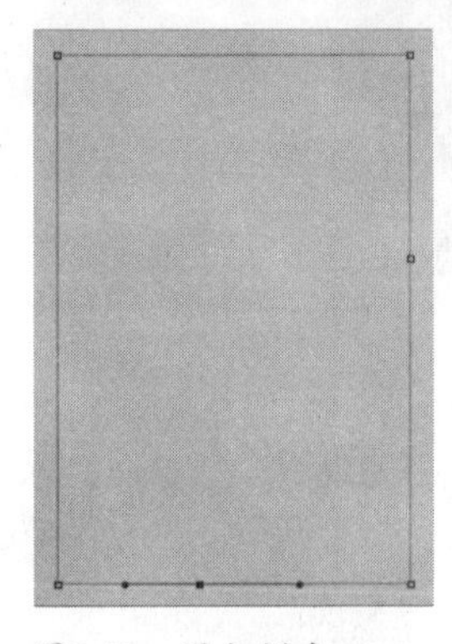

图3.60 添加锚点

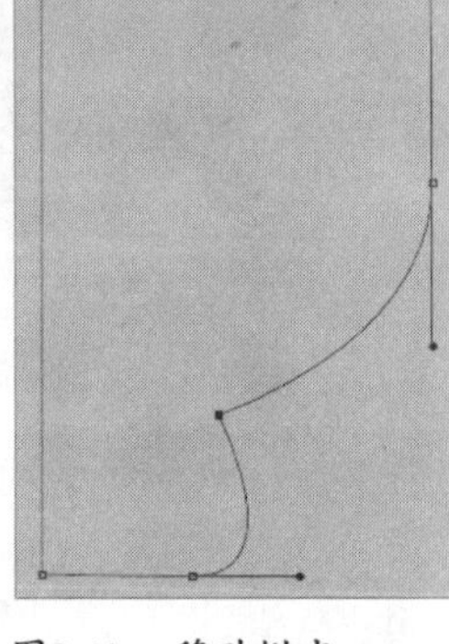

图3.61 移动锚点

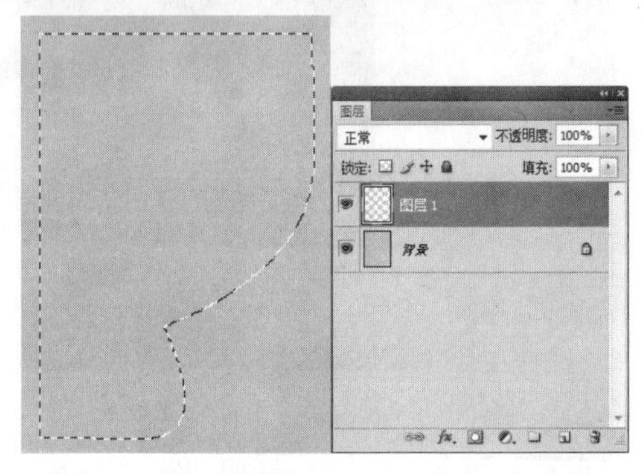

图3.62 将路径作为选区载入并创建图层

**7** 设置前景色为（R：206、G：167、B：102），按下“Alt+Delete”组合键填充前景色，然后按下“Ctrl+D”组合键取消选区，如图3.63所示。

**8** 设置前景色为（R：219、G：197、B：121），背景色为（R：206、G：167、B：102），然后在“图层”调板中选择“背景”图层，单击底部的“创建新图层”按钮，新建“图层2”，如图3.64所示。

**9** 在“路径”调板中单击底部的“创建新路径”按钮，新建“路径1”，然后单击工具箱中的“钢笔工具”按钮，在窗口右下方绘制路径，并使路径右下方的直线段与纸张卷页位置的曲线形状相切，如图3.65所示。

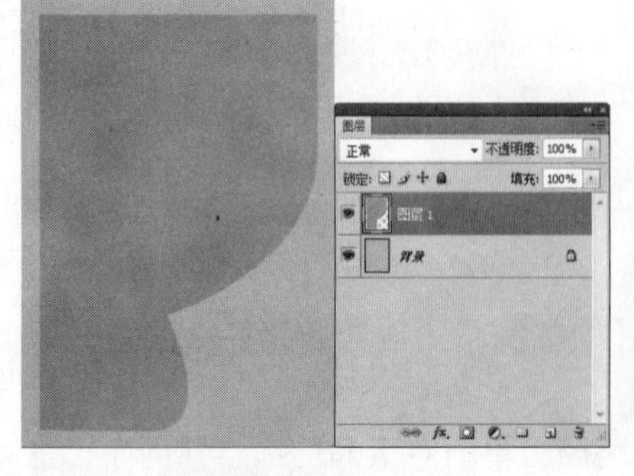

图3.63 填充前景色

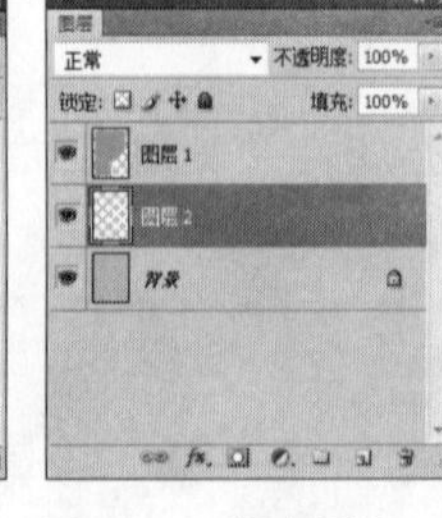

图3.64 新建图层

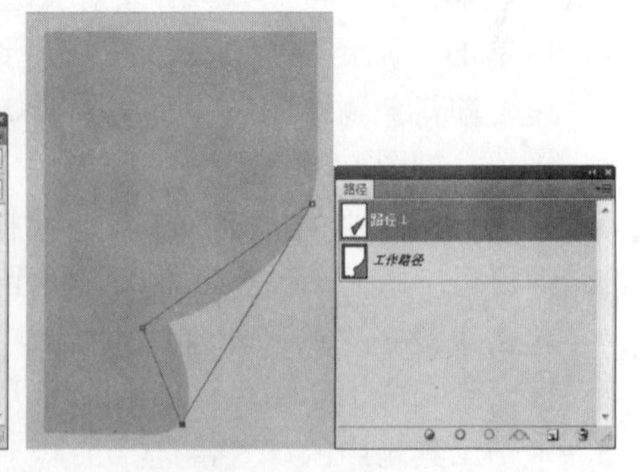

图3.65 绘制路径

**10** 在“路径”调板中单击底部的“将路径作为选区载入”按钮，将路径转换为选区，如图3.66所示。

**11** 单击工具箱中的“渐变工具”按钮，在其属性栏中单击“线性渐变”按钮，然后在图像中自左上向右下拖移鼠标将选区填充渐变色，并按下“Ctrl+D”组合键取消选区，如图3.67所示。

**12** 单击工具箱中的“减淡工具”按钮，在属性栏中设置画笔为“柔角65像素”、范围为“中间调”、曝光度为26%，然后在“图层2”中颜色较浅的部位涂抹，效果如图3.68所示。

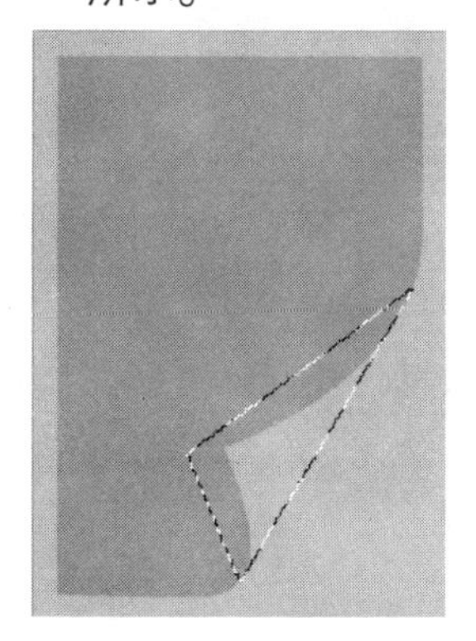

图3.66　载入选区

图3.67　渐变填充

图3.68　减淡颜色

**13** 单击工具箱中的“加深工具”按钮，在属性栏中设置画笔为“柔角65像素”、范围为“阴影”、曝光度为20%，然后在“图层2”中颜色较深的部位涂抹，如图3.69所示。

**14** 在“图层”调板中选择“背景”图层，单击调板底部的“创建新图层”按钮，新建“图层3”，然后在“路径”调板中单击底部的“创建新路径”按钮，新建“路径2”，如图3.70所示。

**15** 设置前景色为（R：83、G：83、B：83），然后单击工具箱中的“钢笔工具”按钮，在窗口右下方绘制表示纸张阴影的路径，如图3.71所示。

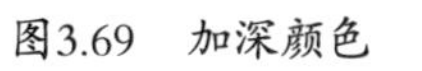

图3.69　加深颜色

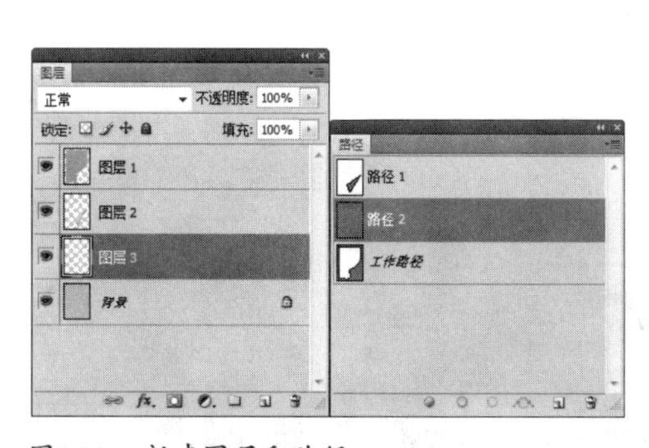


图3.70　新建图层和路径

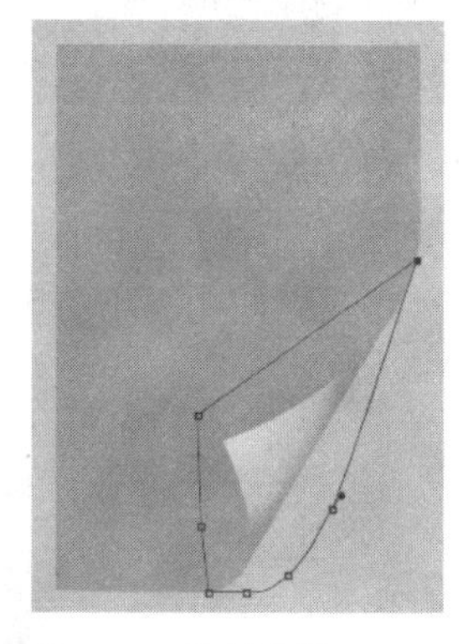

图3.71　绘制路径

**16** 在“路径”调板中单击底部的“将路径作为选区载入”按钮，将路径转换为选区，如图3.72所示。

**17** 按下“Alt+Delete”组合键将选区填充为前景色，按下“Ctrl+D”组合键取消选区，如图3.73所示。

**18** 在菜单栏中选择“滤镜”→“模糊”→“高斯模糊”命令，在弹出的“高斯模糊”对话框中设置“半径”为8像素，然后单击“确定”按钮，如图3.74所示。

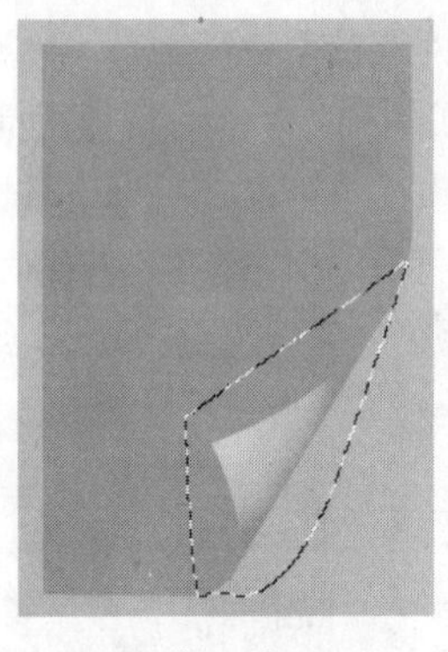

图3.72 载入选区

图3.73 填充前景色

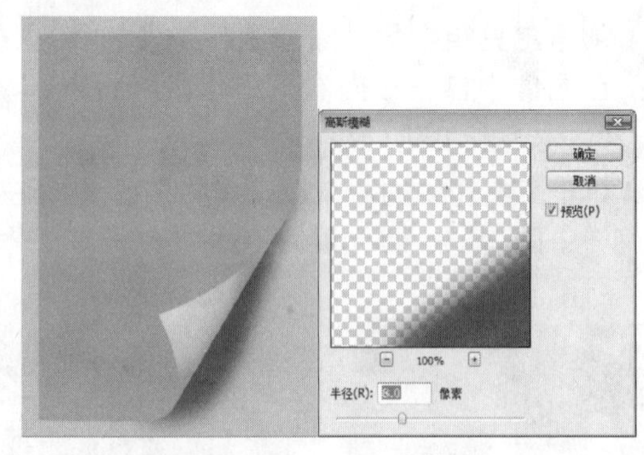

图3.74 高斯模糊

**19** 打开素材图片“06.jpg”（图片位置：\素材\第3章\06.jpg），如图3.75所示。

**20** 单击工具箱中的“移动工具”按钮，将素材图片拖动到“卷页效果”文件中，这时将“图层”调板自动生成的“图层4”拖放到最顶层，如图3.76所示。

**21** 按下“Ctrl+T”组合键打开变换控制框，调整其图片大小，然后按下“Enter”键确认操作，如图3.77所示。

图3.75 06.jpg

图3.76 拖动素材

图3.77 变换图像

**22** 按下“Alt”键的同时在“图层4”和“图层1”之间单击鼠标，创建剪贴蒙版，得到的最终效果如图3.78所示。

图3.78 最终效果图

## 3.2.6 制作照片边框效果

本例介绍照片边框效果的制作方法，旨在帮助用户巩固“画布大小”命令、矩形选框工具和“图层”调板的使用方法和技巧。

### 最终效果

本例制作完成前后的对比效果如图3.79所示。

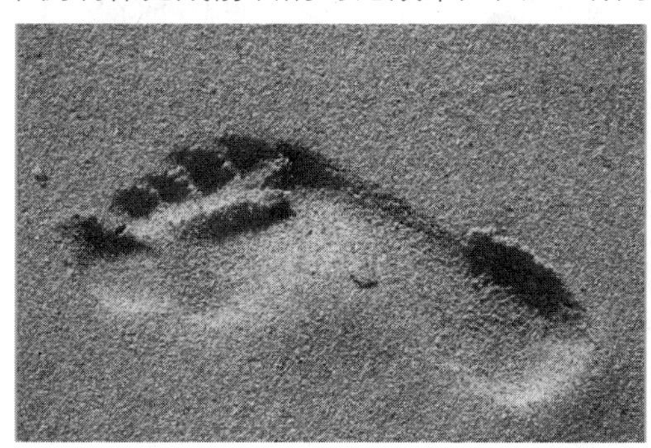

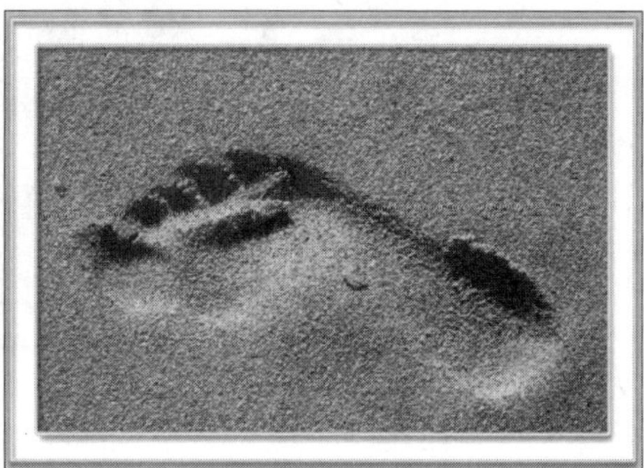

图3.79　前后对比效果

### 解题思路

1 打开素材图片。
2 使用“画布大小”命令更改画布，利用“矩形选框工具”创建选区。
3 新建图层并填充，然后添加“样式”调板中的样式。

### 操作步骤

1 打开素材图片“07.jpg”（图片位置：\素材\第3章\07.jpg），如图3.80所示。
2 在菜单栏中选择“图像”→“画布大小”命令，在弹出的“画布大小”对话框中更改宽度为“32.35厘米”、高度为“22.05厘米”，然后单击“确定”按钮，如图3.81所示。

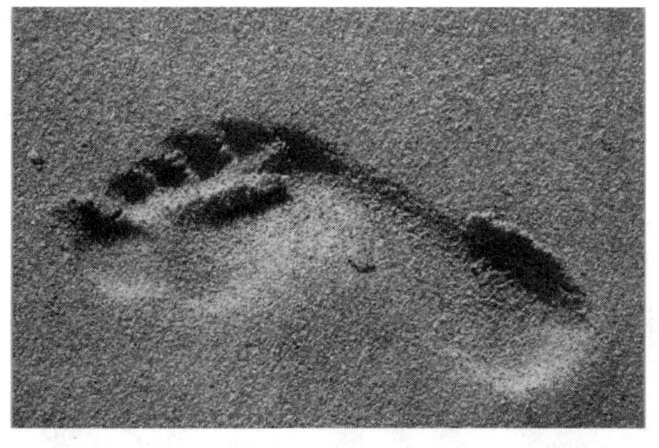

图3.80　07.jpg

图3.81　“画布大小”对话框

3 单击工具箱中的“矩形选框工具”按钮，在图像窗口中创建选区，然后按下“Shift+Ctrl+I”组合键进行反向选择，如图3.82所示。
4 在“图层”调板中单击底部的“创建新图层”按钮，新建“图层1”，如图3.83所示。
5 设置前景色为白色，按下“Alt+Delete”组合键填充选区，然后按下“Ctrl+D”组合键取消选区。

6 在“样式”调板中单击扩展按钮，在弹出的下拉列表中选择“Web样式”，然后在“追加”的样式中单击“黄色回环”按钮，这时“图层1”将自动添加图层样式，且白色矩形框转变为回环效果，如图3.84所示。

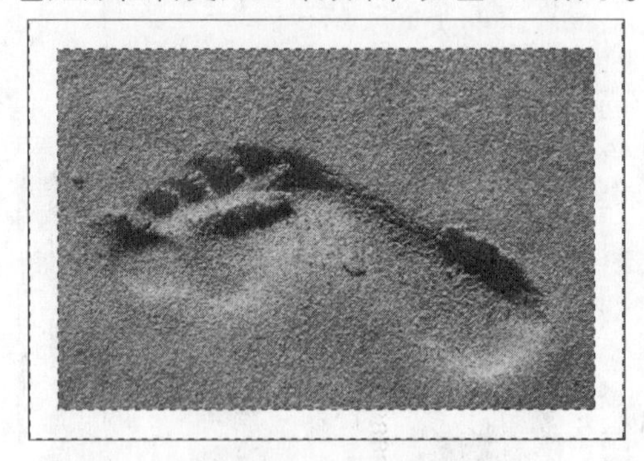

图3.82 创建选区

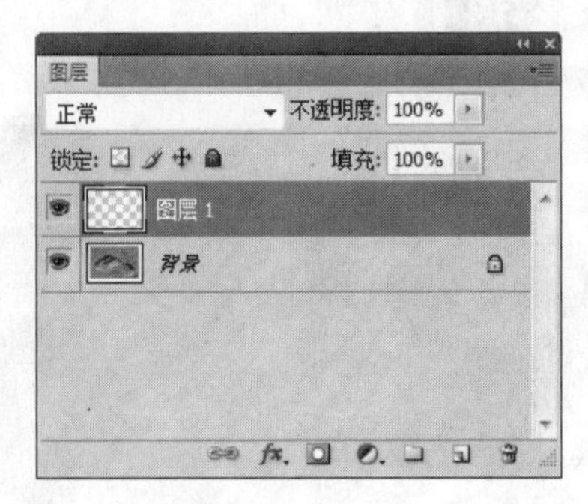


图3.83 新建图层

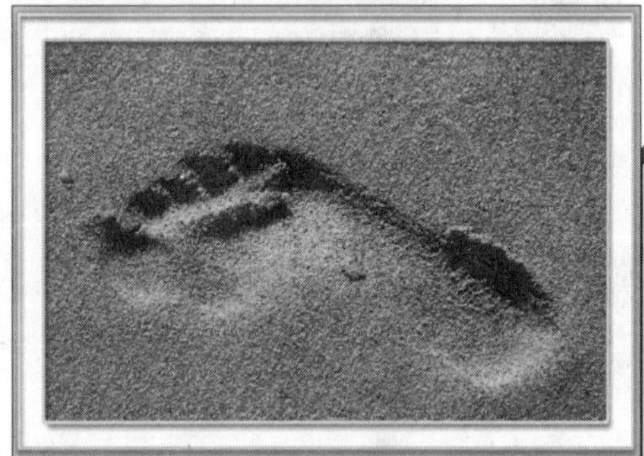

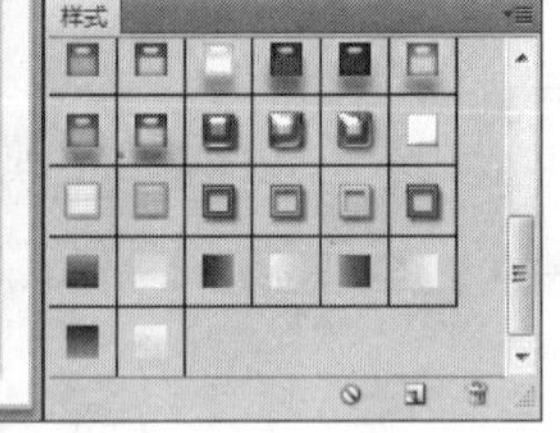


图3.84 最终效果图

## 3.2.7 突出照片主体

本例介绍突出照片主体的制作方法，旨在帮助读者巩固“图层”调板、“径向模糊”命令和历史记录画笔工具的应用方法和技巧。

### 最终效果

本例制作完成前后的对比效果如图3.85所示。

图3.85 前后对比效果图

## 解题思路

1 打开素材图片。
2 复制图层，然后使用“径向模糊”滤镜。
3 使用历史记录画笔工具擦除照片上的主体部分。

## 操作步骤

1 打开素材图片“08.jpg”（图片位置：\素材\第3章\08.jpg），如图3.86所示。
2 按下“Ctrl+J”组合键，将“背景”图层复制为“图层1”，如图3.87所示。

图3.86　08.jpg

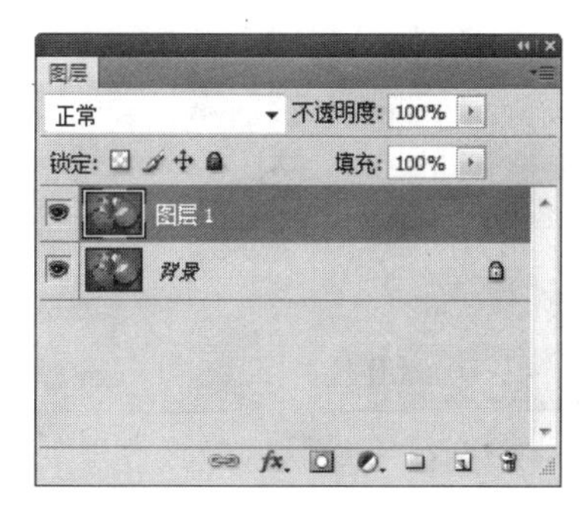

图3.87　复制图层

3 在菜单栏中选择“滤镜”→“模糊”→“径向模糊”命令，在弹出的“径向模糊”对话框中拖动“数量”滑块为“24”，选择“缩放”单选项，然后单击“确定”按钮，如图3.88所示。
4 单击工具箱中的“历史记录画笔工具”按钮，在“历史记录”调板中单击“通过拷贝的图层”项前的空白方框，出现历史记录画笔图标，即表示此项被设置为历史记录画笔的源，如图3.89所示。

图3.88　径向模糊

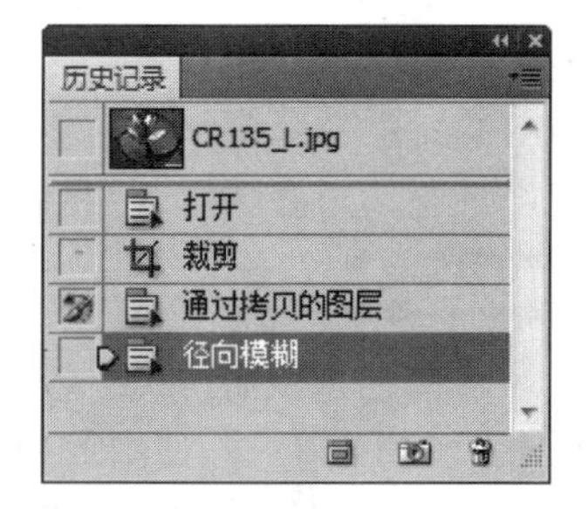

图3.89　设置画笔源

5 在属性栏中设置画笔大小为“柔角21像素”，将鼠标指针移动到图像窗口中，在荷花图像上进行涂抹，使图像还原到应用“径向模糊”滤镜前的状态，完成的最终效果如图3.90所示。

图3.90　设置涂抹画笔及最终效果图

## 3.2.8　制作全景照片

本例介绍如何制作全景照片的方法，旨在帮助读者巩固“自动对齐图层”命令的使用方法和技巧。

### 最终效果

本例制作完成后的最终效果如图3.91所示。

图3.91　最终效果图

### 解题思路

1 打开素材图片。

2 移动素材图片至同一个图像窗口中，然后进行对齐操作。

3 使用“自动对齐图层”命令将多张照片合并成一张照片。

### 操作步骤

1 打开素材图片“09.jpg”、“10.jpg”和“11.jpg”（图片位置：\素材\第3章\09.jpg、10.jpg和11.jpg），如图3.92、图3.93和图3.94所示。

2 单击工具箱中的“移动工具”按钮，将“09.jpg”和“10.jpg”图像窗口中的图像移动到“11.jpg”图像窗口中，如图3.95所示。

3 在“11.jpg”图像窗口中双击“图层”调板中的“背景”图层，使该图层转换为普通图层——“图层0”，如图3.96所示。

图3.92　09.jpg

图3.93　10.jgp

图3.94　11.jpg

图3.95　移动图像

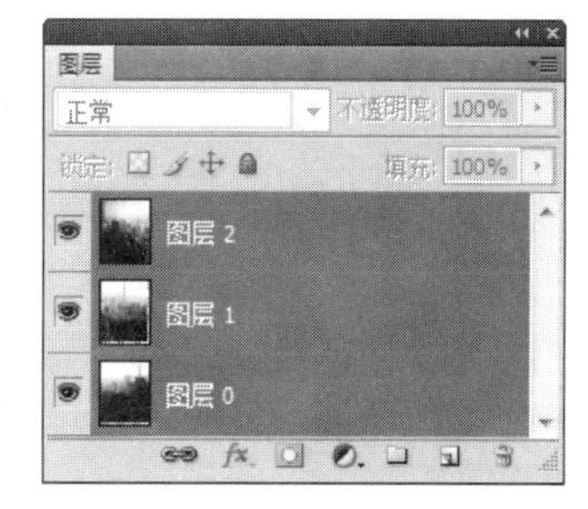


图3.96　转换图层

4　在“图层”调板中按下“Shift”键的同时单击“图层2”和“图层0”，选择所有图层，然后单击属性栏中的“垂直居中对齐”按钮和“水平居中对齐”按钮。

5　在菜单栏中选择“编辑”→“自动对齐图层”命令，在弹出的“自动对齐图层”对话框中选择“自动”单选项，然后单击“确定”按钮，得到的最终效果如图3.97所示。

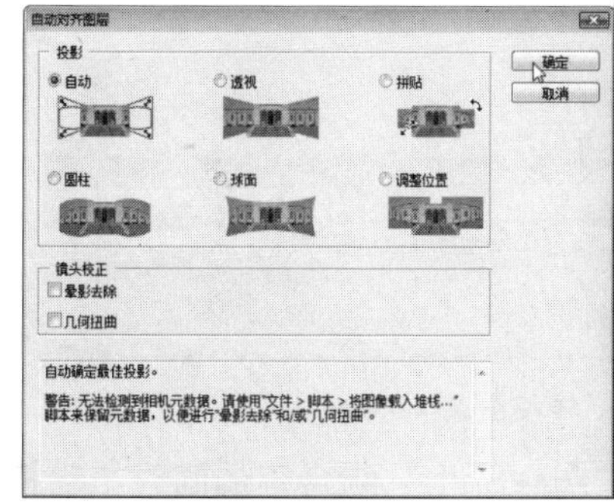

图3.97　最终效果图

## 3.2.9 照片包角

本例介绍制作照片包角的方法，旨在帮助读者巩固多边形套索工具和图像变换操作的应用方法和技巧。

### 最终效果

本例制作完成前后的对比效果如图3.98所示。

图3.98 前后对比效果

### 解题思路

1 使用“变换”命令改变照片的大小。
2 使用“填充”命令制作边框。
3 使用多边形套索工具创建选区并填充颜色。
4 执行图层复制操作和“变换”命令制作包角效果，并添加图层样式。

### 操作步骤

1 打开素材图片“12.jpg”（图片位置：\素材\第3章\12.jpg），如图3.99所示。
2 在“图层”调板中双击“背景”图层，在弹出的“新建图层”对话框中单击“确定”按钮，如图3.100所示。

图3.99 12.jpg

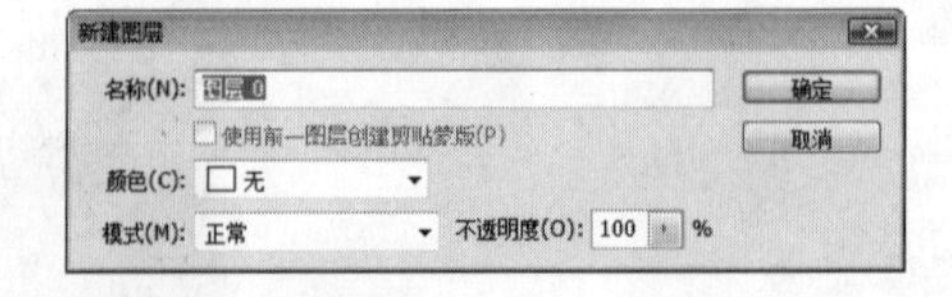


图3.100 转换图层

3 按下“Ctrl+T”组合键显示变换控制框，然后在按下“Alt+Shift”组合键的同时拖动控制框上的节点至适当的位置，完成后按下“Enter”键确认操作，如图3.101所示。
4 在“图层”调板中单击底部的“创建新图层”按钮，新建“图层1”，然后将“图层

1”拖动至“图层0”的下方，如图3.102所示。

**5** 在菜单栏中选择“编辑”→“填充”命令，将弹出“填充”对话框。在“使用”下拉列表框中选择“图案”选项，单击“自定图案”右侧的下拉按钮，在弹出的面板右侧单击按钮，如图3.103所示，在弹出的下拉列表中选择“图案”选项。

图3.101　变换图像

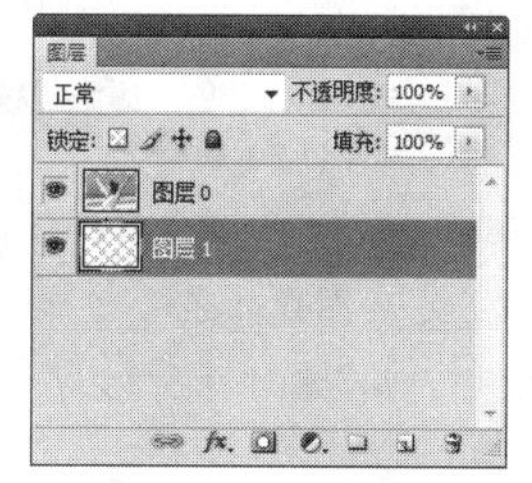


图3.102　新建图层

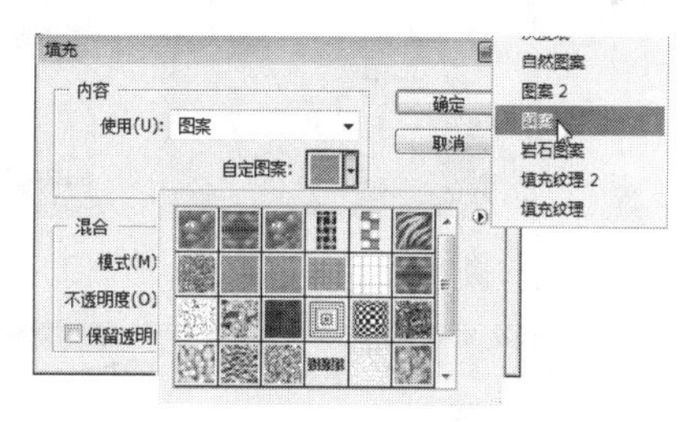


图3.103　“填充”对话框

**6** 弹出提示对话框，单击其中的“追加”按钮。返回到“自定图案”弹出面板，在其中的列表框中选择“木质”图案，完成后单击“确定”按钮，图像效果如图3.104所示。

**7** 在“图层”调板中，按住“Ctrl”键的同时单击“图层0”缩略图，载入选区，按下“Delete”键删除选区内的图像，然后按“Ctrl+D”组合键取消选区。

**8** 在“图层”调板中新建“图层2”，设置前景色为（R：70、G：12、B：18），单击工具箱中的“多边形套索工具”按钮，在图像窗口中创建选区，如图3.105所示。

**9** 按下“Alt+Delete”组合键填充前景色，然后按下“Ctrl+D”组合键取消选区，如图3.106所示。

图3.104　图案填充

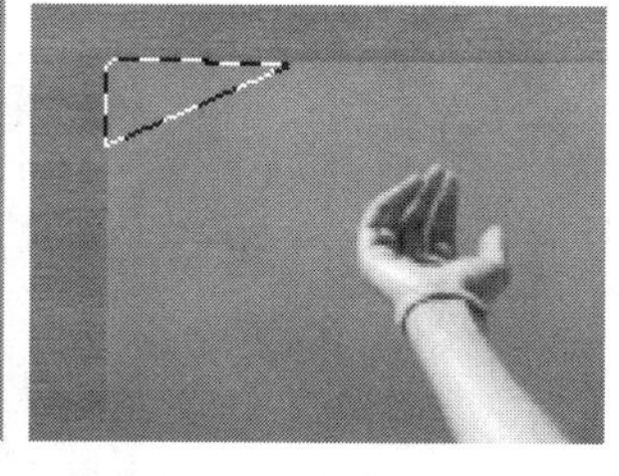

图3.105　创建选区

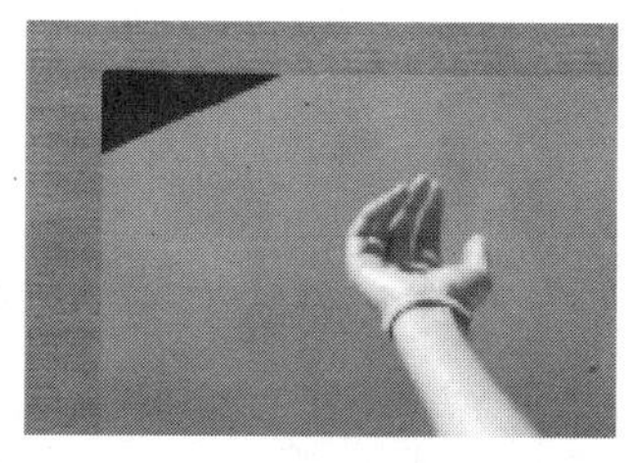

图3.106　填充前景色

**10** 单击工具箱中的“移动工具”按钮，按下“Alt”键的同时拖动图像，复制“图层2”，然后执行“水平翻转”命令并将其移动到右上角，如图3.107所示。

**11** 按照与上一个步骤相同的方法，复制图层并进行水平或垂直翻转，移动到适当的位置，如图3.108所示。

**12** 按下“Ctrl+E”组合键合并“图层2”和它的其他副本图层，然后双击“图层2”，在弹出的“图层样式”对话框中设置“大小”为5像素，设置完成后单击“确定”按钮，如图3.109所示。

图3.107 复制并翻转图像

图3.108 复制图像

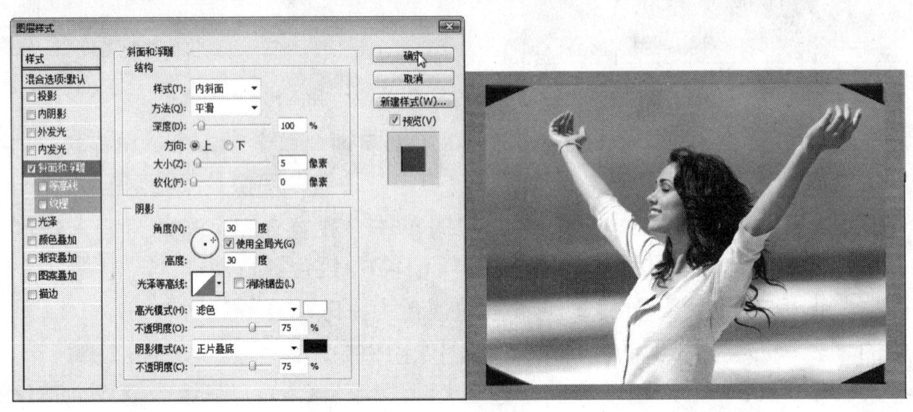


图3.109 添加图层样式

13 在“图层”调板中双击“图层1”，在弹出的“图层样式”对话框中设置“大小”为15像素，如图3.110所示。

14 设置完成后，单击“确定”按钮，得到的最终效果如图3.111所示。

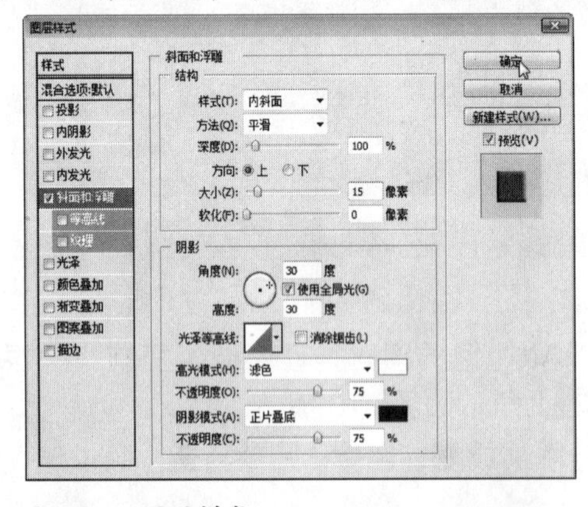


图3.110 图层样式

图3.111 最终效果图

## 3.2.10 编辑路径彩虹效果

本例介绍在照片中制作彩虹效果的方法，帮助读者巩固渐变工具、“极坐标”命令、图层蒙版、图层混合模式和“变换”命令的应用方法和技巧。

## 最终效果

本例制作完成前后的对比效果如图3.112所示。

图3.112　前后对比效果

## 解题思路

1. 打开素材图片。
2. 使用矩形选框工具绘制选区，并进行渐变填充。
3. 使用“极坐标”命令扭曲图像，然后添加图层蒙版并渐变填充。
4. 设置图层的混合模式，然后使用“变换”命令改变图像的大小。

## 操作步骤

1. 打开素材图片“13.jpg”(图片位置：\素材\第3章\13.jpg)，如图3.113所示。
2. 单击工具箱中的“矩形选框工具”按钮，在图像窗口中创建选区，如图3.114所示，然后在“图层”调板中新建“图层1”。

图3.113　13.jpg

图3.114　创建选区

3. 单击工具箱中的“渐变工具”按钮，在显示的属性栏中单击渐变颜色条右侧的下拉按钮，在弹出面板的列表框中选择“色谱”选项，然后单击“线性渐变”按钮，如图3.115所示。
4. 在图像窗口中，按住“Shift”键的同时在选区中从上向下拖动鼠标，填充渐变色，如图3.116所示。

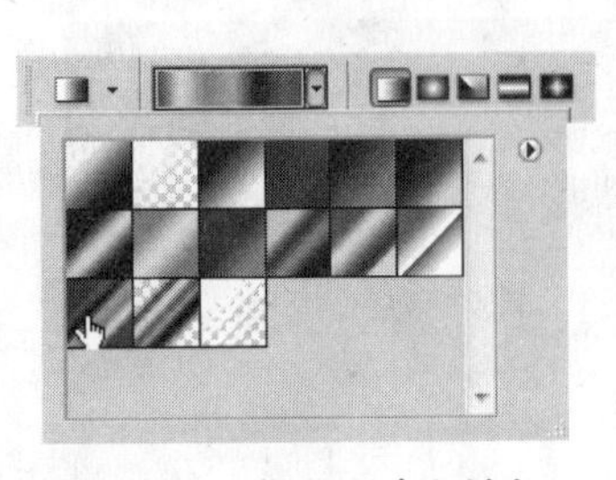

图3.115　选择渐变填充样式

图3.116　渐变填充

5 按下“Ctrl+D”组合键取消选区，然后在菜单栏中选择“滤镜”→“扭曲”→“极坐标”命令，在弹出的“极坐标”对话框中选择“平面坐标到极坐标”单选项，然后单击“确定”按钮，如图3.117所示。

6 在“渐变工具”属性栏中单击渐变颜色条右侧的下拉按钮，在弹出面板的列表框中选择“黑色、白色”渐变，然后在属性框中勾选“反向”复选框。

7 在“图层”调板中单击底部的“添加图层蒙版”按钮，然后将鼠标指针移动到图像窗口中，按住“Shift”键的同时从上向下拖动鼠标，效果如图3.118所示。

图3.117　“极坐标”对话框

图3.118　渐变填充

8 按下“Ctrl+T”组合键变换图像，然后设置“图层1”的混合模式为“柔光”，得到的最终效果如图3.119所示。

图3.119　最终效果图

# 3.3 提高——自己动手练

下面介绍3个实例，以便读者巩固和提高前面所学的知识。其中第1个实例为“照片合成”，该实例主要运用魔棒工具、移动工具和“变换”命令等方面的知识；第2个实例为“制作照片艺术相框”，该实例主要运用了磁性套索工具、移动工具和“变换”命令等方面的知识；第3个实例为“添加照片人物”，该实例主要运用了路径工具、移动工具、翻转命令和橡皮擦工具等方面的知识。

## 3.3.1 照片合成

本例介绍照片合成的方法，主要目的是帮助用户巩固魔棒工具、移动工具和“变换”命令的使用方法和技巧。

### 最终效果

本例制作完成前后的对比效果如图3.120所示。

图3.120　前后对比效果

### 解题思路

1 打开素材图片。
2 使用魔棒工具创建选区，使用移动工具移动选区内的图像。
3 使用“变换”命令改变图像的大小。

### 操作步骤

1 打开素材图片“14.jpg”和“15.jpg”（图片位置：\素材\第3章\14.jpg、15.jpg），如图3.121和图3.122所示。

图3.121　14.jpg

图3.122　15.jpg

2 单击工具箱中的“魔棒工具”按钮，在“15.jpg”图像窗口中单击空白处，然后按下“Shift+Ctrl+I”组合键反向选择选区，如图3.123所示。

3 单击工具箱中的“移动工具”按钮，将选区内的图像移动到“14.jpg”图像窗口中，这时自动生成“图层1”，如图3.124所示。

图3.123　创建选区

图3.124　移动选区

4 按下“Ctrl+T”组合键，在显示的控制框上拖动节点，改变图像的大小，如图3.125所示。

5 在“图层”调板中将“图层1”拖动到“创建新图层”按钮上，复制图层后进行变换操作。多次复制图层并变换调整，得到的最终效果如图3.126所示。

图3.125　变换图像

图3.126　最终效果图

## 3.3.2 制作照片艺术相框

本例介绍制作照片艺术相框的方法，主要目的是帮助读者巩固磁性套索工具、移动工具和“变换”命令的使用方法和技巧。

### 最终效果

本例制作完成前后的对比效果如图3.127所示。

图3.127　前后对比效果

**解题思路**

1 打开素材图片。

2 使用磁性套索工具创建选区并删除选区内的图像。

3 使用移动工具移动图像并执行变换操作。

**操作步骤**

1 打开素材图片“16.jpg”和“17.jpg”（图片位置：\素材\第3章\16.jpg、17.jpg），如图3.128和图3.129所示。

图3.128　16.jpg

图3.129　17.jpg

2 在“图层”调板中双击“背景”图层，将其转换为“图层0”，单击工具箱中的“磁性套索工具”按钮，在“17.jpg”图像窗口中创建选区，如图3.130所示。

3 按下“Delete”键删除选区内的图像，然后单击工具箱中的“移动工具”按钮，在“16.jpg”图像窗口中将人物拖动到“17.jpg”图像窗口中，如图3.131所示。

图3.130　创建选区

图3.131　移动图像

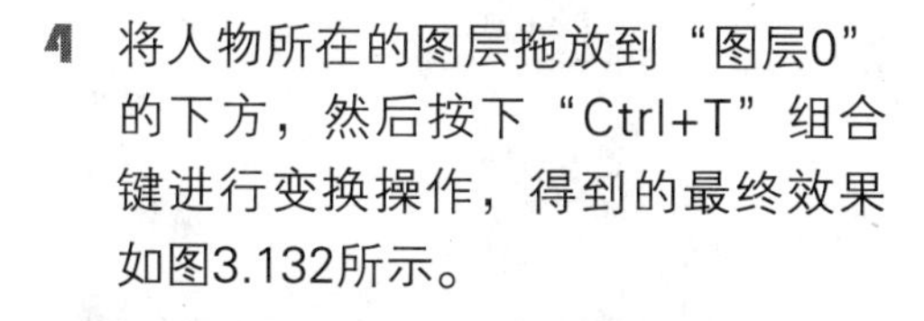

4 将人物所在的图层拖放到“图层0”的下方，然后按下“Ctrl+T”组合键进行变换操作，得到的最终效果如图3.132所示。

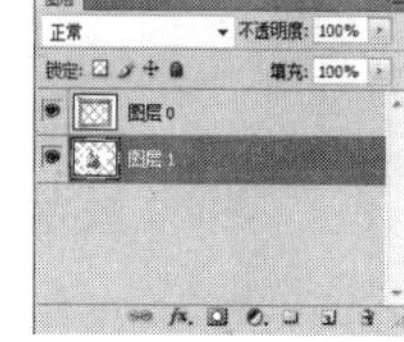


图3.132　最终效果图

## 3.3.3　添加照片人物

本例介绍添加照片人物的方法，主要目的是帮助用户巩固路径工具、移动工具、翻转命令和橡皮擦工具的使用方法和技巧。

## 最终效果

本例制作完成前后的对比效果如图3.133所示。

图3.133　前后对比效果

## 解题思路

1. 打开素材图片。
2. 使用钢笔工具在图像窗口中绘制路径，然后载入选区。
3. 使用移动工具移动选区，然后执行翻转命令。
4. 使用橡皮擦工具，对人物边缘多余的区域进行擦除。

## 操作步骤

1. 打开素材图片“18.jpg”和“19.jpg”（图片位置：\素材\第3章\18.jpg、19.jpg），如图3.134和图3.135所示。
2. 单击工具箱中的“钢笔工具”按钮，在“18.jpg”图像窗口中沿人物的边缘绘制路径，如图3.136所示。

图3.134　18.jpg

图3.135　19.jpg

图3.136　绘制路径

3. 在“路径”调板中单击底部的“将路径作为选区载入”按钮，载入选区，如图3.137

所示。

4 单击工具箱中的“移动工具”按钮，将“18.jpg”图像窗口中的选区内容拖动到“19.jpg”图像窗口中，如图3.138所示。

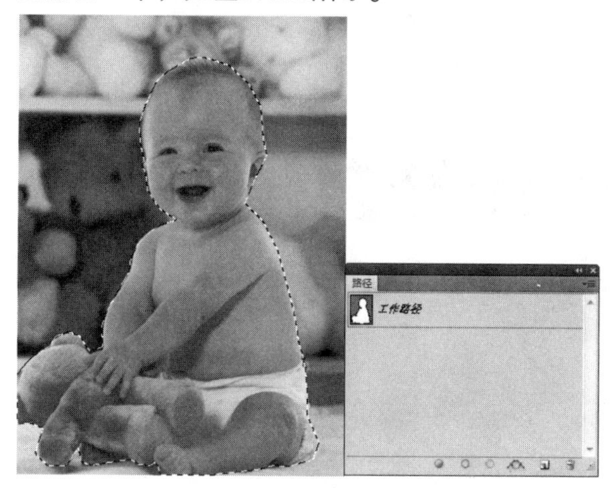

图3.137　载入选区

图3.138　移动选区内容

5 按下“Ctrl+T”组合键，在显示的变换控制框上拖动节点，改变图像的大小。然后在菜单栏中选择“图像”→“变换”→“水平翻转”命令，如图3.139所示。

6 单击工具箱中的“橡皮擦工具”按钮，在显示的属性栏中设置画笔大小为“柔角12像素”，然后在图像的边缘区域擦除多余部分，得到的最终效果如图3.140所示。

图3.139　变换图像

图3.140　最终效果图

## 结束语

本章通过大量的实例详细介绍了数码照片常见问题的处理方法。通过对本章的学习，希望读者能够熟练掌握图像变换、选区工具、图层和路径等方面的知识，并且能结合自己的使用环境举一反三地灵活运用。

Chapter 4

# 第4章 数码照片色彩色调调整

## 本章要点

**入门——基本概念与基本操作**

- 颜色模式
- 认识“调整”调板
- 调整图像色彩
- 调整图像色调
- 调整图像的特殊颜色

**进阶——典型实例**

- 为单色照片上色
- 处理颜色偏红的照片
- 制作单色艺术照片
- 更换衣服颜色
- 调整照片的饱和度
- 修复曝光不足和色彩偏暗的照片
- 制作怀旧照片效果

**提高——自己动手练**

- 更换照片背景颜色
- 旧照片翻新
- 调整照片亮度和对比度
- 修复局部曝光过度的照片
- 调整照片色调

## 本章导读

在Photoshop CS4中学习调整数码照片的色彩色调，可以帮助用户解决照片曝光不足、偏色、饱和度不够等问题，还可以把老照片变成黑白照片、把黑白照片变成彩色照片等，下面我们将详细介绍这部分内容。

# 4.1 入门——基本概念与基本操作

在制作本章实例之前，首先来学习一下Photoshop CS4中色彩色调调整的基本知识和基本操作。

## 4.1.1 颜色模式

在Photoshop CS4中，提供了多种不同的颜色模式，其中包括RGB颜色模式、CMYK颜色模式、灰度颜色模式、索引颜色模式、Lab颜色模式等，如图4.1所示。下面将分别对这些颜色模式进行讲解。

位图(B)
灰度(G)
双色调(D)
索引颜色(I)...
✓ RGB 颜色(R)
CMYK 颜色(C)
Lab 颜色(L)
多通道(M)
✓ 8 位/通道(A)
16 位/通道(N)
32 位/通道(H)
颜色表(T)...

图4.1　菜单命令

- **RGB颜色模式：**该模式是Photoshop CS4的默认图像模式，是数码图像中最重要的一种模式。它主要由R（红）、G（绿）、B（蓝）三种基本颜色组成。
- **CMYK颜色模式：**该模式是一种基于印刷处理的颜色模式，主要由C（青）、M（洋红）、Y（黄）、K（黑）四种油墨的密度来控制图像色彩。
- **灰度颜色模式：**该模式中只存在灰度，最多可达256级灰度。当一个彩色文件被转换为灰度模式时，Photoshop会将图像中的色相及饱和度等有关色彩的信息消除，只留下亮度。
- **索引颜色模式：**该模式只能存储一个8位色彩深度的文件，即图像中最多含有256种颜色，并且这些颜色都是预先定义好的。
- **Lab颜色模式：**该模式是国际照明委员会发布的色彩模式，由RGB三原色转换而来。它是由一个发光串（Luminance）和两个颜色（a，b）轴组成，是一种具有“独立于设备”特性的颜色模式，不论在任何显示器或者打印机上使用，其颜色都不变。
- **双色调颜色模式：**该模式是一种为打印而制定的颜色模式，主要用于输出适合专业印刷的图像，是8位/像素的灰度图像。
- **多通道颜色模式：**该模式下的图像包含了多种灰阶通道。将图像转换为多通道模式后，系统将根据原图像产生相同数目的新通道，每个通道均由256级灰阶组成。

## 4.1.2 认识“调整”调板

“调整”调板是Photoshop CS4新增的一个调板，主要用来更快速方便地对图像进行各种颜色和色调的调整。在菜单栏中选择“窗口”→“调整”命令，将弹出“调整”调板，如图4.2所示。

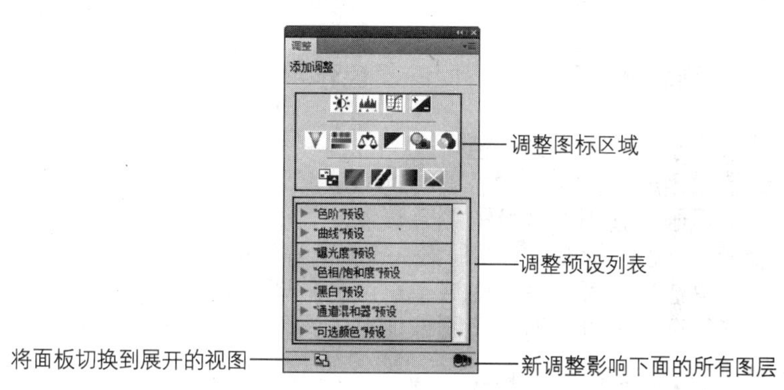


图4.2　“调整”调板

在“调整”调板中各参数选项的含义如下所示。

- **调整图标区域**：单击该区域中的任意图标，即可在显示的调整选项面板中设置参数。
- **调整预设列表**：该选项区域中具有应用于常规图像校正的一系列调整预设。
- **将面板切换到展开的视图**：单击该按钮，“调整”调板将以标准视图的方式显示。
- **新调整影响下面的所有图层**：单击该按钮，可将新创建的调整图层剪切到新图层中。

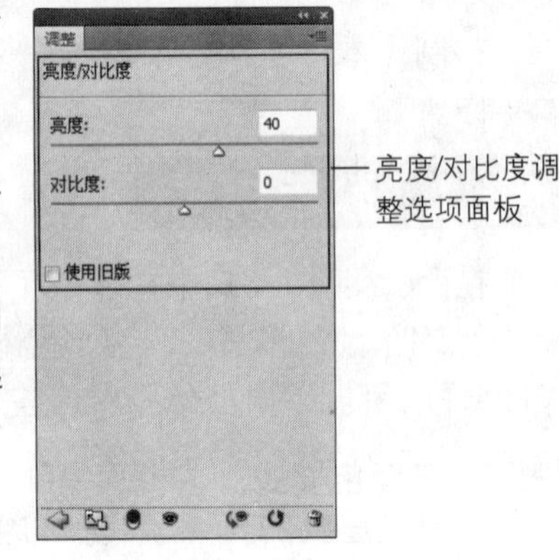


图4.3 调整选项面板

在“调整”调板中单击调整图标区域中的任何一个图标，可将“调整”调板切换到该调整图标所对应的调整选项面板中，如图4.3所示。

在显示的调整选项面板中，各参数选项的含义如下。

- **调整选项**：可以设置调整命令的参数。
- **返回到调整列表**：单击该按钮，可以将调整选项面板切换到调整列表。
- **将面板切换到标准视图**：单击该按钮，则将调整选项面板切换到标准视图显示。
- **将调整剪切到此图层**：单击该按钮，则将调整图层剪切，并影响到下一图层。
- **切换图层可视性**：单击该按钮，显示或隐藏当前调整图层。
- **查看状态**：单击该按钮，可查看上一次调整后的状态。
- **复位到调整默认值**：单击该按钮，可将参数设置恢复到默认状态。
- **删除此调整图层**：单击该按钮，可删除当前所创建的调整图层。

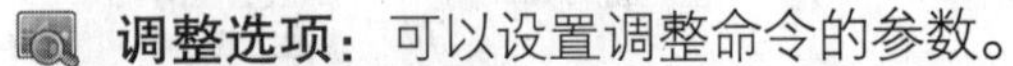

## 4.1.3 调整图像色彩

在Photoshop CS4中调整图像色彩，可通过“调整”菜单中的“色相/饱和度”、“自然饱和度”、“匹配颜色”、“替换颜色”、“可选颜色”等命令来实现。

### 1. 色相/饱和度

使用“色相/饱和度”命令可以提高图像中颜色的饱和度。在菜单栏中选择“图像”→“调整”→“色相/饱和度”命令，将弹出“色相/饱和度”对话框，如图4.4所示。

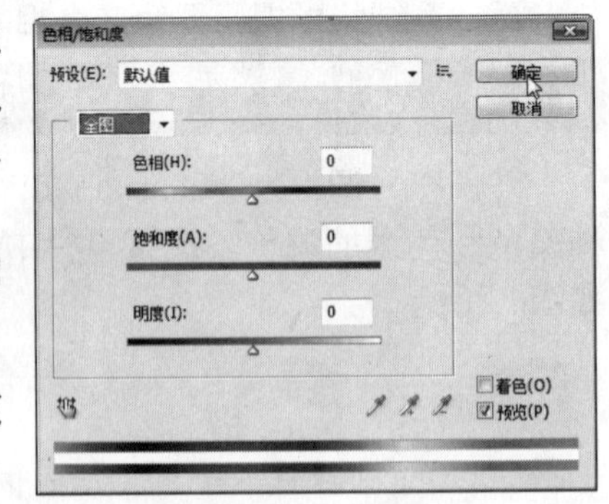


图4.4 “色相/饱和度”对话框

在弹出的“色相/饱和度”对话框中，各参数选项的含义如下。

- **预设**：该下拉列表框用于选择不同的颜色作用范围。
- **色相**：该选项用于调整图像的颜色。
- **饱和度**：该选项用于调整图像颜色的鲜艳程度。
- **明度**：该选项用于调整图像颜色的明暗程度。
- **吸管组**：该工具组用于对图像中的颜色进行取样。
- **着色**：勾选该复选框，可将图像变成单一颜色的图像。
- **预览**：勾选该复选框，可随时观察图像调整的图像效果。

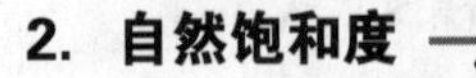

### 2. 自然饱和度

使用“自然饱和度”命令可以对图像的饱和度进行快速调整。在菜单栏中选择“图像”→“调整”→“自然饱和度”命令，将弹出“自然饱和度”对话框，如图4.5所示。

在弹出的“自然饱和度”对话框中，各参数选项的含义如下。

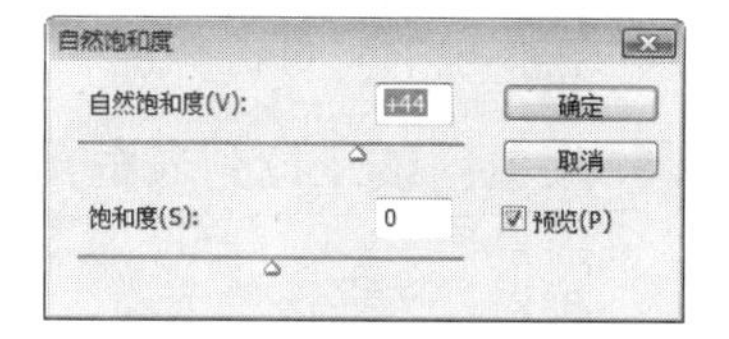


图4.5　“自然饱和度”对话框

- **自然饱和度：**该选项用于增加或减少颜色饱和度。但请注意，在颜色过度饱和时不修剪。
- **饱和度：**该选项是将相同的饱和度调整量应用于所有的颜色。

### 3. 匹配颜色

使用“匹配颜色”命令可以将同一图像中两个图层的颜色或不同图像之间的颜色进行匹配和叠加。在菜单栏中选择“图像”→“调整”→“匹配颜色”命令，将弹出“匹配颜色”对话框，如图4.6所示。

在弹出的“匹配颜色”对话框中，各参数选项的含义如下。

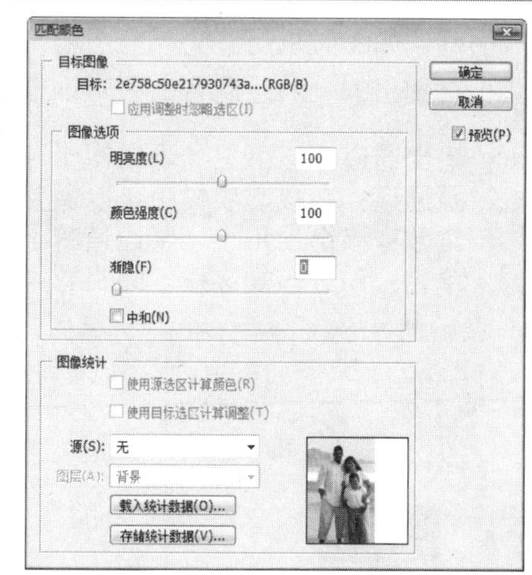


图4.6　“匹配颜色”对话框

- **目标图像：**显示当前操作图像文件的信息。
- **应用调整时忽略选区：**勾选该复选框，则忽略目标图像中的选区，并调整目标图像。
- **明亮度：**该选项用于调整图像的亮度。
- **颜色强度：**该选项用于调整图像颜色的饱和度。
- **渐隐：**该选项用于调整所得图像与原图像的颜色的近似程度。
- **中和：**勾选该复选框，将自动去除目标图像中的色痕。
- **使用源选区计算颜色：**勾选该复选框，将在编辑图像时创建选区，并用选区中的颜色计算调整。
- **使用目标选区计算调整：**勾选该复选框，将在目标图像中创建选区，并用选区中的颜色计算调整。
- **源：**该下拉列表框用于选择与目标图像中的颜色匹配的源图像。
- **图层：**该下拉列表框用于选择要匹配颜色的源图像中的图层。

### 4. 替换颜色

使用“替换颜色”命令可以对图像中的颜色进行替换操作。在菜单栏中选择“图像”→“调整”→“替换颜色”命令，将弹出“替换颜色”对话框，如图4.7所示。

在弹出的“替换颜色”对话框中，各参数选项的含义如下。

- **本地化颜色簇：**勾选该复选框，可以在图像中选择多个颜色范围。
- **颜色容差：**该选项用于设置颜色的替换范围。
- **选区：**选择该单选项，将在预览框中显示蒙版。蒙版区域为黑色，非蒙版区域为白色。部分蒙版区域会根据不透明度显示不同的灰色色阶。
- **图像：**选择该单选项，可在预览框中显示图像。
- **替换：**在该选项栏中可以调整图像的“色相”、“饱和度”和“明度”。

### 5. 可选颜色

使用“可选颜色”命令可以对图像中的颜色进行更改。在菜单栏中选择“图像”→“调整”→“可选颜色”命令，将弹出“可选颜色”对话框，如图4.8所示。

在弹出的“可选颜色”对话框中，各参数选项的含义如下。

- **颜色**：该下拉列表框用于选择要调整的颜色，同时用户可以在其下的选项栏中调整“青色”、“洋红”、“黄色”和“黑色”的含量。
- **相对**：选择该单选项，可以通过总量的百分比来更改图像中现有的颜色。
- **绝对**：选择该单选项，可以通过增加或减少的绝对值来更改现有的颜色。

### 6. 通道混合器

使用“通道混合器”命令可以更改图像中的通道颜色，从而使照片的整体色调发生改变。在菜单栏中选择“图像”→“调整”→“通道混合器”命令，将弹出“通道混合器”对话框，如图4.9所示。

在弹出的“通道混合器”对话框中，各参数选项的含义如下。

- **输出通道**：该下拉列表框用于选择要调整的颜色通道。
- **源通道**：在该选项栏中可以调整“红色”、“绿色”和“蓝色”的颜色值。
- **常数**：该选项用于调整通道的不透明度。
- **单色**：勾选该复选框，即将彩色图像转换为灰度图像。

图4.7 “替换颜色”对话框

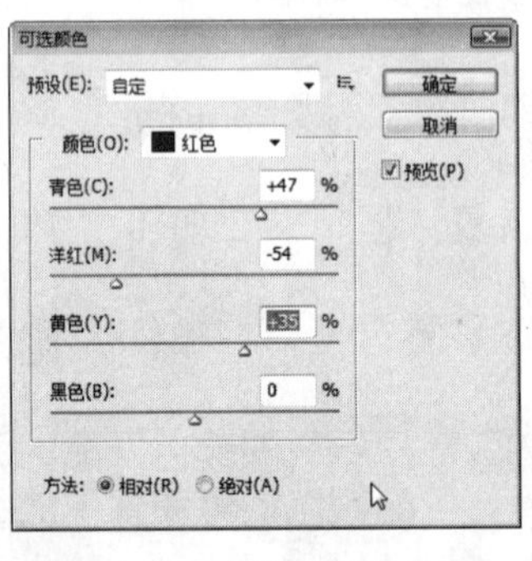


图4.8 “可选颜色”对话框

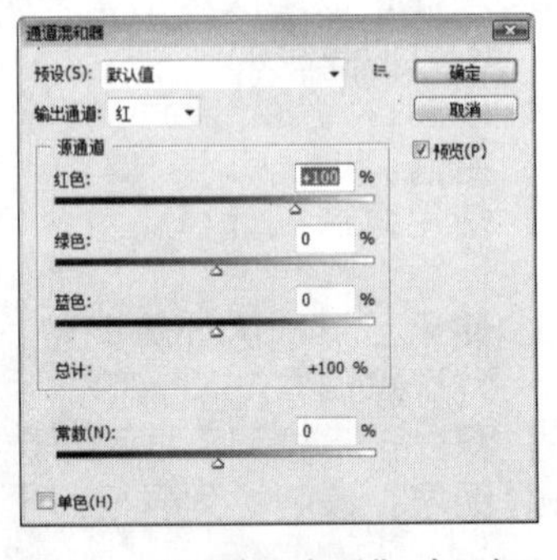


图4.9 “通道混合器”对话框

### 7. 渐变映射

使用“渐变映射”命令可以为图像添加渐变效果。在菜单栏中选择“图像”→“调整”→“渐变映射”命令，将弹出“渐变映射”对话框，如图4.10所示。

在弹出的“渐变映射”对话框中，各参数选项的含义如下。

图4.10 “渐变映射”对话框

- **灰度映射所用的渐变**：单击下方的渐变颜色条，在弹出的“渐变编辑器”对话框中选择一种渐变色，或单击渐变颜色条右侧的下拉按钮，在弹出面板的列表框中选择渐变色。
- **仿色**：勾选该复选框，可以得到抖动渐变的效果。
- **反向**：勾选该复选框，可以反转渐变的效果。

### 8. 照片滤镜

使用“照片滤镜”命令可以调整图像画面的色彩平衡和色温。在菜单栏中选择“图像”→“调整”→“照片滤镜”命令，将弹出“照片滤镜”对话框，如图4.11所示。

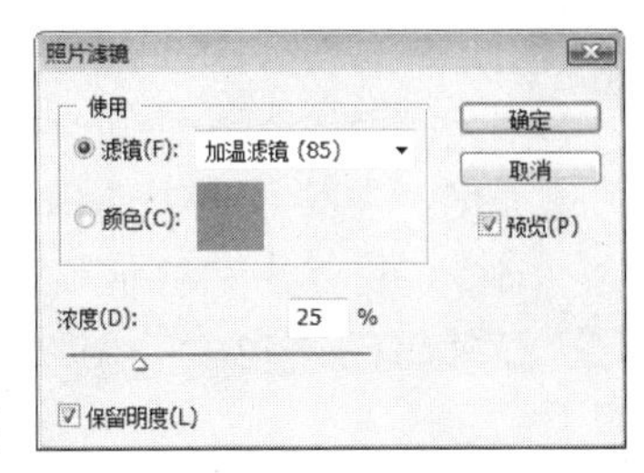


图4.11　“照片滤镜”对话框

在弹出的“照片滤镜”对话框中，各参数选项的含义如下。

- **滤镜：** 选择该单选项，在其下拉列表框中选择系统提供的预设选项。
- **颜色：** 选择该单选项，然后单击其右侧的颜色块，在弹出的“选择滤镜颜色”对话框中设置颜色。
- **浓度：** 该选项用于调整图像颜色的幅度。
- **保留明度：** 勾选该复选框，保证在添加颜色滤镜的同时图像的亮度不变。

### 9. 变化

使用“变化”命令可以对图像的色彩平衡、对比度等进行微调。在菜单栏中选择“图像”→“调整”→“变化”命令，将弹出“变化”对话框，如图4.12所示。

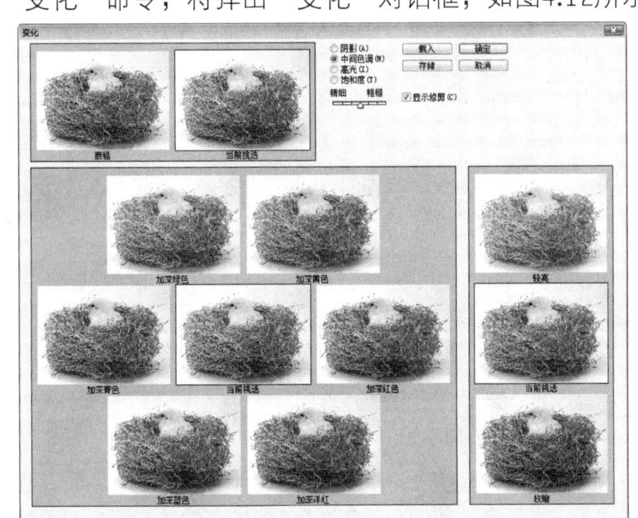


图4.12　“变化”对话框

在弹出的“变化”对话框中，各参数选项的含义如下。

- **当前挑选：** 位于中心的“当前挑选”预览图用于显示当前图像的颜色效果。
- **颜色编辑区：** 单击围绕在“当前挑选”周围的添加颜色的图像预览图，即可将图像颜色调整为该效果。
- **亮度编辑区：** 在位于对话框右侧的区域中单击“较亮”或“较暗”预览图，可提高或降低图像的亮度。
- **阴影/中间色调/高光/饱和度：** 选择不同的单选项，可以对图像中的较暗区域、中间区域、较亮区域或饱和度进行调整。
- **精细/粗糙：** 该滑块用于确定每一次调整的量。
- **显示修剪：** 勾选该复选框，可以显示图像中的溢色区域。

## 4.1.4　调整图像色调

图像的色调是指图像的明暗度，调整图像色调就是对图像像素明暗度的调整，这是摄影师在处理照片时经常进行的操作。

### 1. 色阶

使用“色阶”命令可以调整图像的阴影、中间调和高光的强度级别，从而改变图像的明暗程度。在菜单栏中选择“图像”→“调整”→“色阶”命令，将弹出“色阶”对话框，如图4.13所示。

在弹出的“色阶”对话框中，各参数选项的含义如下。

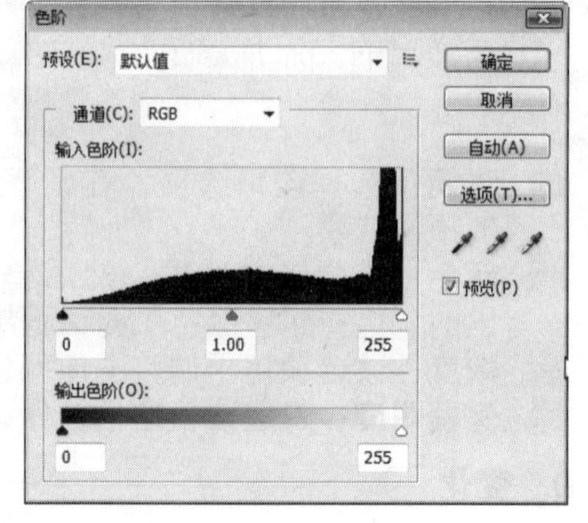


图4.13 “色阶”对话框

- **通道**：该下拉列表框用于选择要调整的通道。
- **输入色阶**：用于显示当前的像素值，它包含3个数值框，分别对应设置图像的暗部色调、中间色调和亮部色调。
- **输出色阶**：用于显示将要输出的像素值，它可以使图像中较暗的像素变亮，较亮的像素变暗。
- **自动**：单击该按钮，可以自动调整图像的对比度和明暗度。
- **选项**：单击该按钮，在弹出的“自动颜色校正选项”对话框中可以完成自动调整图像的整体色调范围的设置。

### 2. 色彩平衡

使用“色彩平衡”命令可以修改图像整体的颜色混合效果。在菜单栏中选择“图像”→“调整”→“色彩平衡”命令，将弹出“色彩平衡”对话框，如图4.14所示。

在弹出的“色彩平衡”对话框中，各参数选项的含义如下。

- **色阶**：在其后的数值框中输入-100~+100之间的数值，调整图像的颜色。
- **色调平衡**：在该选项栏中选择其中一个单选项，表示要着重调整该单选项所对应的色调范围。若勾选“保持明度”复选框，则表示在调整图像时，图像的明度保持不变。

### 3. 亮度/对比度

使用“亮度/对比度”命令可以将图像的色调增亮或变暗，也可以对图像中的低色调、中间色调和高色调图像区域进行增加或降低对比度的调整。在菜单栏中选择“图像”→“调整”→“亮度/对比度”命令，将弹出“亮度/对比度”对话框，如图4.15所示。

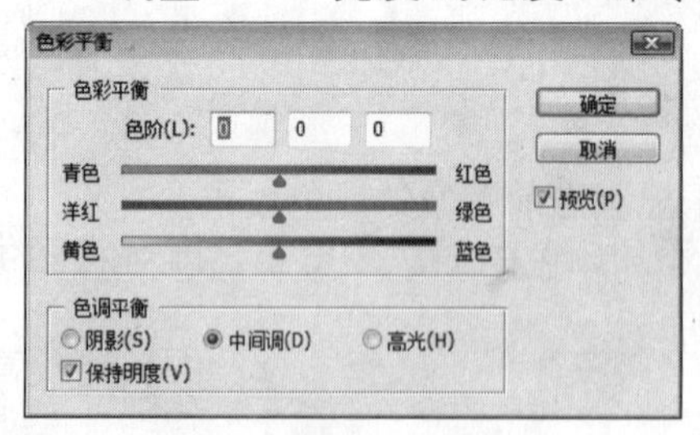


图4.14 “色彩平衡”对话框

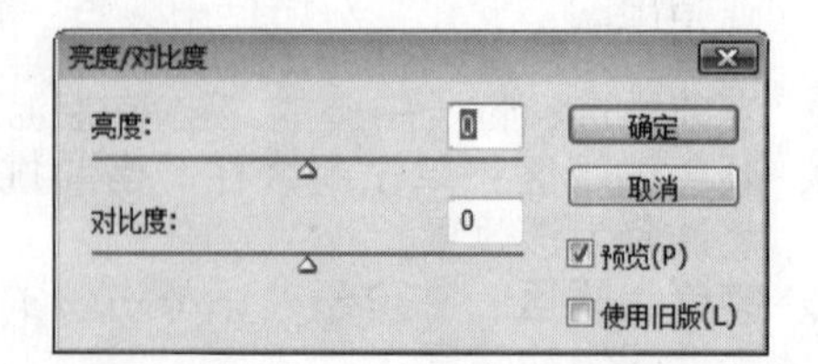


图4.15 “亮度/对比度”对话框

### 4. 曲线

使用“曲线”命令可以调整图像的亮度、对比度和色彩。在菜单栏中选择“图像”→“调整”→“曲线”命令，将弹出“曲线”对话框，如图4.16所示。

在弹出的“曲线”对话框中，各参数选项的含义如下。

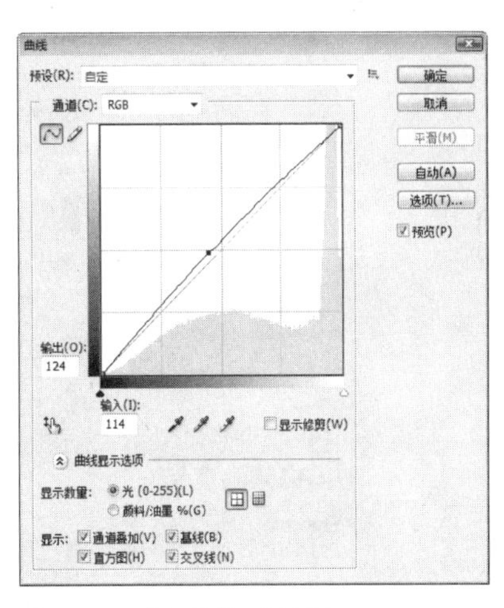
图4.16 “曲线”对话框

- **曲线**：单击该按钮，可以在表格中拖动曲线上的控制点来调整图像。
- **铅笔**：单击该按钮，表示在表格中按住鼠标左键不放并拖动，通过所绘制的曲线来调整图像。
- **输入**：该选项用于显示原来图像的亮度值，与色调曲线的水平轴相同。
- **输出**：该选项用于显示图像处理后的亮度值，与色调曲线的垂直轴相同。
- **平滑** 平滑(M)：使用铅笔绘制曲线时，该按钮将被激活。单击该按钮，能够使铅笔绘制的曲线更加平滑，直至变成默认的直线状态。
- **自动** 自动(A)：单击该按钮，系统会对图像应用“自动颜色校正选项”对话框中的设置。
- **显示修剪**：勾选该复选框，可以显示调色区域。
- **和按钮**：该按钮用于控制表格中曲线部分的网格数量。
- **显示**：其中包括“通道叠加”、“基线”、“直方图”和“交叉线”4个复选框，只有勾选这些复选框，才会在表格中显示3个通道叠加、基线、直方图和交叉线效果。

### 5. 阴影/高光

使用“阴影/高光”命令可以增加或减少图像中的阴影和高光，运用该命令可以修复照片逆光问题。在菜单栏中选择“图像”→“调整”→“阴影/高光”命令，将弹出“阴影/高光”对话框，如图4.17所示。

在弹出的“阴影/高光”对话框中，各参数选项的含义如下。

- **数量**：该选项用于调整光照的校正量。
- **色调宽度**：该选项用于控制阴影中的修改范围。
- **半径**：该选项用于控制每个像素周围局部相邻像素的大小。
- **颜色校正**：该选项可以微调已更改区域中的颜色。
- **中间调对比度**：该选项可以调整中间调的对比度。
- **修剪黑色/修剪白色**：该选项用于指定有多少阴影和高光剪切到新的阴影中。

### 6. 曝光度

使用“曝光度”命令可以调整图像色调。在菜单栏中选择“图像”→“调整”→“曝光度”命令，将弹出“曝光度”对话框，如图4.18所示。

在弹出的“曝光度”对话框中，各参数选项的含义如下。

- **曝光度**：该选项用于控制图像的曝光强度。
- **位移**：该选项用于调整图像中阴影和中间调的明暗效果。
- **灰度系数校正**：该选项用于调整图像的灰度系数。

## 4.1.5 调整图像的特殊颜色

除了以上介绍的调整图像命令外，Photoshop CS4还可以对图像的特殊颜色进行调整，从而使图像产生特殊的艺术效果。

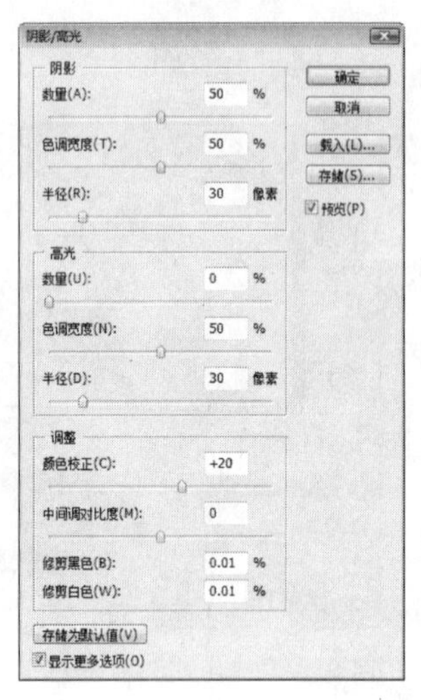


图4.17 “阴影/高光”对话框

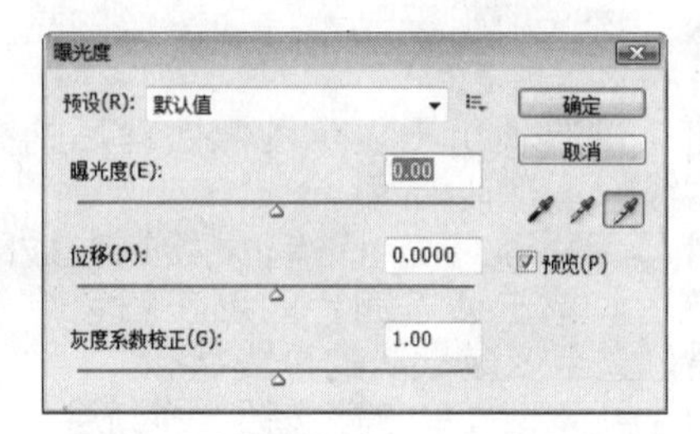


图4.18 “曝光度”对话框

### 1. 去色

使用“去色”命令可以将图像转换为灰度图像，图像的亮度、对比度和颜色模式保持不变。在菜单栏中选择“图像”→“调整”→“去色”命令即可实现去色操作。

### 2. 反相

使用“反相”命令可以将图像的颜色转换为相应的补色。在黑白图像中执行该命令可以制作出负片效果。在菜单栏中选择“图像”→“调整”→“反相”命令即可实现反相操作。

### 3. 色调均化

使用“色调均化”命令可以重新分布图像中像素的亮度值，以便更均匀地呈现所有范围的亮度级。在菜单栏中选择“图像”→“调整”→“色调均化”命令即可实现操作。

### 4. 黑白

使用“黑白”命令可以将彩色图像转换为灰度图像。在菜单栏中选择“图像”→“调整”→“黑白”命令，在弹出的“黑白”对话框进行设置，完成后单击“确定”按钮即可，如图4.19所示。

### 5. 阈值

使用“阈值”命令可以将彩色或灰度图像转换为高对比度的黑白图像。在菜单栏中选择“图像”→“调整”→“阈值”命令，在弹出的“阈值”对话框中设置“阈值色阶”参数，将设置的色阶作为阈值，则图像中所有比阈值亮的像素将转换为白色，比阈值暗的像素转换为黑色，然后单击“确定”按钮，如图4.20所示。

### 6. 色调分离

使用“色调分离”命令可以为图像中的每个通道指定色调级数目，并将这些像素映射到最接近的匹配色调上，以减少图像分离的色调。在菜单栏中选择“图像”→“调整”→“色调分离”命令，在弹出的“色调分离”对话框中设置“色阶”值，可以调整图像中每个通道可显示的颜色数，从而使图像的颜色数减少，设置完成后单击“确定”按钮，如图4.21所示。

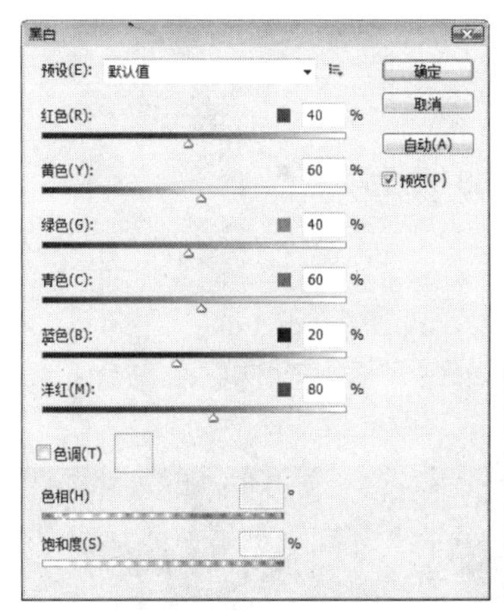


图4.19 “黑白”对话框

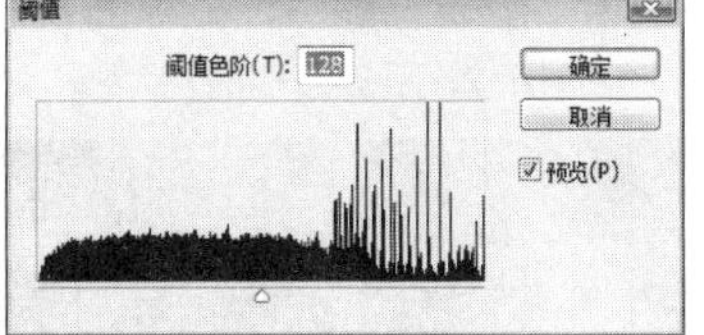


图4.20 “阈值”对话框

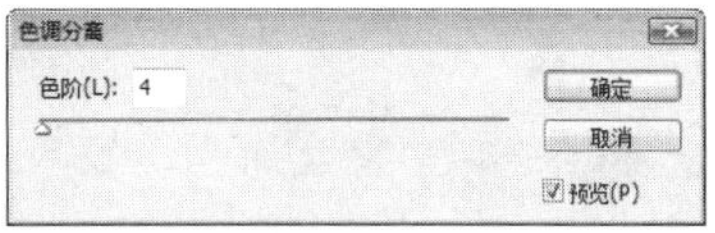


图4.21 “色调分离”对话框

**提示** 如果图像文件为RGB颜色模式，在“色调分离”对话框中输入“色阶”值为“2”，这时“通道”调板中的“红”、“绿”和“蓝”通道将分别只显示两个颜色数，在图像文件中显示6种颜色。输入的数值越大，显示图像的细节就越多。

# 4.2 进阶——典型实例

通过前面知识的学习，读者应该已经对图像的色彩色调调整有了一定了解。下面我们将在此基础上进行相应的实例练习，从而巩固所学的知识。

## 4.2.1 为单色照片上色

本例介绍为单色照片上色的方法，旨在帮助读者巩固“色相/饱和度”和“亮度/对比度”命令的应用方法和技巧。

### 最终效果

本例制作完成前后的对比效果如图4.22所示。

图4.22 前后对比效果

## 解题思路

1 打开素材图片并创建选区。
2 使用“色相/饱和度”命令和“亮度/对比度”命令调整照片的颜色。

## 操作步骤

1 打开素材图片“01.jpg”（图片位置：\素材\第4章\01.jpg），如图4.23所示。
2 单击工具箱中的“磁性套索工具”按钮，在其属性栏中单击“添加到选区”按钮，然后在图像窗口中创建选区，如图4.24所示。

图4.23 01.jpg

图4.24 创建选区

3 在菜单栏中选择“窗口”→“调整”命令，在弹出的“调整”调板中单击“色相/饱和度”图标，在显示的调整选项面板中勾选“着色”复选框，然后设置“色相”为343、“饱和度”为100、“明度”为15，如图4.25所示。
4 在“图层”调板中按下“Ctrl”键的同时单击“色相/饱和度1”图层的缩略图，载入选区，然后按下“Shift+Ctrl+I”组合键反向选择，如图4.26所示。

图4.25 色相/饱和度

图4.26 反向选区

5 单击“调整”调板底部的按钮，在返回到的面板中单击“色相/饱和度”图标，在显示的调整选项面板中勾选“着色”复选框，然后设置“色相”为106、“饱和度”为32、“明度”为-8，如图4.27所示。
6 单击工具箱中的“多边形套索工具”按钮，在图像窗口中创建如图4.28所示的选区。

图4.27　色相/饱和度

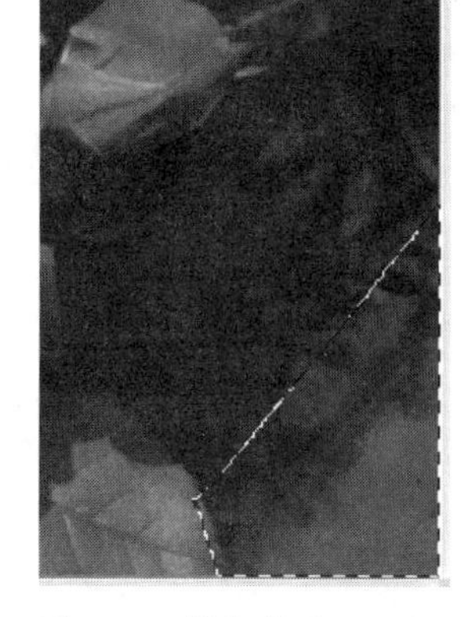

图4.28　创建选区

7 单击“调整”调板底部的按钮，在返回到的面板中单击“亮度/对比度”图标，在显示的调整选项面板中设置“亮度”为70，如图4.29所示。

8 单击工具箱中的“橡皮擦工具”按钮，在其属性栏中设置画笔大小为“柔角45像素”，然后在图像中进行涂抹，得到的最终效果如图4.30所示。

图4.29　亮度/对比度

图4.30　擦除操作

## 4.2.2　处理颜色偏红的照片

本例介绍处理颜色偏红照片的方法，旨在帮助读者巩固“色彩平衡”命令的使用方法和技巧。

### 最终效果

本例制作完成前后的对比效果如图4.31所示。

图4.31　前后对比效果

**解题思路**

1 打开素材图片。

2 使用“色彩平衡”命令调整照片颜色。

**操作步骤**

1 打开素材图片“02.jpg”（图片位置：\素材\第4章\02.jpg），如图4.32所示。

2 在菜单栏中选择“图像”→“调整”→“色彩平衡”命令，在弹出的“色彩平衡”对话框中设置参数为“-51，45，0”，如图4.33所示。

3 在“色彩平衡”对话框的“色调平衡”选项中选择“阴影”单选项，设置其参数为“-38，0，0”，如图4.34所示。

4 在“色调平衡”选项栏中选择“高光”单选项，设置其参数为“-27，-25，0”，设置完成后，单击“确定”按钮，得到的最终效果如图4.35所示。

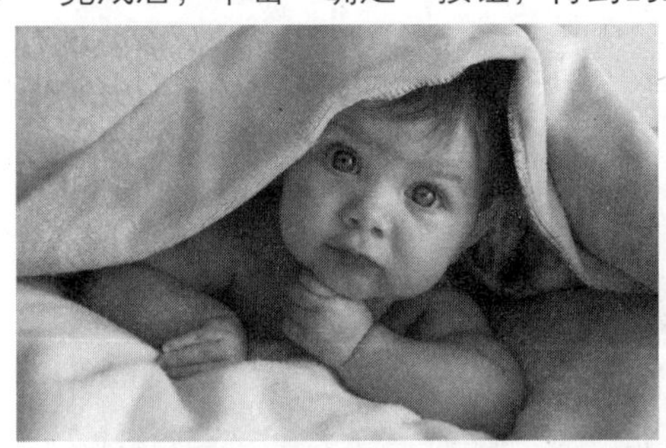

图4.32 02.jpg

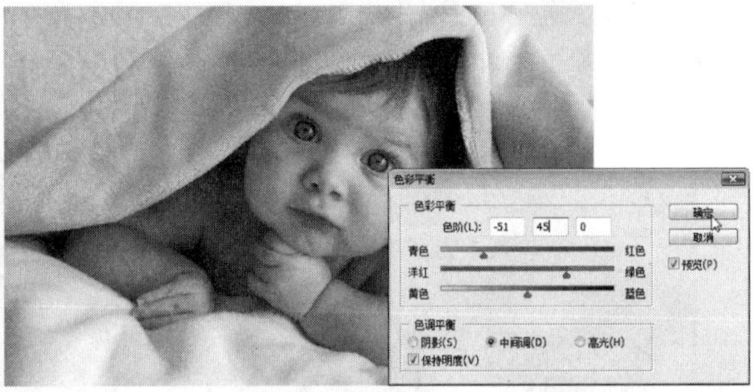

图4.33 “色彩平衡”对话框

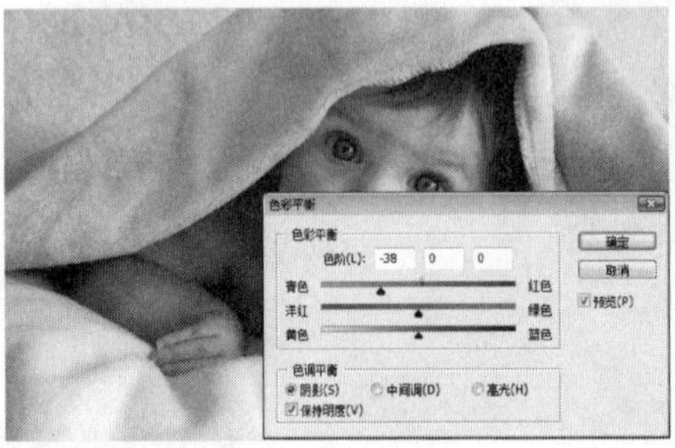

图4.34 调整阴影区域

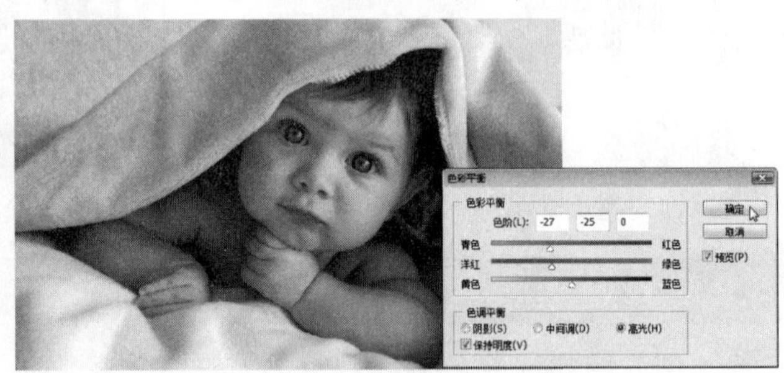


图4.35 调整高光区域

## 4.2.3 制作单色艺术照片

本例介绍制作单色艺术照片的方法，旨在帮助读者巩固“去色”和“色彩平衡”命令的使用方法和技巧。

**最终效果**

本例制作完成前后的对比效果如图4.36所示。

图4.36　前后对比效果

## 解题思路

1 打开素材图片。

2 使用“去色”和“色彩平衡”命令，调整图像的颜色。

## 操作步骤

1 打开素材图片“03.jpg”（图片位置：\素材\第4章\03.jpg），如图4.37所示。

2 在菜单栏中选择“图像”→“调整”→“去色”命令，将素材图片转换为灰度图像，如图4.38所示。

图4.37　03.jpg

图4.38　去色

3 单击“调整”调板中的“色彩平衡”图标，在显示的调整选项面板中选择“中间调”单选项，然后将其下方的参数依次设置为-70，0，18，如图4.39所示。

4 在参数面板中选择“高光”单选项，然后将其下方的参数依次设置为-2，-11，-36，如图4.40所示。

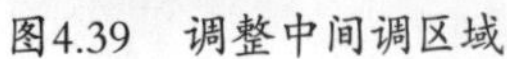
图4.39 调整中间调区域

图4.40 调整高光区域

**5** 在参数面板中选择“阴影”单选项，然后将其下方的参数依次设置为24，3，0，得到的最终效果如图4.41所示。

图4.41 调整阴影区域

## 4.2.4 更换衣服颜色

本例介绍更换衣服颜色的方法，旨在帮助读者巩固“色彩平衡”和“亮度/对比度”命令的使用方法和技巧。

**最终效果**

本例制作完成前后的对比效果如图4.42所示。

图4.42　前后对比效果

## 解题思路

1. 打开素材图片。
2. 使用路径工具创建选区并进行填充。
3. 使用“色彩平衡”和“亮度/对比度”命令，调整照片的颜色。

## 操作步骤

1. 打开素材图片“04.jpg”（图片位置：\素材\第4章\04.jpg），如图4.43所示。
2. 单击工具箱中的“钢笔工具”按钮，在图像窗口中沿白色婚纱的边缘绘制路径，如图4.44所示。
3. 在菜单栏中选择“窗口”→“路径”命令，在弹出的“路径”调板中单击底部的“将路径作为选区载入”按钮，载入选区，如图4.45所示。

图4.43　04.jpg

图4.44　绘制路径

图4.45　载入选区

4 在菜单栏中选择“选择”→“修改”→“羽化”命令，在弹出的“羽化选区”对话框中设置“羽化半径”为2像素，然后单击“确定”按钮，如图4.46所示。

5 在菜单栏中选择“窗口”→“图层”命令，在弹出的“图层”调板中单击底部的“创建新图层”按钮，新建“图层1”，如图4.47所示。

6 设置前景色为（R：211、G：0、B：0），按下“Alt+Delete”组合键填充选区，然后设置“图层1”的混合模式为“线性加深”，如图4.48所示。

7 在“调整”调板中单击“色彩平衡”图标，在显示的调整选项面板中选择“中间调”单选项，设置参数依次为“100、1、-23”，如图4.49所示。

8 在“图层”调板中按下“Ctrl”键的同时单击“色彩平衡1”图层的“蒙板缩略图”，载入选区，然后在“调整”调板中单击“亮度/对比度”图标。

9 在显示的调整选项面板中设置“亮度”为-86、“对比度”为21，图像完成后的最终效果如图4.50所示。

图4.46　羽化选区

图4.47　新建图层

图4.48　填充选区

图4.49　调整中间调区域

图4.50　调整亮度/对比度

## 4.2.5 调整照片的饱和度

本例介绍调整照片饱和度的方法，旨在帮助读者巩固“色相/饱和度”命令的使用方法和技巧。

### 最终效果

本例制作完成前后的对比效果如图4.51所示。

图4.51 前后对比效果

### 解题思路

1 打开素材图片。

2 使用“色相/饱和度”命令，使照片的颜色变鲜艳。

### 操作步骤

1 打开素材图片“05.jpg”（图片位置：\素材\第4章\05.jpg），如图4.52所示。

2 在菜单栏中选择“图像”→“调整”→“色相/饱和度”命令，在弹出的“色相/饱和度”对话框中设置“饱和度”为38，如图4.53所示。

图4.52 05.jpg

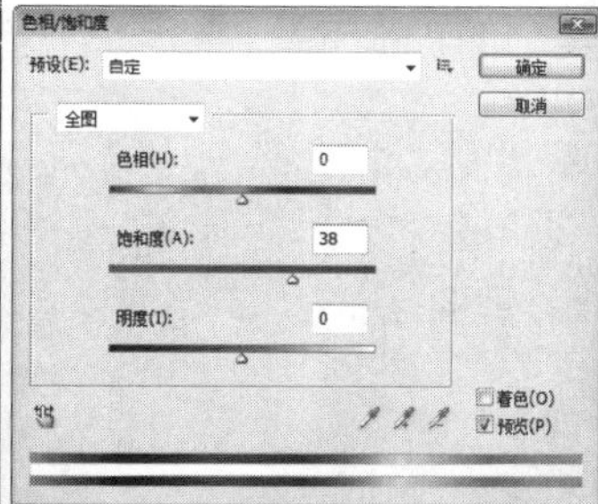

图4.53 “色相/饱和度”对话框

3 在“色相/饱和度”对话框中，单击“全图”右侧的小三角按钮，在弹出的下拉列表中选择“红色”，并设置其“饱和度”为22，如图4.54所示。

4 在“色相/饱和度”对话框中，单击“全图”右侧的小三角按钮，在弹出的下拉列表中选择“绿色”，并设置其“饱和度”为60，如图4.55所示。

5 设置完成后，单击“确定”按钮，然后在菜单栏中选择“图像”→“自动色调”命令，使图像画面的色彩更加协调和自然，得到的最终效果如图4.56所示。

图4.54 调整“红色”通道

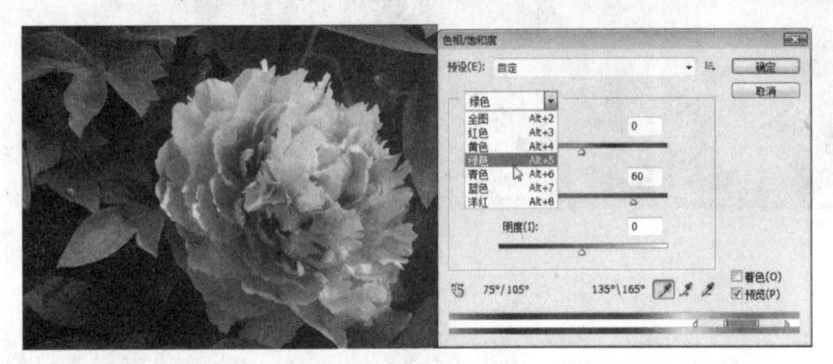

图4.55 调整“绿色”通道

图4.56 最终效果图

## 4.2.6 修复曝光不足与色彩偏暗的照片

本例介绍如何修复曝光不足与色彩偏暗的照片，旨在帮助读者巩固“色阶”和“曲线”命令的使用方法和技巧。

### 最终效果

本例制作完成前后的对比效果如图4.57所示。

图4.57 前后对比效果

### 解题思路

- 打开素材图片。

**2** 使用“色阶”和“曲线”命令，调整照片的色调。

**操作步骤**

1 打开素材图片“06.jpg”（图片位置：\素材\第4章\06.jpg），如图4.58所示。

2 在菜单栏中选择“图像”→“调整”→“色阶”命令，在弹出的“色阶”对话框中设置参数为“0，1，125”，然后单击“确定”按钮，如图4.59所示。

图4.58　06.jpg

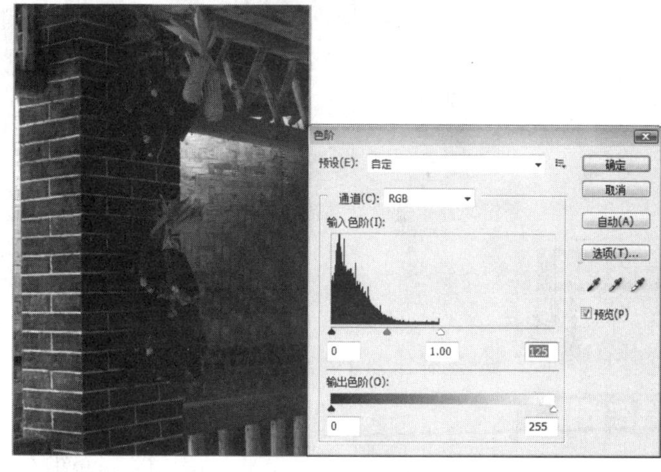


图4.59　调整色阶

3 在菜单栏中选择“图像”→“调整”→“曲线”命令，在弹出的“曲线”对话框中设置“输入”为“104”、“输出”为“146”，如图4.60所示。

4 设置完成后单击“确定”按钮，得到的最终效果如图4.61所示。

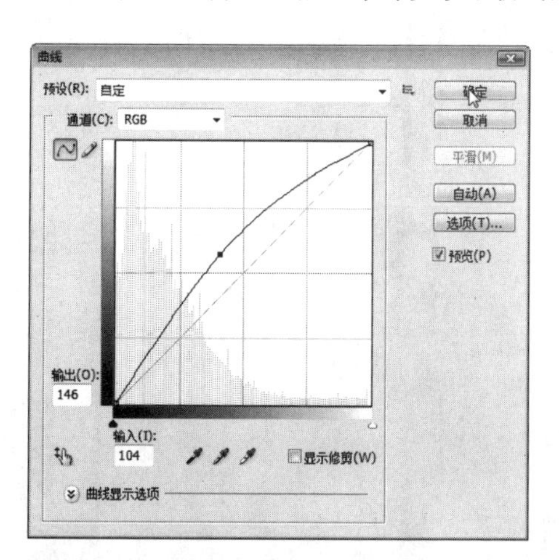


图4.60　调整曲线

图4.61　最终效果图

## 4.2.7　制作怀旧照片效果

本例介绍如何制作怀旧照片的方法，旨在帮助读者巩固“变化”命令的使用方法和技巧。

**最终效果**

本例制作完成前后的对比效果如图4.62所示。

图4.62　最终效果图

## 解题思路

1 打开素材图片。

2 使用“变化”命令制作怀旧照片。

## 操作步骤

1 打开素材图片“07.jpg”（图片位置：\素材\第4章\07.jpg），如图4.63所示。

2 在菜单栏中选择“图像”→“调整”→“变化”命令，在弹出的“变化”对话框中选择“高光”单选项，然后单击两次“较暗”预览图，再单击四次“加深黄色”预览图，如图4.64所示。

图4.63　07.jpg

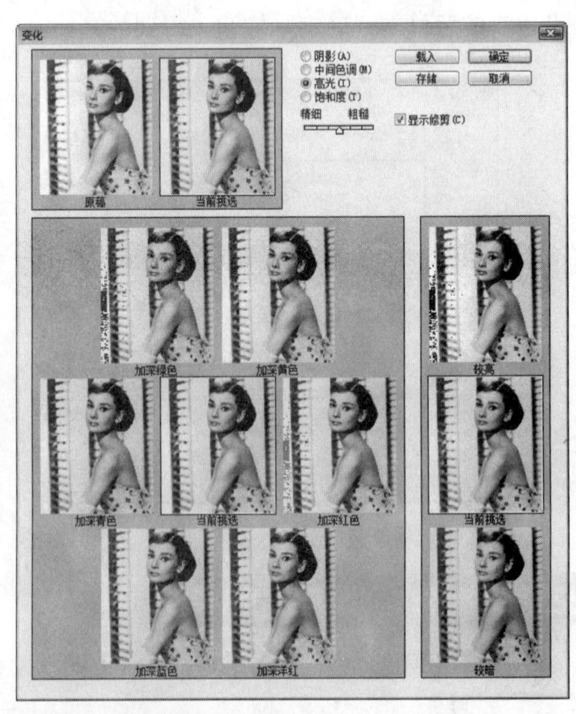


图4.64　“变化”对话框

3 设置完成后，单击“确定”按钮，得到的最终效果如图4.65所示。

图4.65　最终效果图

# 4.3 提高——自己动手练

在了解了图像颜色模式、“调整”调板和调整图像色彩色调的基本操作并制作相关实例后，下面将进一步巩固本章所学的知识并进行相关实例演练，以达到提高动手能力的目的。

## 4.3.1 更换照片背景颜色

本例介绍更换照片背景颜色的方法，旨在帮助读者巩固“色相/饱和度”的使用方法和技巧。

### 最终效果

本例制作完成前后的对比效果如图4.66所示。

图4.66　前后对比效果

### 解题思路

1 打开素材图片。
2 使用磁性套索工具创建选区，并进行“羽化”操作。
3 使用“色相/饱和度”命令，调整背景的颜色。

## 操作步骤

1 打开素材图片“08.jpg”（图片位置：\素材\第4章\08.jpg），如图4.67所示。

2 单击工具箱中的“磁性套索工具”按钮，在图像窗口中沿着人物的边缘绘制选区，如图4.68所示。

图4.67 08.jpg

图4.68 创建选区

3 在菜单栏中选择“选择”→“修改”→“羽化”命令，在弹出的“羽化选区”对话框中设置“羽化半径”为3像素，然后单击“确定”按钮，如图4.69所示。

4 按下“Shift+Ctrl+I”组合键反向选取选区，然后在菜单栏中选择“图像”→“调整”→“色相/饱和度”命令，如图4.70所示。

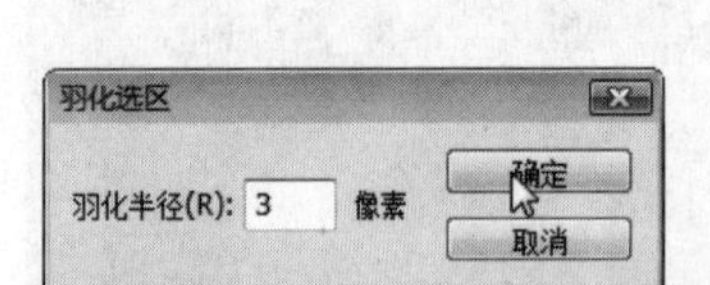


图4.69 羽化选区

图4.70 反向选区

5 在弹出的“色相/饱和度”对话框中设置“色相”为-72、“饱和度”为-35，如图4.71所示。

6 设置完成后单击“确定”按钮，然后按下“Ctrl+D”组合键取消选区，得到的最终效果如图4.72所示。

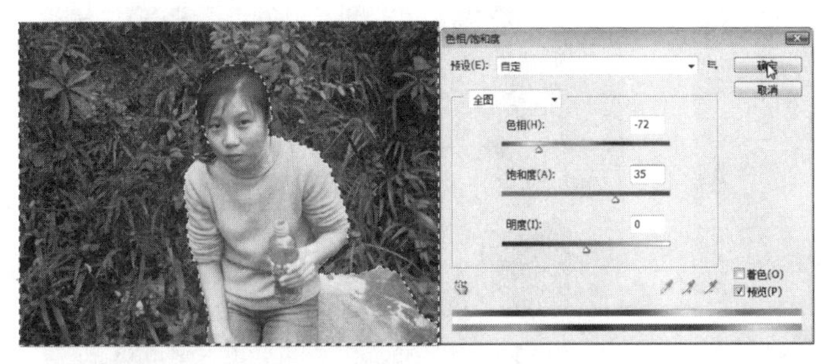

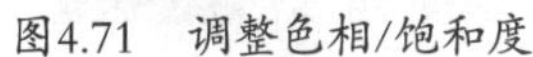

图4.71 调整色相/饱和度

图4.72 最终效果图

## 4.3.2 旧照片翻新

本例介绍旧照片翻新的方法，旨在帮助读者巩固“去色”和“亮度/对比度”命令的使用方法和技巧。

### 最终效果

本例制作完成前后的对比效果如图4.73所示。

图4.73 前后对比效果

### 解题思路

1 打开素材图片。
2 使用“去色”命令将照片转换为灰度照片。
3 使用“亮度/对比度”命令，调整照片的色调。

### 操作步骤

1 打开素材图片“09.jpg”（图片位置：\素材\第4章\09.jpg），如图4.74所示。
2 在菜单栏中选择“图像”→“调整”→“去色”命令，将照片转换为灰度照片，如图4.75所示。
3 在菜单栏中选择“图像”→“调整”→“亮度/对比度”命令，在弹出的“亮度/对比度”对话框中设置“亮度”为54、“对比度”为26，如图4.76所示。
4 设置完成后单击“确定”按钮，得到的最终效果如图4.77所示。

图4.74　09.jpg

图4.75　灰度照片

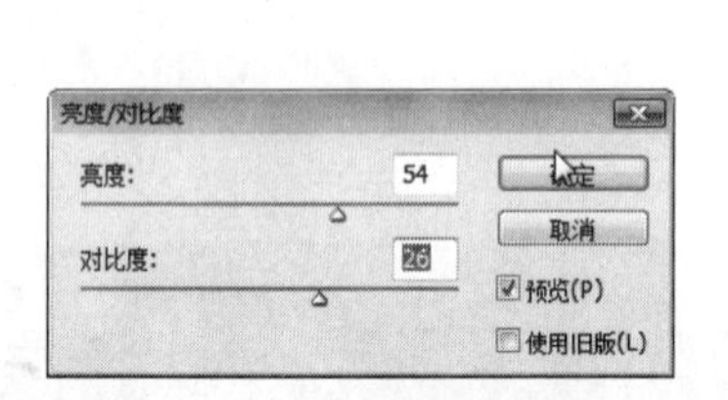


图4.76　“亮度/对比度”对话框

图4.77　最终效果图

## 4.3.3　调整照片亮度和对比度

本例介绍调整照片亮度和对比度的方法，旨在帮助读者巩固“亮度/对比度”命令的使用方法和技巧。

**最终效果**

本例制作完成前后的对比效果如图4.78所示。

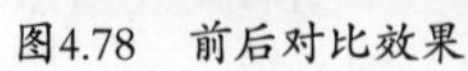

图4.78　前后对比效果

**解题思路**

- 打开素材图片。

2　使用“亮度/对比度”命令，调整照片的亮度。

**操作步骤**

1　打开素材图片“10.jpg”（图片位置：\素材\第4章\10.jpg），如图4.79所示。

2　在菜单栏中选择“图像”→“调整”→“亮度/对比度”命令，在弹出的“亮度/对比度”对话框中设置“亮度”为113、“对比度”为-15，如图4.80所示。

3　设置完成后单击“确定”按钮，得到的最终效果如图4.81所示。

图4.79　10.jpg

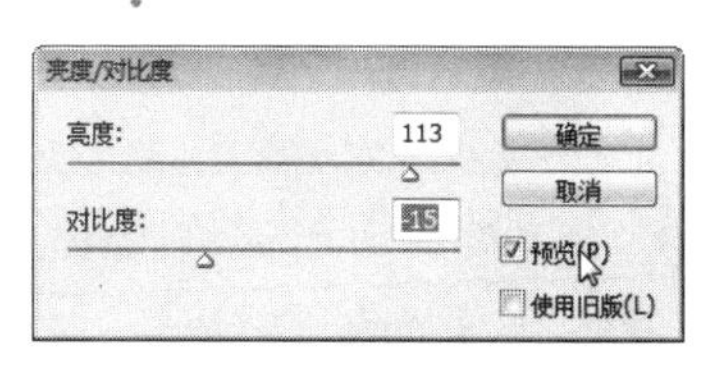


图4.80　“亮度/对比度”对话框

图4.81　最终效果图

## 4.3.4　修复局部曝光过度的照片

本例介绍如何修复局部曝光过度的照片，旨在帮助读者巩固“阴影/高光”和“曲线”命令的使用方法和技巧。

**最终效果**

本例制作完成前后的对比效果如图4.82所示。

图4.82　前后对比效果

**解题思路**

1　打开素材图片。

2　使用“阴影/高光”命令，修复照片曝光区域。

3　使用“曲线”命令，调整照片的色调。

**操作步骤**

1 打开素材图片“11.jpg”（图片位置：\素材\第4章\11.jpg），如图4.83所示。

2 在菜单栏中选择“图像”→“调整”→“阴影/高光”命令，在弹出的“阴影/高光”对话框中保持默认值，直接单击“确定”按钮，如图4.84所示。

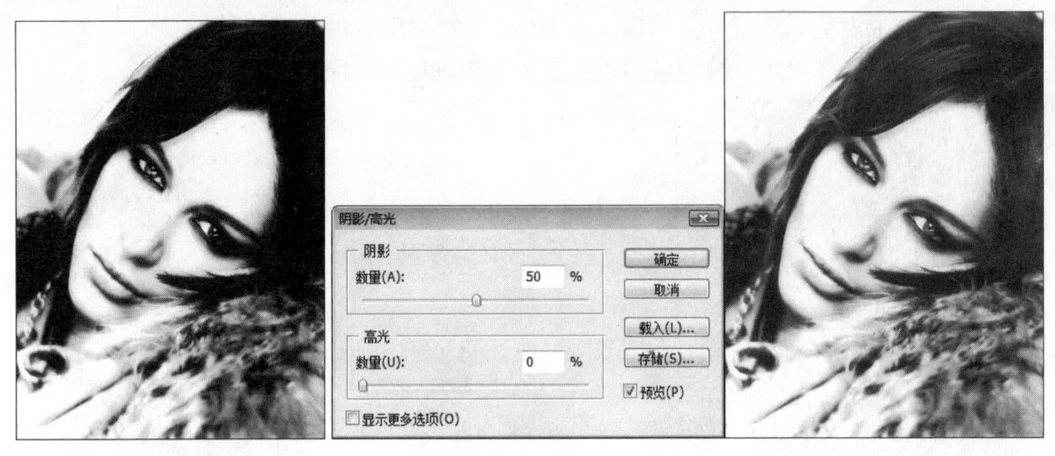


图4.83　11.jpg　　图4.84　调整阴影/高光

3 在菜单栏中选择“图像”→“调整”→“曲线”命令，在弹出的“曲线”对话框中调整曲线形状，如图4.85所示。

4 设置完成后单击“确定”按钮，得到的最终效果如图4.86所示。

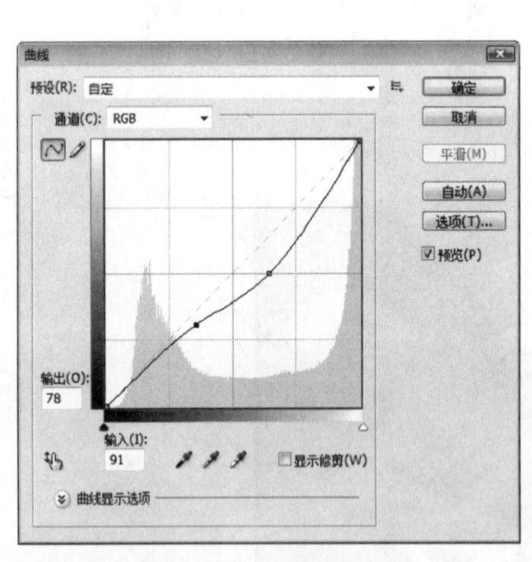


图4.85　调整曲线

图4.86　最终效果图

## 4.3.5　调整照片色调

本例介绍调整照片色调的方法，旨在帮助用户巩固“照片滤镜”和“曲线”命令的使用方法和技巧。

**最终效果**

本例制作完成前后的对比效果如图4.87所示。

图4.87　前后对比效果

## 解题思路

1 打开素材图片。
2 使用“照片滤镜”命令，调整照片的颜色。
3 使用“曲线”命令，调整照片的色调。

## 操作步骤

1 打开素材图片“12.jpg”（图片位置：\素材\第4章\12.jpg），如图4.88所示。
2 在菜单栏中选择“图像”→“调整”→“照片滤镜”命令，在弹出的“照片滤镜”对话框中选择“颜色”单选项，然后单击其后的颜色块，如图4.89所示。

图4.88　12.jpg

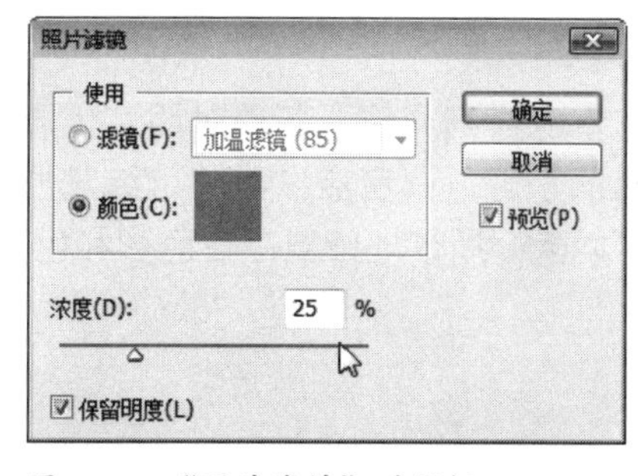


图4.89　“照片滤镜”对话框

3 在弹出的“选择滤镜颜色”对话框中设置颜色为（R：42、G：29、B：95），单击“确定”按钮后，在返回到的“照片滤镜”对话框中设置“浓度”为100%，然后单击“确定”按钮，如图4.90所示。
4 在菜单栏中选择“图像”→“调整”→“曲线”命令，在弹出的“曲线”对话框中调整曲线形状，如图4.91所示。
5 设置完成后单击“确定”按钮，得到的最终效果如图4.92所示。

图4.90　应用照片滤镜效果

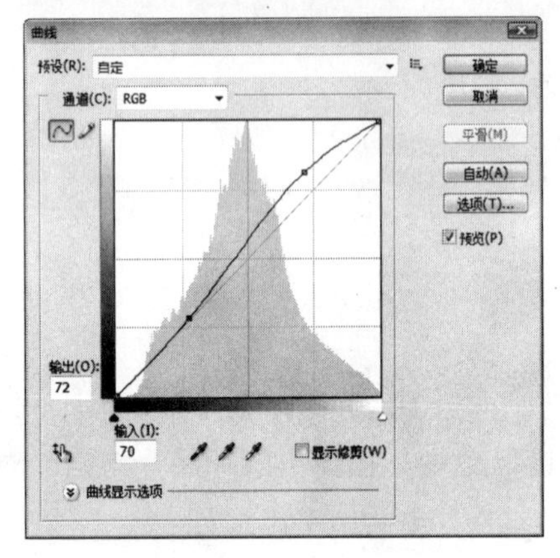


图4.91　调整曲线形状

图4.92　最终效果图

## 结束语

本章详细介绍了各种对照片色彩色调的处理方法，在日常生活中运用非常广泛。通过本章的学习，读者应该能够熟练掌握各种色彩色调调整命令的运用方法和技巧，也希望读者可以随心所欲地修复存在色彩和色调问题的照片。

Chapter 5

# 第5章 人像照片美容技巧

## 本章要点

**入门——基本概念与基本操作**

- 图像修饰工具
- 蒙版的应用
- 滤镜简介
- 模糊滤镜组
- 杂色滤镜组

**进阶——典型实例**

- 消除红眼
- 去除雀斑
- 加长睫毛
- 牙齿美白
- 肌肤美白
- 染发
- 修眉
- 将粗糙的皮肤变光滑
- 数码补妆

**提高——自己动手练**

- 改变脸型
- 去除黑痣
- 唇色修饰
- 去除人物的眼袋和皱纹

## 本章导读

“人像美容”是数码照片处理最常用的技巧。本章将以“消除红眼”、“去除雀斑”、“加长睫毛”等实例，为读者讲解数码美容的应用方法和技巧。

# 5.1 入门——基本概念与基本操作

在制作本章实例之前，首先来学习图像修饰工具、蒙版的应用、滤镜、模糊滤镜组和杂色滤镜组等方面的内容。

## 5.1.1 图像修饰工具

在Photoshop CS4中，图像的修饰工具包括图章工具组、修复画笔工具组、模糊工具组、减淡工具组和橡皮擦工具组，下面我们将详细介绍这些内容。

### 1. 图章工具组

图章工具组包括仿制图章工具和图案图章工具，使用它们可以将图像中的某一部分区域复制到同一图像或另一幅图像中。

**仿制图章工具**

使用仿制图章工具可以从图像中取样，然后将样本应用到其他图像或同一图像的其他部分。在工具箱中单击“仿制图章工具”按钮，将显示其工具属性栏，如图5.1所示。

画笔：40 模式：正常 不透明度：100% 流量：100% ☑对齐 样本：当前图层

图5.1 仿制图章工具属性栏

在仿制图章工具属性栏中，各参数选项的含义如下。

- **画笔**：该选项用于设置修复画笔的笔尖样式，单击其右侧的按钮，在弹出的面板中可以设置画笔的主直径、硬度和样式等。
- **模式**：在该下拉列表框中可以选择一种颜色混合模式。
- **不透明度**：该选项用于设置图像的不透明度，输入的数值越小，透明度越高。
- **流量**：该选项用于设置绘制图像时画笔的流动速率。
- **对齐**：勾选该复选框，只能复制一个固定位置的图像。
- **样本**：在该下拉列表框中包括3个选项，分别控制取样时对当前图层、当前和下方图层、所有图层起作用。

**图案图章工具**

使用图案图章工具可以将特定区域指定为图案纹理，并通过拖动鼠标填充图案。在工具箱中单击“图案图章工具”按钮，将显示其工具属性栏，如图5.2所示。

画笔：21 模式：正常 不透明度：100% 流量：100% ☑对齐 □印象派效果

图5.2 图案图章工具属性栏

在图案图章工具属性栏中，各参数选项的含义如下。

- **图案**：单击按钮，在弹出面板的列表框中可以选择图案。
- **印象派效果**：勾选该复选框，可以将印象效果应用到图案中。

### 2. 修复画笔工具组

修复画笔工具组包括污点修复画笔工具、修复画笔工具、修补工具和红眼工具，使用该工具组可以对图像进行修复、还原等操作。

**污点修复画笔工具**

使用污点修复画笔工具可以快速修复图像中的污点和其他不理想的部分。在工具箱中单击“污点修复画笔工具”按钮，将显示其工具属性栏，如图5.3所示。

图5.3　污点修复画笔工具属性栏

在污点修复画笔工具属性栏中，各参数选项的含义如下。

- **近似匹配：** 选择该单选项，可以使用周围的像素修复图像。
- **创建纹理：** 选择该单选项，可以以纹理的质感修复图像。
- **对所有图层取样：** 勾选该复选框，可以从所有可见的图层中进行取样。

**修复画笔工具**

使用修复画笔工具可以消除图像中的划痕、褶皱等，并同时保留原图像的阴影和纹理等效果。在工具箱中单击“修复画笔工具”按钮，将显示其工具属性栏，如图5.4所示。

图5.4　修复画笔工具属性栏

**修补工具**

使用修补工具可以用图像中的区域或像素来修复当前选择的区域。在工具箱中单击“修补工具”按钮，将显示其工具属性栏，如图5.5所示。

图5.5　修补工具属性栏

在修补工具属性栏中，各参数选项的含义如下。

- **源：** 选择该单选项，可以在图像中选择要修补的区域，然后拖动到要取样的区域。
- **目标：** 选择该单选项，可以在图像中选择取样的区域，然后将取样的区域拖动到需要修补的区域。
- **透明：** 勾选该复选框，可以自动调整样本像素与原像素匹配时的透明度。
- **使用图案：** 单击该按钮右侧的按钮，在弹出面板的列表框中选择需要的图案，然后单击“使用图案”按钮即可在选区中填充图案。

**红眼工具**

使用红眼工具可以移去照片中人物眼睛由于闪光灯造成的红色、白色或绿色反光斑点。在工具箱中单击“红眼工具”按钮，然后在图像中单击或拖动鼠标，即可去除照片中的红眼。

### 3. 模糊工具组

模糊工具组包括模糊工具、锐化工具和涂抹工具，使用该工具组可以对图像进行模糊、锐化和涂抹操作。

**模糊工具**

使用模糊工具可以柔化图像中突出的色彩和僵硬的边界。在工具箱中单击“模糊工具”按钮，将显示其工具属性栏，如图5.6所示。其中“强度”选项用于设置画笔的强度。

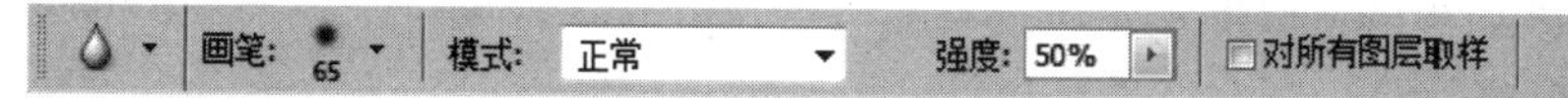


图5.6　模糊工具属性栏

**锐化工具**

使用锐化工具在图像中涂抹，可以使图像变得更加清晰。在工具箱中单击“锐化工具”按钮，然后在图像中拖动鼠标，可以增加图像的线条感，使图像更加精确清晰。

**涂抹工具**

使用涂抹工具在图像中涂抹，可以使图像的像素发生扭曲。在工具箱中单击“涂抹工具”按钮，然后在图像中拖动鼠标，这样不仅使图像的形状发生更改，而且还会使图像产生一定的模糊效果。

### 4. 减淡工具组

减淡工具组包括加深工具、减淡工具和海绵工具，使用该工具组可以对图像的颜色、明度等进行修饰。

**加深工具**

使用加深工具可以通过改变图像特定区域的曝光度，使图像呈加深或变暗显示。在工具箱中单击“加深工具”按钮，将显示其工具属性栏，如图5.7所示。

图5.7 加深工具属性栏

在显示的加深工具属性栏中，各参数选项的含义如下。

- **范围**：用于设置加深的作用范围，在该下拉列表框中包含了“阴影”、“中间调”和“高光”三个选项。
- **曝光度**：该选项用于设置图像色彩加深的程度。
- **保护色调**：勾选该复选框，可以在加深图像时保护图像中的色调不被更改。

**减淡工具**

使用减淡工具可以改变图像特定区域的曝光度，从而使得图像的该区域变亮。减淡工具的作用与加深工具相反。在工具箱中单击“减淡工具”按钮，然后在图像的特定区域拖动鼠标进行涂抹，即可提高图像的亮度。

**海绵工具**

使用海绵工具可以精确地增加或减少图像特定区域的饱和度。在工具箱中单击“海绵工具”按钮，将显示其工具属性栏，如图5.8所示。

图5.8 海绵工具属性栏

在显示的海绵工具属性栏中，各参数选项的含义如下。

- **模式**：在该下拉列表框中包含“降低饱和度”和“饱和”选项，其中“降低饱和度”选项用于降低图像中的饱和度；“饱和”选项用于增加图像的饱和度。
- **流量**：该选项用于设置海绵工具在图像中作用的速度。
- **喷枪**：单击该按钮，可以使绘制具有喷枪的效果。
- **自然饱和度**：勾选该复选框，可以在调整图像时，保留图像中最自然的饱和度。

### 5. 橡皮擦工具组

橡皮擦工具组包括橡皮擦工具、背景橡皮擦工具和魔术橡皮擦工具，使用该工具组可以擦除图像中相对应的区域。

**橡皮擦工具**

使用橡皮擦工具可以擦除图层上指定颜色的像素，并以透明色代替被擦除区域。在工具箱中单击“橡皮擦工具”按钮，将显示其工具属性栏，如图5.9所示。

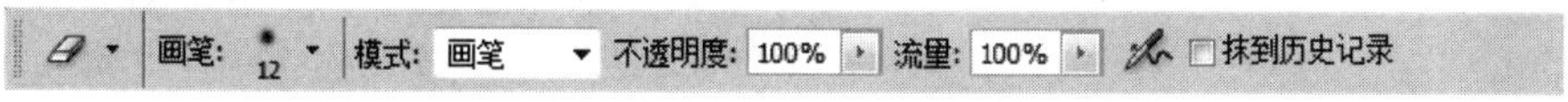

画笔: 12 模式: 画笔 不透明度: 100% 流量: 100% 抹到历史记录

图5.9 橡皮擦工具属性栏

在显示的橡皮擦工具属性栏中，各参数选项的含义如下。

- **模式：** 该下拉列表框用于选择擦除图像的方式，即“画笔”、“铅笔”和“块”。
- **抹到历史记录：** 勾选该复选框，可以将图像擦除到“历史记录”调板中恢复点处的图像效果。

**背景橡皮擦工具**

使用背景橡皮擦工具可以擦除图像上指定的颜色像素，并使用透明色代替被擦除的区域。在工具箱中单击“背景橡皮擦工具”按钮，将显示其工具属性栏，如图5.10所示。

画笔: 13 限制: 连续 容差: 50% 保护前景色

图5.10 背景橡皮擦工具属性栏

在显示的背景橡皮擦工具属性栏中，各参数选项的含义如下。

- **取样按钮组：** 单击该组中的任意一个按钮，可在图像中进行取样颜色。
- **限制：** 该选项用于控制擦除对象的区域，其中包括“连续”、“不连续”和“查找边缘”三个选项。
- **容差：** 该选项用于控制擦除对象的色彩范围，其中数值越大，擦除的范围越广。
- **保护前景色：** 勾选该复选框，则不擦除与前景色匹配的区域。

**魔术橡皮擦工具**

使用魔术橡皮擦工具可以将图像中色彩相近的区域擦除，并以透明色代替被擦除区域。在工具箱中单击“魔术橡皮擦工具”按钮，将显示其工具属性栏，如图5.11所示。

容差: 32 消除锯齿 连续 对所有图层取样 不透明度: 100%

图5.11 魔术橡皮擦工具属性栏

在显示的魔术橡皮擦工具属性栏中，各参数选项的含义如下。

- **消除锯齿：** 勾选该复选框，可以去除边界的锯齿状边缘。
- **连续：** 勾选该复选框，可以更大范围地擦除图像。
- **对所有图层取样：** 勾选该复选框，可以在所有图像中对所擦除的颜色进行取样。
- **不透明度：** 该选项用于设置擦除对象的不透明度。

## 5.1.2 蒙版的应用

蒙版是处理图像的一种方式，它主要用于隔离和保护图像中的某个区域，以及将部分图像进行渐隐处理。

在Photoshop CS4中包括多种不同种类的蒙版，如图层蒙版、矢量蒙版、快速蒙版和剪贴蒙版等，下面我们将详细介绍这些内容。

### 1. 图层蒙版

图层蒙版存在于图层之上，使用它可以控制图层中不同区域的隐藏或显示，并能将多种特殊效果应用到图层中。在“图层”调板中选择要添加蒙版效果的图层，然后单击调板底部的“添加蒙版”按钮即可在当前图层中创建一个空白蒙版，如图5.12所示。

**提示** 创建图层蒙版还可以在菜单栏中选择“图层”→“图层蒙版”命令，在弹出的子菜单中选择“显示全部”命令，即创建一个空白蒙版，显示图层中的所有图像；选择“隐藏全部”命令，则创建一个全黑蒙版，隐藏图层中的所有图像。

### 2. 矢量蒙版

矢量蒙版可以通过形状工具在绘制形状时创建，也可以通过路径来创建，它用于在图像中添加边缘清晰的设计元素。在工具箱中单击形状工具或路径工具，在图像窗口中创建路径，然后在菜单栏中选择“图层”→“矢量蒙版”→“当前路径”命令，即可将路径转换为矢量蒙版，如图5.13所示。

### 3. 快速蒙版

快速蒙版是一种临时性的蒙版，它可以快速地在图像上创建一个蒙版效果，然后使用画笔等图像绘制工具在蒙版中指定要保护的区域，退出快速蒙版后，即可实现图像选区的分离。

在图像窗口中打开素材图片，在工具箱中单击“以快速蒙版模式编辑”按钮，如图5.14所示，进入快速蒙版编辑状态。这时“以快速蒙版模式编辑”按钮变成“以标准模式编辑”按钮，单击“以标准模式编辑”按钮可以退出快速蒙版编辑状态。

### 4. 剪贴蒙版

剪贴蒙版是由内容层和基层组成的，其中内容层的效果都体现在基层上。在Photoshop CS4中创建剪贴蒙版可通过以下两种方法实现。

- 在“图层”调板中按住“Alt”键，将鼠标移至两个图层间的分隔线上，当指针变为形状时，单击鼠标左键即可创建剪贴蒙版，如图5.15所示。
- 在“图层”调板中选择一个图层，然后在菜单栏中选择“图层”→“创建剪贴蒙版”命令，即可创建剪贴蒙版。

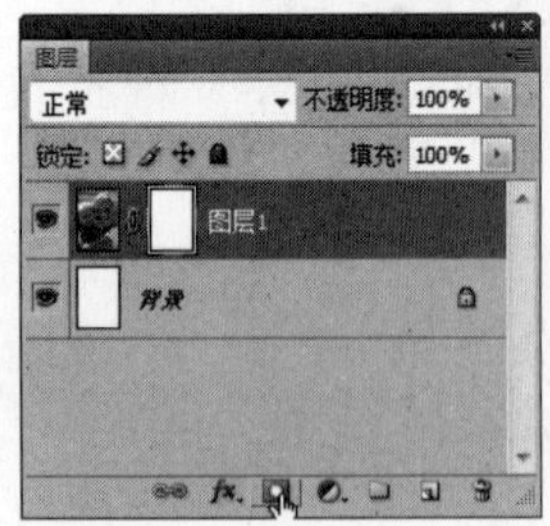


图5.12 图层蒙版

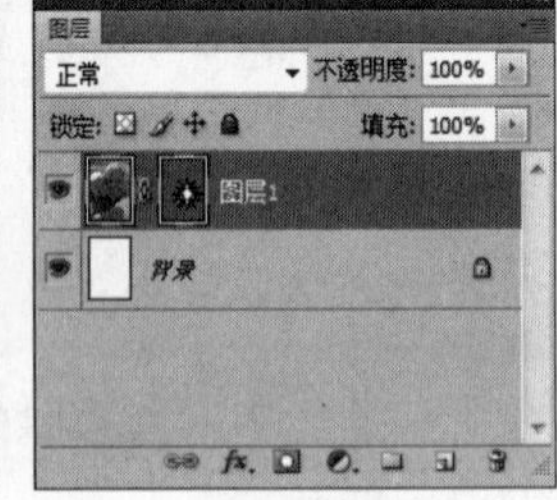


图5.13 矢量蒙版

图5.14 快速蒙版按钮

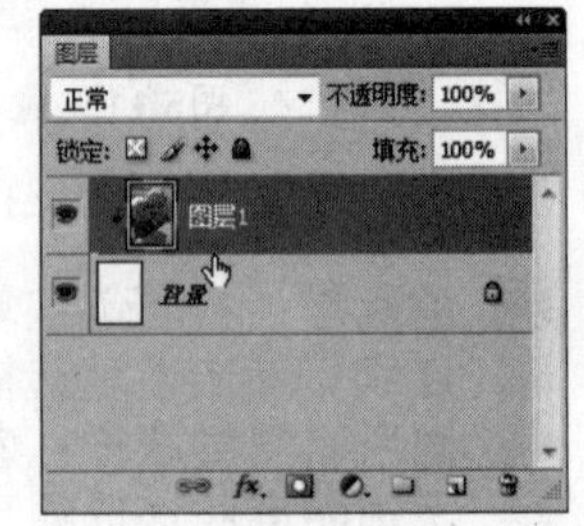


图5.15 创建剪贴蒙版

## 5.1.3 滤镜简介

滤镜是一种强大的图像处理工具，它可以轻松地为图像中的单一图层、通道或选区添加各种各样的特殊效果。

Photoshop CS4提供的多种内置滤镜都存放在“滤镜”菜单中。在菜单栏中选择“滤镜”命令，将弹出如图5.16所示的下拉菜单。

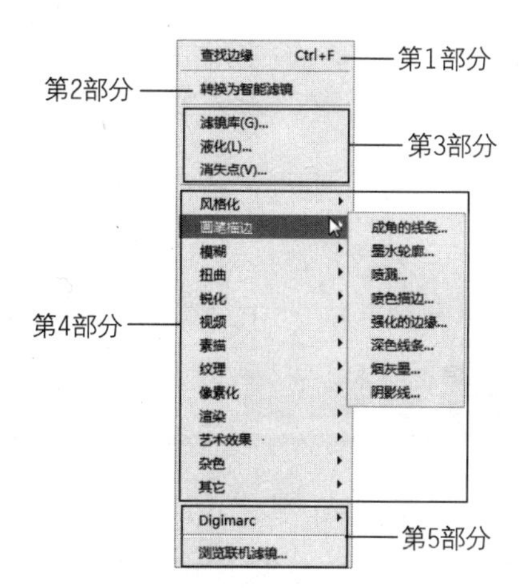


图5.16　菜单命令

在弹出的“滤镜”菜单中根据滤镜功能可以分为5个部分，其中第1部分显示最近使用过的滤镜（若没有使用过滤镜，则呈灰色显示）；第2部分是将图片转换为智能化格式，然后整合多个不同的滤镜；第3部分是Photoshop CS4中的独立滤镜，直接选择即可使用；第4部分是Photoshop CS4提供的滤镜组，每组又包含若干个子菜单命令；最后一个部分是Photoshop CS4使用的外挂滤镜（若没有安装外挂滤镜，则呈灰色显示）。

## 5.1.4　模糊滤镜组

使用模糊滤镜组中的滤镜可以减少图像中相邻像素的对比度，使相邻像素间过渡平滑，从而产生朦胧的效果。在菜单栏中选择“滤镜”→“模糊”命令，弹出其下一级子菜单，其中包含11个子滤镜，下面我们将详细介绍这些内容。

- **表面模糊：**该滤镜在模糊图像时可保留图像边缘，用于创建特殊效果及去除杂点和颗粒。
- **动感模糊：**该滤镜可以使图像的像素进行某一方向上的线性位移，从而产生动感模糊效果。
- **方框模糊：**该滤镜以两个邻近像素颜色的平均值为基准模糊图像。
- **高斯模糊：**该滤镜通过控制半径值来对图像进行特殊的模糊效果处理。
- **模糊、进一步模糊：**这两个滤镜在图像中有明显颜色变化的地方消除杂点，从而产生轻微的模糊效果。
- **镜头模糊：**该滤镜模仿镜头的景深效果，对图像的部分区域进行模糊。
- **径向模糊：**该滤镜可以使图像产生旋转或移动的模糊效果。
- **平均：**该滤镜可以找出图像或选区的平均颜色，然后使用该颜色填充图像或选区，从而得到平滑外观的效果。
- **特殊模糊：**该滤镜通过找出图像的边缘以及模糊边缘以内的区域，产生一种边界清晰、中心模糊的效果。
- **形状模糊：**该滤镜通过指定的形状来创建模糊效果。

## 5.1.5　杂色滤镜组

使用杂色滤镜组可以向图像添加或去除杂点。在菜单栏中选择“滤镜”→“杂色”命令，弹出下一级子菜单，其中包括5个子滤镜，下面我们将详细介绍这些内容。

- **减少杂色**：该滤镜用于去除扫描的照片或数码相机拍摄的照片上产生的杂色。
- **蒙尘与划痕**：该滤镜将图像中有缺陷的像素融入到周围的像素中，从而达到除尘和涂抹的效果。
- **去斑**：该滤镜对图像进行轻微的模糊和柔化，从而达到掩饰图像中细小斑点、消除轻微折痕的效果。
- **添加杂色**：该滤镜可以为图像添加许多杂乱的点。
- **中间值**：该滤镜采用杂点和其周围像素的折中颜色来平滑图像中的区域。

# 5.2 进阶——典型实例

通过前面的学习，相信读者对图像的修饰工具、蒙版的应用、滤镜、模糊滤镜组和杂色滤镜组等有了一定的了解。下面我们就在此基础上进行相应的练习。

## 5.2.1 消除红眼

本例介绍消除红眼的方法，帮助用户巩固红眼工具和“曲线”命令的使用方法和技巧。

### 最终效果

本例制作完成前后的对比效果如图5.17所示。

图5.17　前后对比效果

### 解题思路

1 打开素材图片。
2 使用红眼工具消除红眼。
3 使用“曲线”命令，调整眼球的色调。

### 操作步骤

1 打开素材图片“01.jpg”（图片位置：\素材\第5章\01.jpg），如图5.18所示。
2 在工具箱中单击“红眼工具”按钮，在其工具属性栏中设置“瞳孔大小”为50%、“变暗量”为15%，然后在右眼位置框选红眼图像，如图5.19所示。
3 释放鼠标后消除红眼。使用同样的方法，消除左眼位置的红眼图像，如图5.20所示。

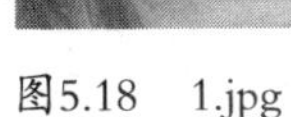

图5.18 1.jpg

图5.19 框选红眼

图5.20 去除红眼

4 在工具箱中单击“椭圆选框工具”按钮，在属性栏中单击“添加到选区”按钮，然后在图像中按下“Alt+Shift”组合键的同时绘制选区，如图5.21所示。

5 在菜单栏中选择“选择”→“修改”→“羽化”命令，在弹出的“羽化选区”对话框中设置“羽化半径”为2像素，然后单击“确定”按钮，如图5.22所示。

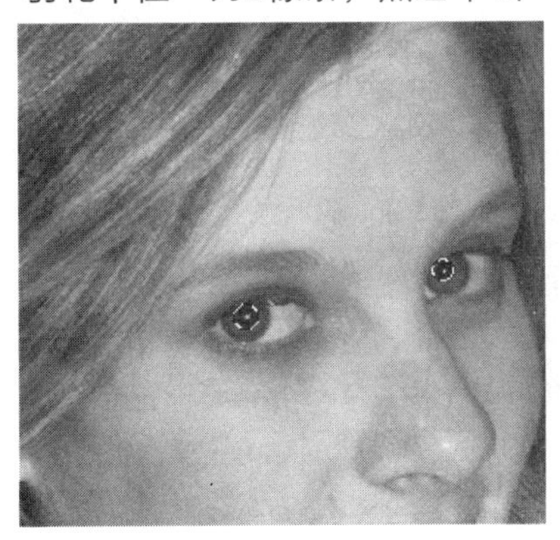

图5.21 创建选区

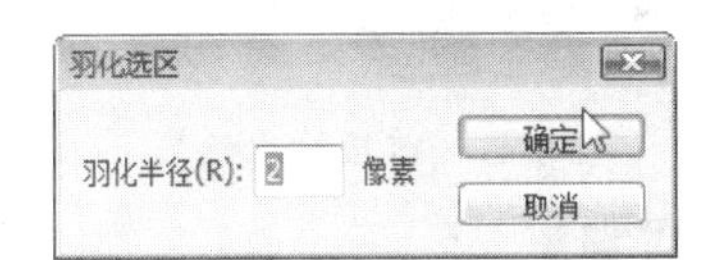


图5.22 “羽化选区”对话框

6 在菜单栏中选择“图像”→“调整”→“曲线”命令，弹出“曲线”对话框。在曲线框中单击曲线，然后设置“输入”为121、“输出”为155，如图5.23所示。

7 设置完成后单击“确定”按钮，然后按“Ctrl+D”组合键取消选区，得到的最终效果如图5.24所示。

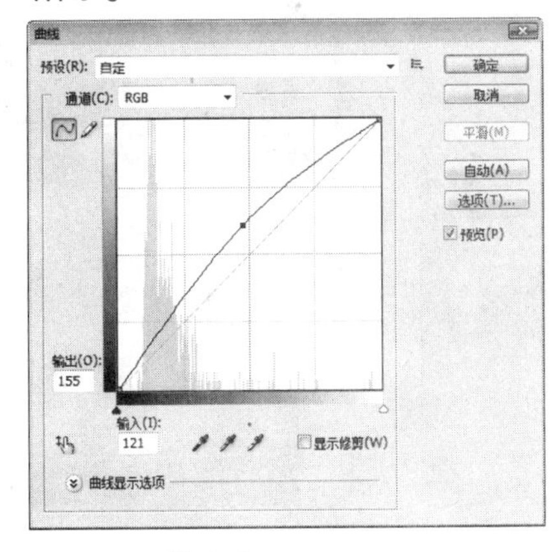


图5.23 调整曲线

图5.24 最终效果图

## 5.2.2 去除雀斑

本例介绍去除雀斑的方法，帮助读者巩固“涂抹工具”、“高斯模糊”、“中间值”和“橡皮擦工具”的应用方法和技巧。

### 最终效果

本例制作完成前后的对比效果如图5.25所示。

### 解题思路

1 打开素材图片。
2 使用涂抹工具，减少脸上的雀斑。
3 使用“高斯模糊”和“中间值”滤镜模糊对象。
4 使用橡皮擦工具擦除图像。

图5.25 前后对比效果

### 操作步骤

1 打开素材图片“02.jpg”（图片位置：\素材\第5章\02.jpg），如图5.26所示。
2 在菜单栏中选择“窗口”→“图层”命令，在弹出的“图层”调板中将“背景”图层拖动至调板下方的“创建新图层”按钮上，复制得到“背景副本”图层，如图5.27所示。
3 在工具箱中单击“涂抹工具”按钮，在显示的属性栏中设置画笔大小为“柔角65像素”、强度为“30%”，然后在有雀斑的位置进行涂抹，如图5.28所示。

图5.26 02.jpg

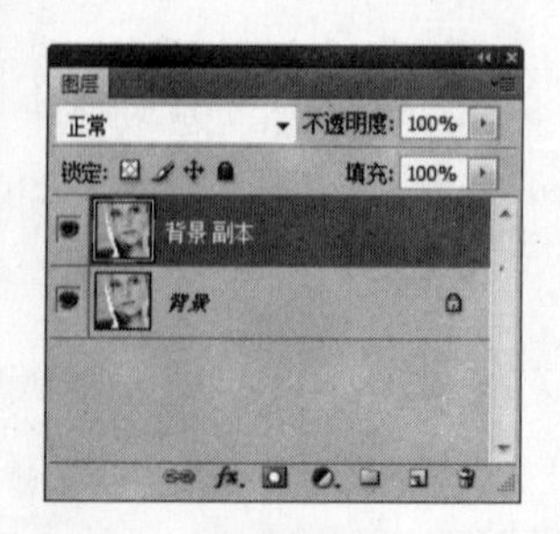


图5.27 复制图层

图5.28 涂抹图像

4 在菜单栏中选择“滤镜”→“模糊”→“高斯模糊”命令，在弹出的“高斯模糊”对话框中设置“半径”为2像素，然后单击“确定”按钮，如图5.29所示。

5 在菜单栏中选择“滤镜”→“杂色”→“中间值”命令，在弹出的“中间值”对话框中设置“半径”为3像素，然后单击“确定”按钮，如图5.30所示。

6 在工具箱中单击“橡皮擦工具”按钮，在显示的属性栏中设置大小为“柔角65像素”、不透明度为“100%”，然后在图像中擦除眼睛、眉毛、嘴唇和背景，如图5.31所示。

7 在显示的橡皮擦工具属性栏中设置“不透明度”为35%，然后在图像中擦除头发、衣服和下巴等区域，得到最终效果，如图5.32所示。

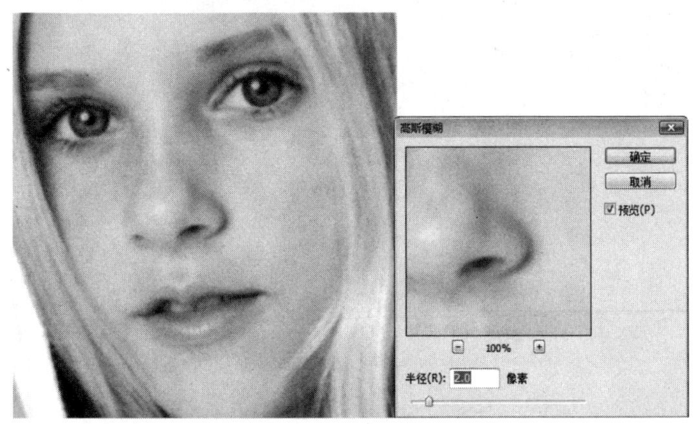


图5.29　高斯模式处理

图5.30　“中间值”对话框

图5.31　擦除部分图像区域

图5.32　最终效果图

## 5.2.3　加长睫毛

本例介绍加长睫毛的方法，帮助读者巩固仿制图章工具、画笔工具和加深工具的使用方法和技巧。

### 最终效果

本例制作完成前后的对比效果如图5.33所示。

## 解题思路

1 打开素材图片。
2 使用仿制图章工具去除照片皮肤上的斑点。
3 使用画笔工具绘制睫毛。
4 使用加深工具加深照片中人物的皮肤颜色。

图5.33 前后对比效果

## 操作步骤

1 打开素材图片“03.jpg”（图片位置：\素材\第5章\03.jpg），如图5.34所示。
2 在“图层”调板中将“背景”图层拖动至“创建新图层”按钮上，复制得到“背景副本”图层，如图5.35所示。
3 在工具箱中单击“仿制图章工具”按钮，在显示的属性栏中单击“画笔”右侧的按钮，在弹出的面板中设置“主直径”为35px、“硬度”为0%，如图5.36所示。

图5.34 03.jpg

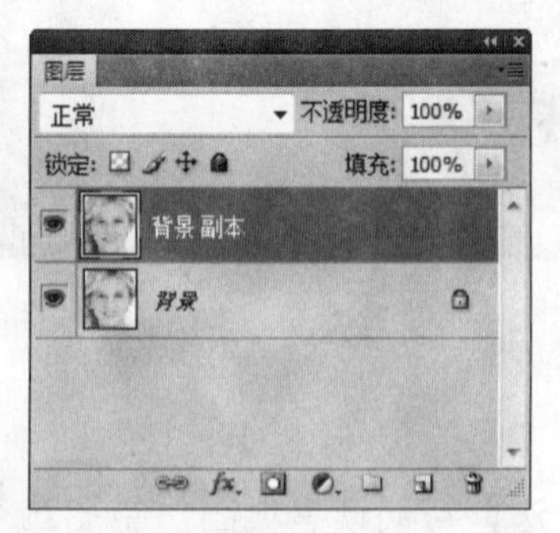


图5.35 复制图层

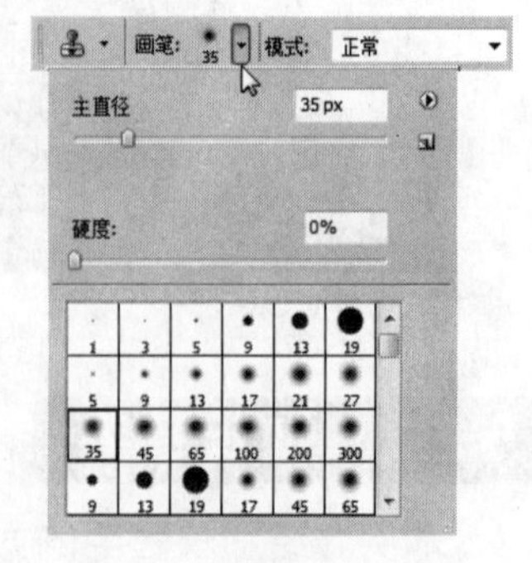


图5.36 设置图章工具

4 将鼠标指针移动到图像上，在皮肤上没有斑点的地方按下“Alt”键的同时单击鼠标，然后在有斑点位置单击或拖动鼠标，即可去除人物脸上的斑点，如图5.37所示。
5 新建“图层1”，然后在工具箱中单击“画笔工具”按钮，在显示的属性栏中单击

“切换画笔调板”按钮，弹出“画笔”调板，如图5.38所示。

6 在“画笔”调板中，取消勾选全部复选框，单击“画笔笔尖形状”选项，然后在右侧的列表框中选择“沙丘草”，并设置“直径”为25px、“角度”为84度、“圆度”为100%、“间距”为25，在图像上绘制睫毛，如图5.39所示。

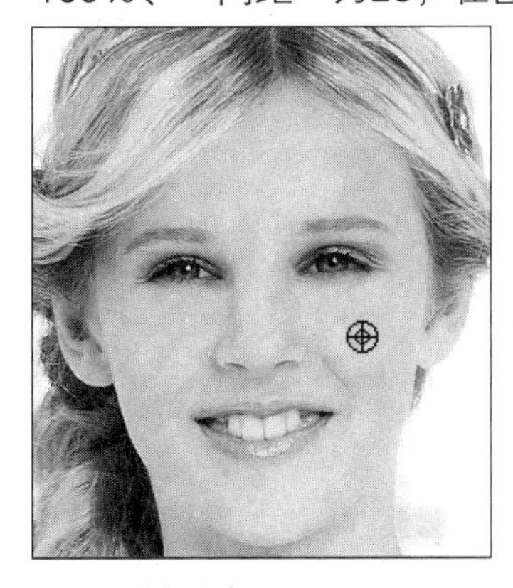

图5.37　去除雀斑

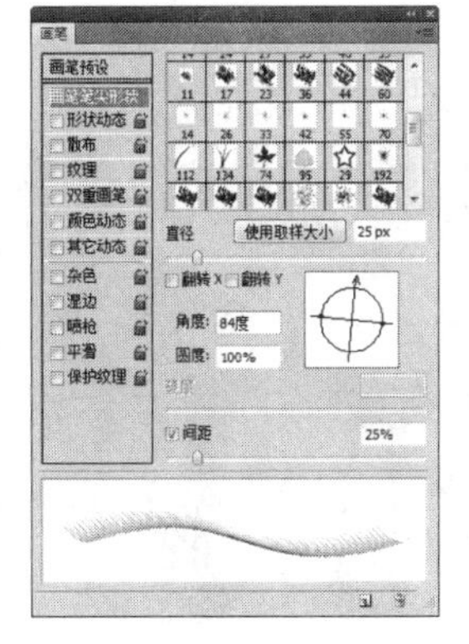


图5.38　“画笔”调板

图5.39　绘制睫毛

7 在绘制睫毛的过程中，随时调整画笔的大小和角度，如图5.40所示。

8 新建“图层2”，在“画笔”调板中设置“直径”为11px，勾选“翻转X”复选框，调整“角度”为140度、“圆度”为100%、“间距”为82%，然后在图像中绘制图像，如图5.41所示。

图5.40　调整画笔大小和角度

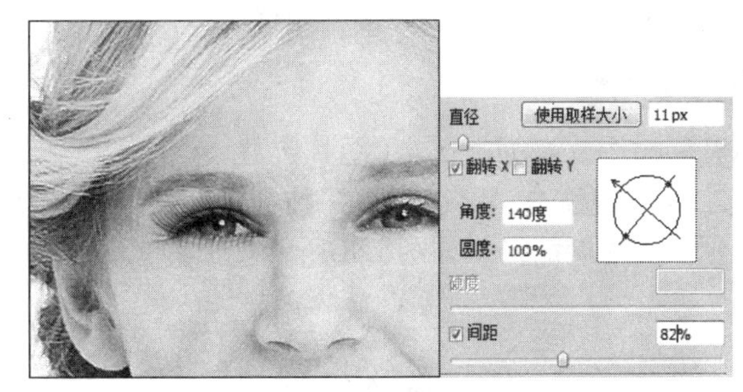


图5.41　绘制睫毛

9 按照步骤5至步骤7的方法，绘制另外一只眼睛的睫毛，如图5.42所示。

10 在“图层”调板中选择“背景副本”图层，然后在工具箱中单击“加深工具”按钮，在显示的属性栏中设置“曝光度”为50%，对眼睛边缘进行涂抹使肤色加深，得到的最终效果如图5.43所示。

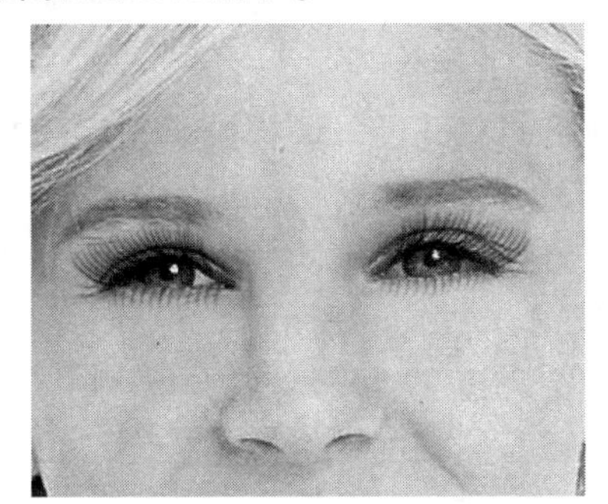

图5.42　绘制睫毛

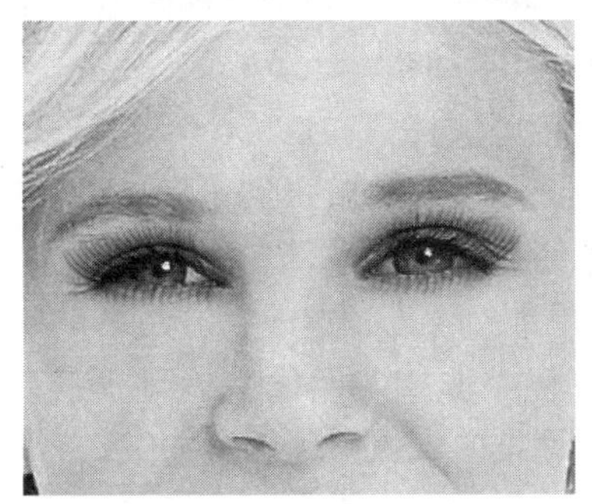

图5.43　最终效果图

## 5.2.4 牙齿美白

本例介绍牙齿美白的方法，帮助读者巩固路径工具和“色相/饱和度”命令的使用方法和技巧。

### 最终效果

本例制作完成前后的对比效果如图5.44所示。

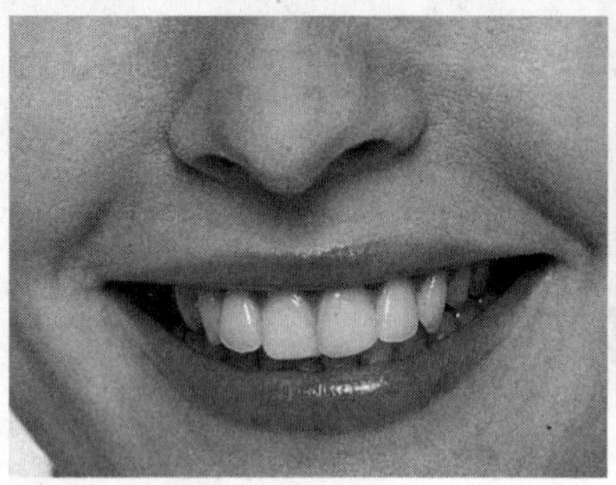
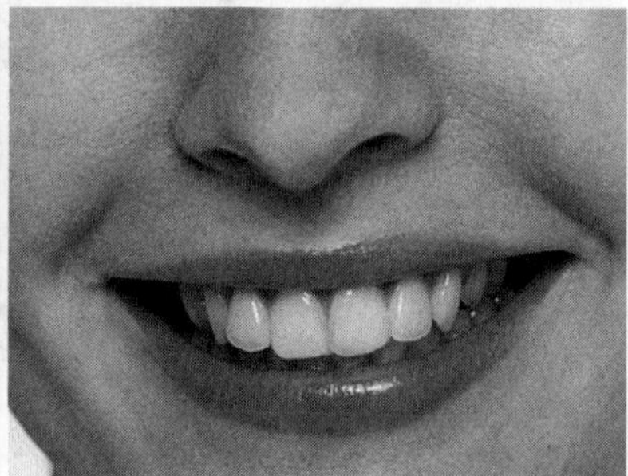

图5.44 前后对比效果

### 解题思路

1 打开素材图片。

2 使用路径工具创建选区。

3 使用“色相/饱和度”命令调整图像的色调。

### 操作步骤

1 打开素材图片“04.jpg”（图片位置：\素材\第5章\04.jpg），如图5.45所示。

2 在工具箱中单击“路径工具”按钮，在显示的属性栏中单击“路径”按钮，然后在图像上绘制路径，如图5.46所示。

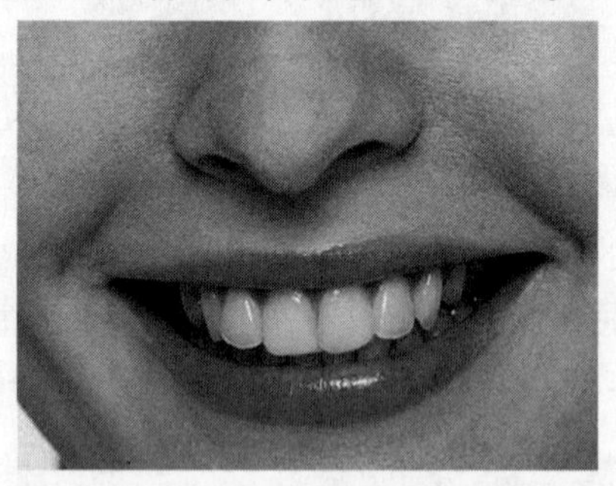

图5.45 04.jpg

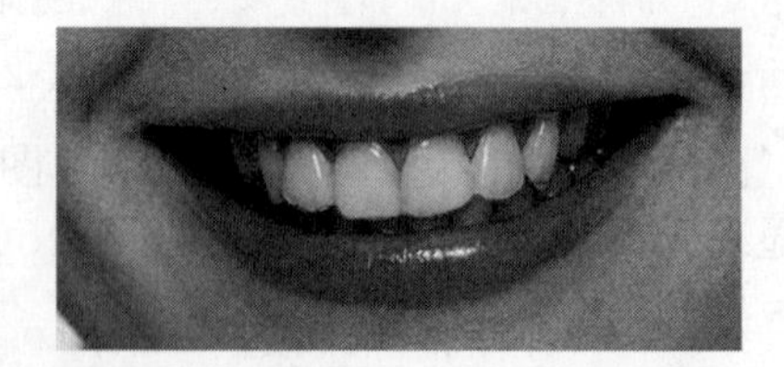

图5.46 绘制路径

3 在菜单栏中选择“窗口”→“路径”命令，在弹出的“路径”调板中单击底部的“将路径作为选区载入”按钮，载入选区，如图5.47所示。

4 在菜单栏中选择“选择”→“修改”→“羽化”命令，在弹出的“羽化选区”对话框中设置“羽化半径”为3像素，然后单击“确定”按钮，如图5.48所示。

5 在菜单栏中选择“图像”→“调整”→“色相/饱和度”命令，在弹出的“色相/饱和度”对话框中设置“色相”为0、“饱和度”为–42、“明度”为29，如图5.49所示。

6 设置完成后单击“确定”按钮，得到的最终效果如图5.50所示。

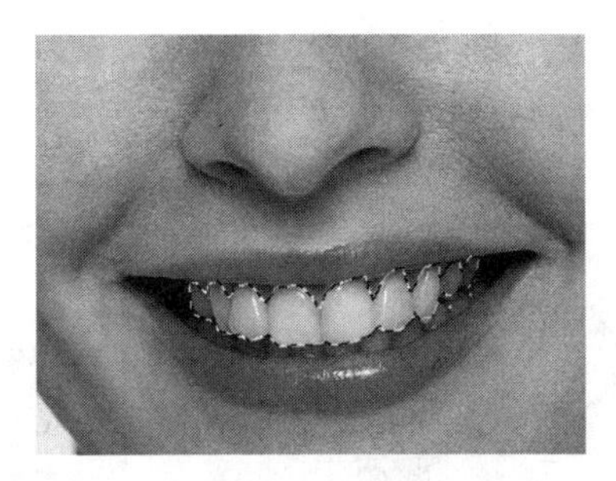

图5.47 载入选区

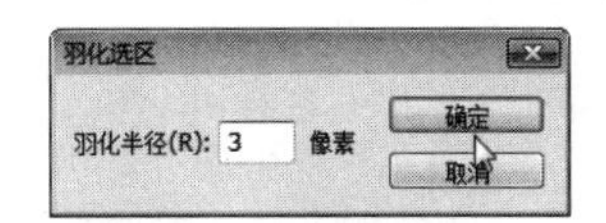


图5.48 羽化选区

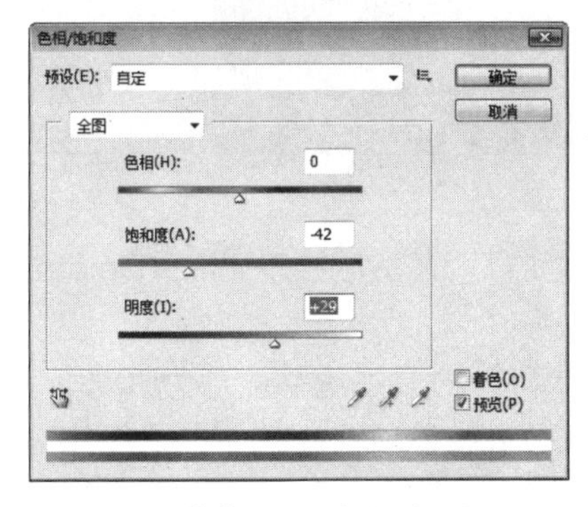


图5.49 “色相/饱和度”对话框

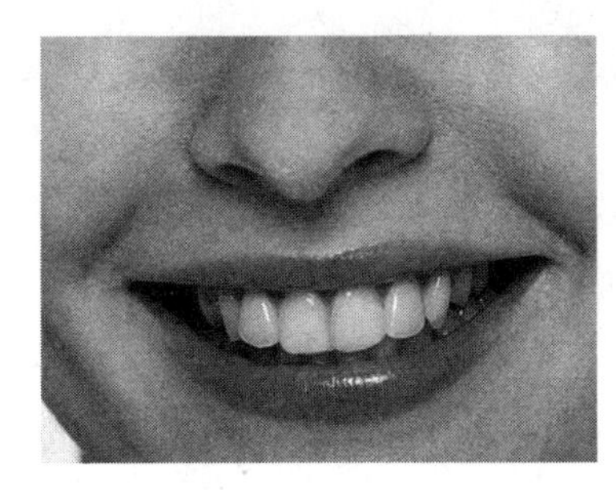

图5.50 最终效果图

## 5.2.5 肌肤美白

本例介绍肌肤美白的方法，帮助读者巩固橡皮擦工具的使用方法和技巧。

### 最终效果

本例制作完成前后的对比效果如图5.51所示。

图5.51 前后对比效果

### 解题思路

1 打开素材图片。

2 使用通道创建选区，然后进行填充。

3 使用橡皮擦工具擦除颜色。

4 使用“高反差保留”命令制作图像特效，并设置图层混合模式。

### 操作步骤

1 打开素材图片“05.jpg”（图片位置：\素材\第5章\05.jpg），如图5.52所示，然后在

"图层"调板中复制生成"背景副本"图层。

2 在菜单栏中选择"窗口"→"通道"命令，在弹出的"通道"调板中按住"Ctrl"键的同时单击"红"通道，载入选区，如图5.53所示。

图5.52 05.jpg

图5.53 载入选区

3 设置前景色为白色，在"图层"调板中新建"图层1"，然后按下"Alt+Delete"组合键填充颜色，如图5.54所示。

4 按"Ctrl+D"组合键取消选区，然后设置"图层1"的"不透明度"为70%。在工具箱中单击"橡皮擦工具"按钮，在显示的属性栏中设置画笔样式为"柔角100像素"，擦除照片的背景，如图5.55所示。

图5.54 填充颜色

图5.55 擦除背景

5 在橡皮擦工具属性栏中设置画笔样式为"柔角21像素"、"不透明度"为60%，然后在人物的嘴唇和头发上涂抹，如图5.56所示。

6 在"图层"调板中按下"Ctrl+Shift+Alt+E"组合键盖印可见图层，这时调板将自动生成"图层2"，如图5.57所示。

图5.56 擦除图像

图5.57 盖印可见图层

**7** 在菜单栏中选择“滤镜”→“其他”→“高反差保留”命令，在弹出的“高反差保留”对话框中设置“半径”为2像素，然后单击“确定”按钮，如图5.58所示。

**8** 在“图层”调板中将“图层2”的混合模式设置为“叠加”。此时就完成了更换人物肤色的特效制作，人物肌肤变得更自然而有光泽，得到的最终效果如图5.59所示。

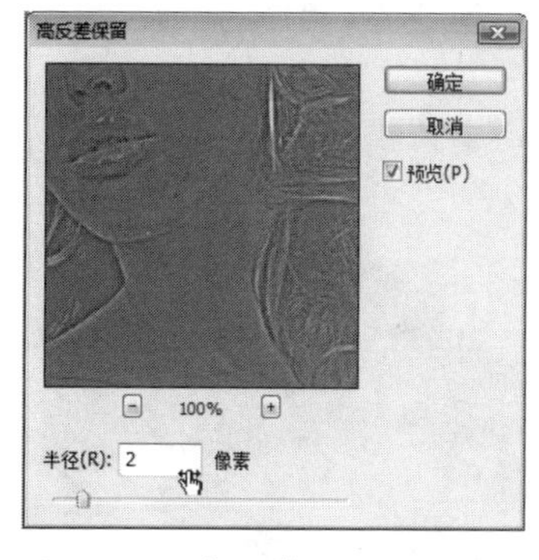


图5.58　“高反差保留”对话框

图5.59　最终效果图

## 5.2.6　染发

本例介绍染发的方法，帮助读者巩固魔棒工具、磁性套索工具和“羽化选区”命令的使用方法和技巧。

### 最终效果

本例制作完成前后的对比效果如图5.60所示。

### 解题思路

**1** 打开素材图片。

**2** 使用魔棒工具和磁性套索工具创建选区。

**3** 羽化后填充选区，并设置图层混合模式。

图5.60　前后对比效果

## 操作步骤

1 打开素材图片“06.jpg”（图片位置：\素材\第5章\06.jpg），然后在“图层”调板中复制生成“背景副本”图层，如图5.61所示。

2 在工具箱中单击“魔棒工具”按钮，在人物的背景处单击，然后按下“Shift+Ctrl+I”组合键反向选区，如图5.62所示。

3 在工具箱中单击“磁性套索工具”按钮，在显示的属性栏中单击“从选区减去”按钮，然后在图像中绘制选区，如图5.63所示。

图5.61 06.jpg

图5.62 创建选区

图5.63 从选区中减去

4 在菜单栏中选择“选择”→“修改”→“羽化”命令，在弹出的“羽化选区”对话框中设置“羽化半径”为5像素，然后单击“确定”按钮，如图5.64所示。

5 在工具箱中单击前景色图标，在弹出的“拾色器”对话框中设置前景色为（R：222、G：125、B：79），然后单击“确定”按钮，如图5.65所示。

6 在“图层”调板中新建“图层1”，按下“Alt+Delete”组合键填充前景色，然后设置图层的混合模式为“颜色”，并按“Ctrl+D”组合键取消选区，最终效果如图5.66所示。

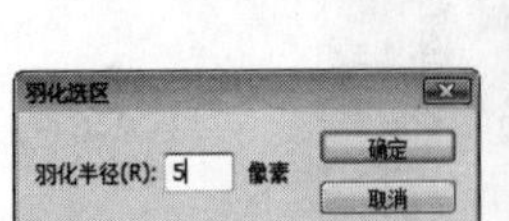


图5.64 羽化选区

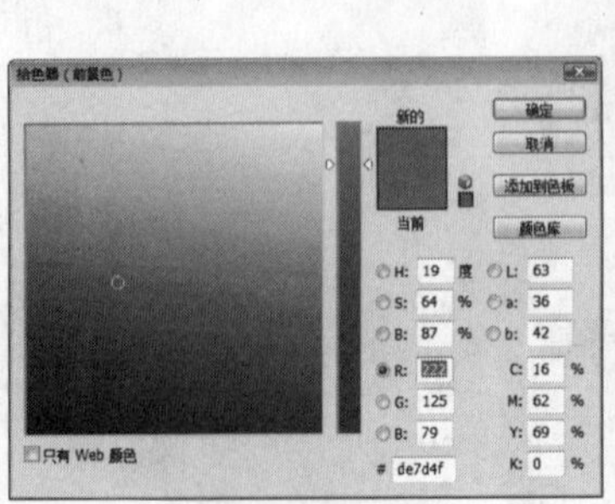


图5.65 设置前景色

图5.66 最终效果图

## 5.2.7　修眉

本例介绍修眉的方法，帮助读者巩固修复画笔工具和加深工具的使用方法和技巧。

### 最终效果

本例制作完成前后的对比效果如图5.67所示。

图5.67　前后对比效果

### 解题思路

1. 打开素材图片。
2. 使用修复画笔工具绘制缺少的眉毛。
3. 使用加深工具使眉毛的色调加深。

### 操作步骤

1. 打开素材图片“07.jpg”（图片位置：\素材\第5章\07.jpg），如图5.68所示。
2. 在工具箱中单击“修复画笔工具”按钮，在显示的属性栏中单击“画笔”右侧的按钮，在弹出的面板中设置“直径”为19px、“硬度”为0%，如图5.69所示。
3. 将鼠标指针移动到人物的眉毛位置，按下“Alt”键的同时单击右眉毛的右边部分，然后在右眉毛缺少的位置单击或拖动鼠标绘制眉毛，如图5.70所示。

图5.68　07.jpg

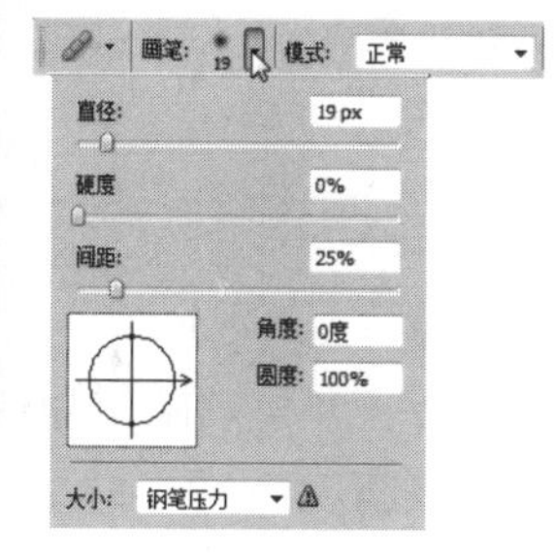


图5.69　设置画笔

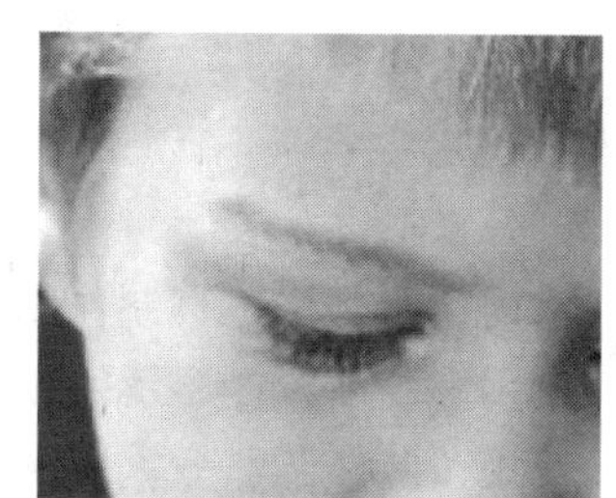

图5.70　绘制右眉毛

4. 利用上面的方法，修复人物的左眉毛，如图5.71所示。

5 在工具箱中单击“加深工具”按钮，然后在人物的眉毛位置进行涂抹，加深眉毛的颜色，得到的最终效果如图5.72所示。

图5.71 绘制左眉毛

图5.72 最终效果图

## 5.2.8 将粗糙的皮肤变光滑

本例介绍将粗糙皮肤变光滑的方法，帮助读者巩固“高斯模糊”和“曲线”命令的使用方法和技巧。

### 最终效果

本例制作完成前后的对比效果如图5.73所示。

图5.73 前后对比效果

### 解题思路

1 打开素材图片。
2 使用“木刻”滤镜制作图像特效。
3 使用“高斯模糊”滤镜模糊对象，并复制图层和设置图层的填充。
4 使用“曲线”命令调整图像的色调。
5 使用画笔工具和“高斯模糊”命令制作腮红。

### 操作步骤

1 打开素材图片“08.jpg”（图片位置：\素材\第5章\08.jpg），然后将“背景”图层拖动到调板底部的“创建新图层”按钮上，复制出“背景副本”图层，如图5.74所示。

2 在菜单栏中选择“滤镜”→“艺术效果”→“木刻”命令，在弹出的“木刻”对话框中设置“色阶数”为5、“边缘简化度”为4、“边缘逼真度”为2，如图5.75所示。

图5.74 08.jpg

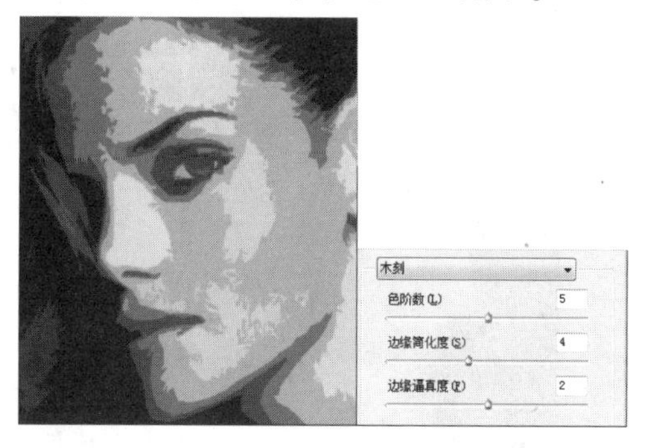

图5.75 “木刻”滤镜

3 单击“确定”按钮。然后在菜单栏中选择“滤镜”→“模糊”→“高斯模糊”命令，在弹出的“高斯模糊”对话框中设置“半径”为7.8像素，如图5.76所示。

4 单击“确定”按钮后设置“背景副本”图层的混合模式为“叠加”，如图5.77所示。

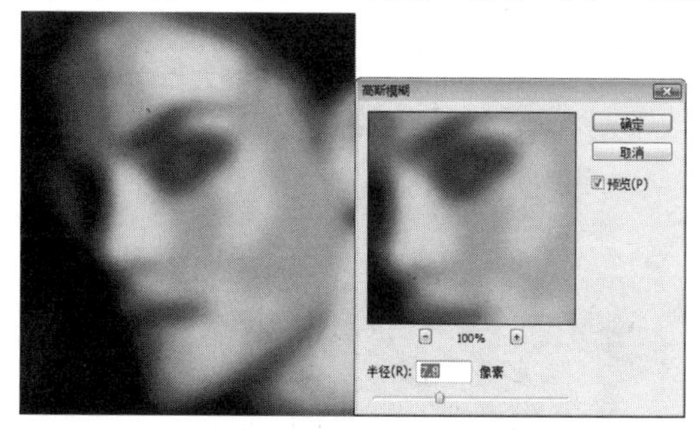

图5.76 高斯模糊

图5.77 设置混合模式

5 在“图层”调板中将“背景副本”图层拖动至调板底部的“创建新图层”按钮上，复制出“背景副本2”图层，再将其混合模式设置为“滤色”，“填充”设置为60%，如图5.78所示。

6 在“图层”调板中复制出“背景副本3”图层，然后设置其混合模式为“颜色加深”、“填充”为11%，如图5.79所示。

图5.78 复制图层并设置

图5.79 复制图层并设置

7 在“图层”调板中单击“创建新的填充或调整图层”按钮，在弹出的下拉列表中选择“曲线”命令，然后在“调整”调板中调整曲线形状，如图5.80所示。

8 设置前景色的颜色为（R：255、G：34、B：5），然后在“图层”调板中新建“图层1”，如图5.81所示。

图5.80　曲线调整

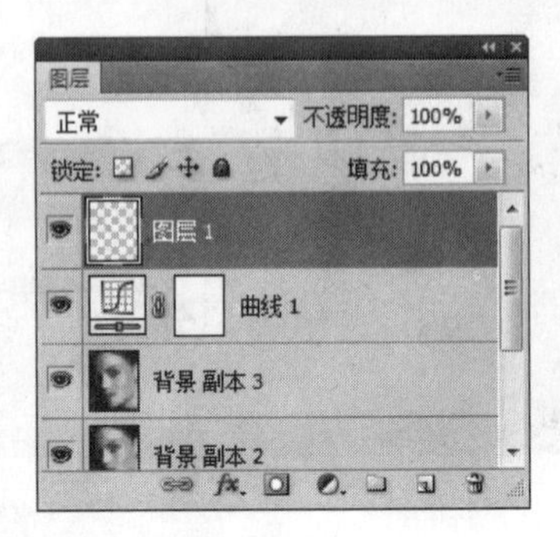


图5.81　新建图层

9 在工具箱中单击“画笔工具”按钮，在其属性栏中设置画笔样式为“柔角65像素”，然后在图像中如图5.82所示进行绘制。

10 在菜单栏中选择“滤镜”→“模糊”→“高斯模糊”滤镜，在弹出的“高斯模糊”对话框中设置“半径”为31.7像素，然后单击“确定”按钮，得到的最终效果如图5.83所示。

图5.82　绘制腮红

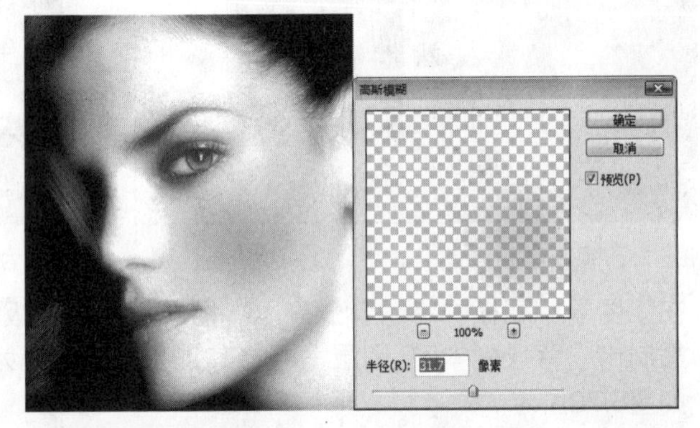


图5.83　最终效果图

## 5.2.9　数码补妆

本例介绍数码补妆的方法，帮助读者巩固画笔工具、路径工具、橡皮擦工具和“高斯模糊”命令的使用方法和技巧。

### 最终效果

本例制作完成前后的对比效果如图5.84所示。

图5.84　前后对比效果

## 解题思路

1 打开素材图片。
2 使用画笔工具在脸部涂抹粉底。
3 使用橡皮擦工具擦除图像的五官。
4 使用画笔工具绘制眼影和腮红。
5 使用“高斯模糊”命令模糊腮红，然后使用钢笔工具绘制选区。
6 填充颜色并设置图层的混合模式。

## 操作步骤

1 打开素材图片“09.jpg”（图片位置：\素材\第5章\09.jpg），然后新建“图层1”，如图5.85所示。

2 设置前景色为（R：250、G：225、B：210），在工具箱中单击“画笔工具”按钮，在其属性栏中设置画笔样式为“柔角65像素”，然后在人物的脸部涂抹绘制粉底，如图5.86所示。

图5.85　09.jpg

图5.86　绘制粉底

3 在工具箱中单击“橡皮擦工具”按钮，在其属性栏中设置画笔样式为“柔角17像素”，然后在人物的五官处涂抹，如图5.87所示。

4 在“图层”调板中新建“图层2”，设置前景色为（R：244、G：137、B：130），在工具箱中单击“画笔工具”按钮，在其显示的属性栏中设置画笔样式为“柔角21像素”，然后在眼睑处绘制眼影，如图5.88所示。

图5.87　擦除图像

图5.88　绘制眼影

**5** 设置前景色为（R：255、G：34、B：5），新建“图层3”，在“画笔工具”属性栏中设置画笔样式为“柔角100像素”、“不透明度”为30%，在脸的两侧绘制腮红，如图5.89所示。

**6** 在菜单栏中选择“滤镜”→“模糊”→“高斯模糊”命令，在弹出的“高斯模糊”对话框中设置“半径”为45像素，然后单击“确定”按钮，如图5.90所示。

图5.89　绘制腮红

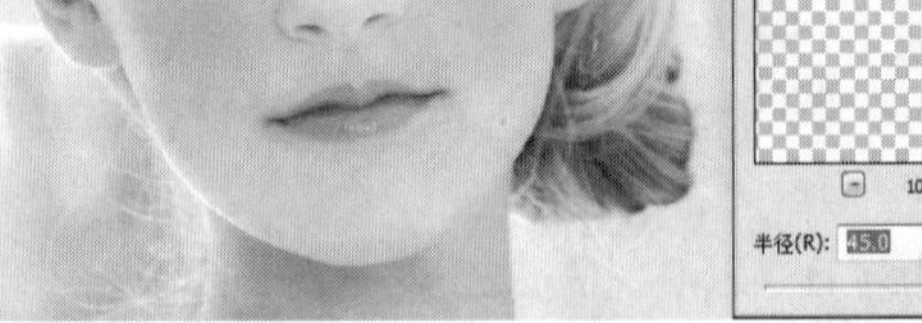


图5.90　高斯模糊

**7** 在工具箱中单击“钢笔工具”按钮，在其属性栏中单击“路径”按钮，在人物的嘴唇位置绘制路径，如图5.91所示。

**8** 在“路径”调板中单击底部的“将路径作为选区载入”按钮，载入选区，如图5.92所示。

图5.91　绘制路径

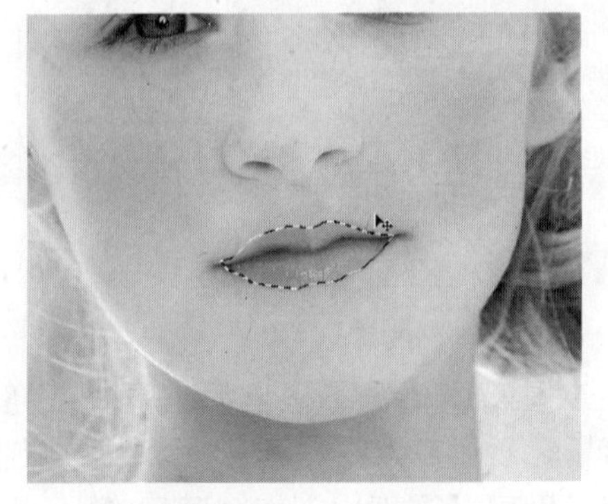

图5.92　载入选区

**9** 在菜单栏中选择“选择”→“修改”→“羽化”命令，在弹出的“羽化选区”对话框中设置“羽化半径”为2像素，然后单击“确定”按钮，如图5.93所示。

**10** 在“图层”调板中新建“图层4”，设置前景色为（R：246、G：161、B：138），然后按下“Alt+Delete”组合键填充前景色，并设置图层的混合模式为“饱和度”。按“Ctrl+D”组合键取消选区，得到的最终效果如图5.94所示。

图5.93　羽化选区

图5.94　最终效果图

# 5.3 提高——自己动手练

在了解了图像修饰工具、蒙版的应用、模糊滤镜组和杂色滤镜组的基本操作和相关实例后，下面将进一步巩固本章所学的知识，从而使读者达到提高动手能力的目的。

## 5.3.1　改变脸型

本例介绍改变脸型的方法，帮助读者巩固“液化”命令的使用方法和技巧。

### 最终效果

本例制作完成前后的对比效果如图5.95所示。

图5.95　前后对比效果

## 解题思路

1 打开素材图片。

2 使用“液化”命令改变脸型。

## 操作步骤

1 打开素材图片“10.jpg”（图片位置：\素材\第5章\10.jpg），然后在“图层”调板中复制得到“背景副本”图层，如图5.96所示。

2 在菜单栏中选择“滤镜”→“液化”命令，在弹出的“液化”对话框中单击“向前变形工具”按钮，然后将鼠标移动到人物的脸颊上，如图5.97所示。

3 按住鼠标左键不放并拖动鼠标，这时照片中的图像将随着鼠标的移动而产生变化，如图5.98所示。

4 将脸型调整到想要的效果后单击“确定”按钮，得到的最终效果如图5.99所示。

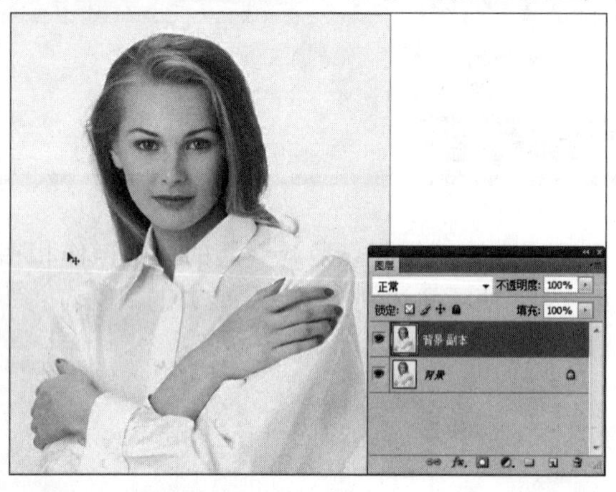


图5.96 10.jpg

图5.97 移动鼠标指针

图5.98 液化图像

图5.99 最终效果图

## 5.3.2　去除黑痣

本例介绍去除黑痣的方法，帮助读者巩固修补工具的使用方法和技巧。

### 最终效果

本例制作完成前后的对比效果如图5.1 00所示。

图5.100　前后对比效果

### 解题思路

1 打开素材图片。
2 使用修补工具去除人物脸上的黑痣。

### 操作步骤

1 打开素材图片“11.jpg”（图片位置：\素材\第5章\11.jpg），如图5.101所示。
2 在工具箱中单击“修补工具”按钮，在显示的属性栏中选择“源”单选项，然后在人脸处按住鼠标左键不放，框选黑痣区域创建选区，如图5.102所示。

图5.101　11.jpg

图5.102　框选黑痣

3 将鼠标指针移动到选区内，然后按下鼠标左键不放将选区移动到如图5.103所示的位置。
4 释放鼠标后即可看到黑痣被修复了。按下“Ctrl+D”组合键取消选区。用前面同样的方法除去其他位置的黑痣，得到的最终效果如图5.104所示。

图5.103　拖动选区

图5.104　最终效果图

## 5.3.3　唇色修饰

本例介绍唇色修饰的方法，帮助读者巩固路径工具和“添加杂色”命令的使用方法和技巧。

### 最终效果

本例制作完成前后的对比效果如图5.105所示。

图5.105　前后对比效果

### 解题思路

1 打开素材图片。

2 使用路径工具创建选区。

3 填充选区并添加杂色。

### 操作步骤

1 打开素材图片“12.jpg”（图片位置：\素材\第5章\12.jpg），如图5.106所示。

2 在工具箱中单击“钢笔工具”按钮，在其工具属性栏中单击“路径”按钮，然后沿人物嘴唇绘制路径，如图5.107所示。

图5.106 12.jpg

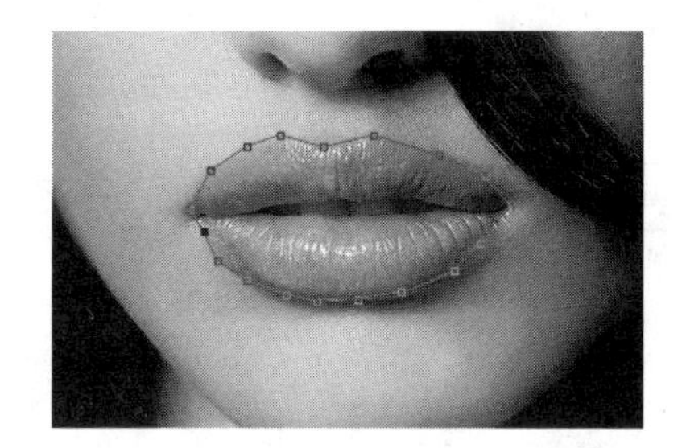

图5.107 绘制路径

3 在“路径”调板中单击调板底部的“将路径作为选区载入”按钮，载入选区，如图5.108所示。

4 在菜单栏中选择“选择”→“修改”→“羽化”命令，在弹出的“羽化选区”对话框中设置“羽化半径”为2像素，然后单击“确定”按钮，如图5.109所示。

5 设置前景色为（R：250、G：15、B：15），在“图层”调板中新建“图层1”，然后按下“Alt+Delete”组合键填充颜色，如图5.110所示。

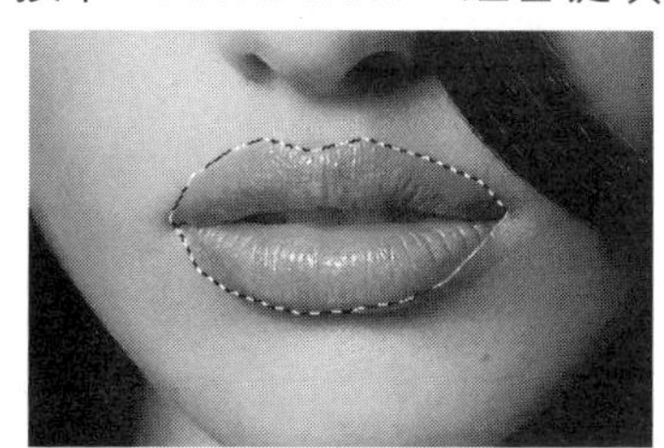

图5.108 载入选区

图5.109 羽化选区

图5.110 填充颜色

6 在菜单栏中选择“滤镜”→“杂色”→“添加杂色”命令，在弹出的“添加杂色”对话框中设置“数量”为25%，然后单击“确定”按钮，如图5.111所示。

7 在“图层”调板中设置“图层1”的混合模式为“颜色”，按下“Ctrl+D”组合键取消选区，如图5.112所示。

8 在工具箱中单击“橡皮擦工具”按钮，在其属性栏中设置画笔样式为“柔角13像素”，然后在人物的牙齿上拖动以擦除红色，得到的最终效果如图5.113所示。

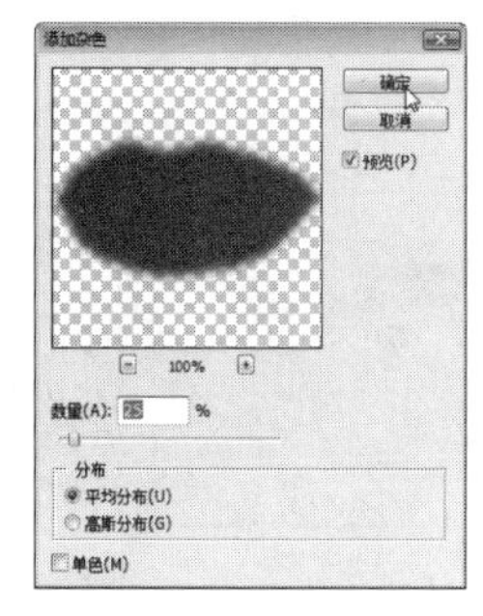


图5.111 添加杂色

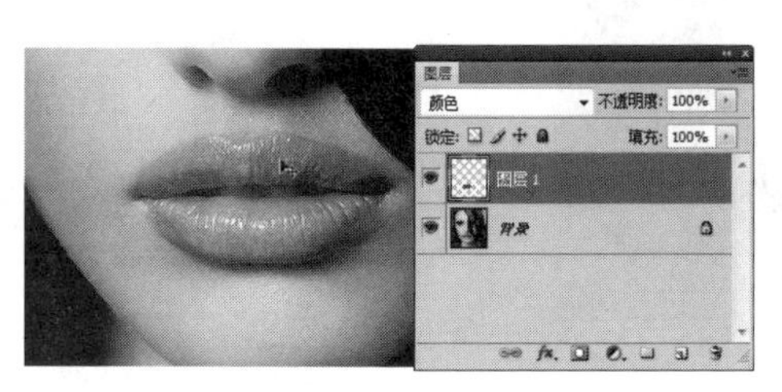


图5.112 设置混合模式

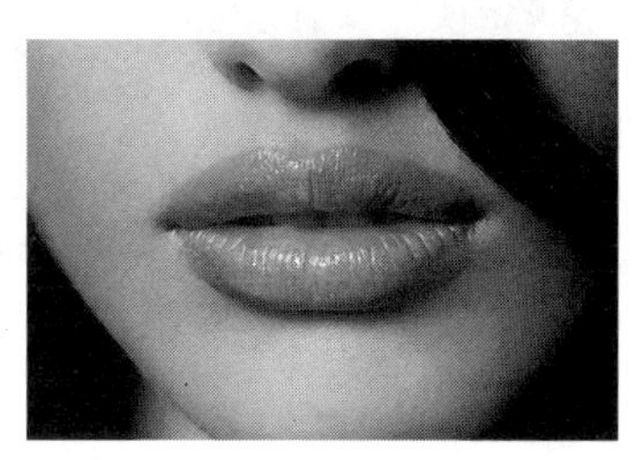

图5.113 最终效果图

## 5.3.4 去除人物的眼袋和皱纹

本例介绍去除人物眼袋和皱纹的方法，帮助读者巩固“曲线”命令和修复画笔工具的使用方法和技巧。

### 最终效果

本例制作完成前后的对比效果如图5.114所示。

图5.114 前后对比效果

### 解题思路

1 打开素材图片。

2 使用“曲线”命令调整照片的亮度。

3 使用修复画笔工具修复照片。

### 操作步骤

1 打开素材图片“13.jpg”（图片位置：\素材\第5章\13.jpg），如图5.115所示，然后复制“背景”图层得到“背景副本”图层。

2 在菜单栏中选择“图像”→“调整”→“曲线”命令，在弹出的“曲线”对话框中调整曲线形状，然后单击“确定”按钮，如图5.116所示。

图5.115 13.jpg

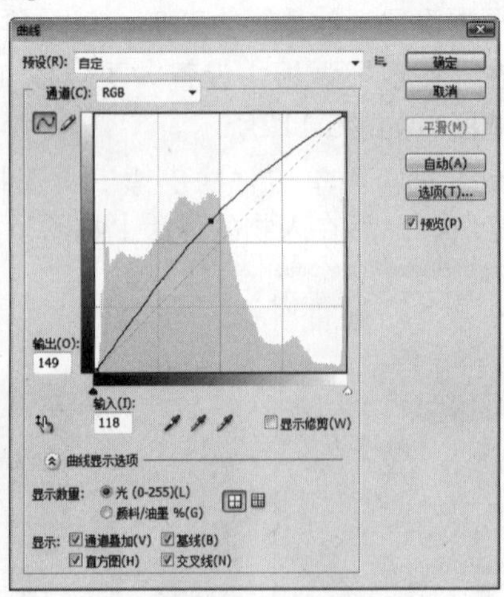


图5.116 “曲线”对话框

3 在工具箱中单击“修复画笔工具”按钮，在其属性栏中单击“画笔”右侧的按钮，在弹出的面板中设置“直径”为25px、“硬度”为0%，如图5.117所示。

4 将鼠标指针移动到图像窗口中，在要去除皱纹周围较平滑的皮肤上按下“Alt”键的同时单击鼠标，设置取样点，如图5.118所示。

图5.117　设置画笔大小

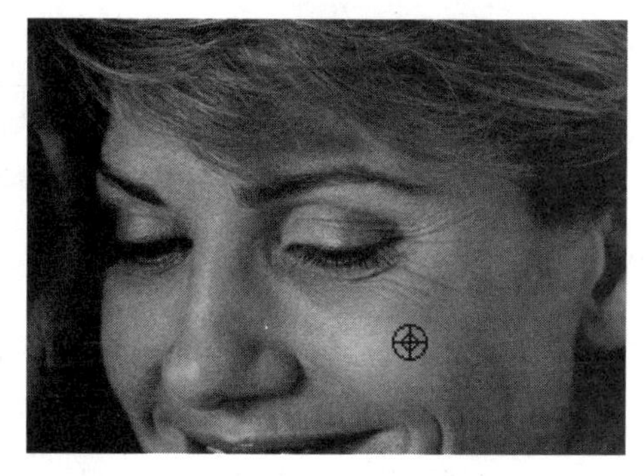

图5.118　设置取样点

5 移动鼠标到皱纹上单击或拖动，即可使用指定取样点处的图像来修复皱纹，修复后的图像会与周围的图像自然融合，如图5.119所示。

6 使用同样的操作方法，去除人物脸上的所有皱纹和眼袋，得到的最终效果如图5.120所示。

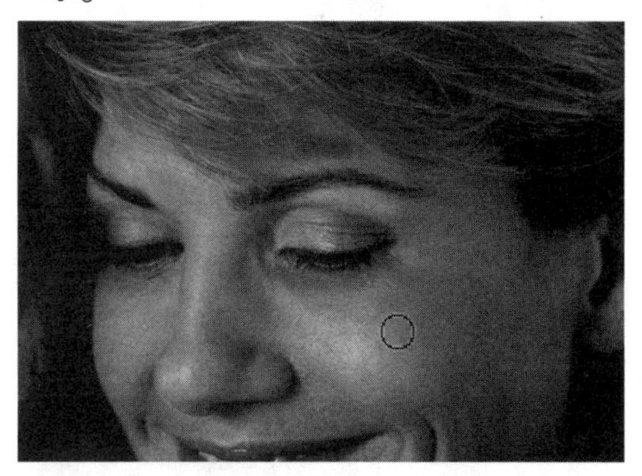

图5.119　去除皱纹

图5.120　最终效果图

## 结束语

本章详细介绍了图像修饰工具、蒙版的应用、滤镜、模糊滤镜组和杂色滤镜组等相关内容，还通过实例操作讲解了人像照片美容的技巧。通过本章的学习，希望读者能够掌握去斑、美白、化妆等最基本的图像处理技巧，并且能够举一反三。

Chapter 6

# 第6章 照片特效处理技巧

## 本章要点

**入门——基本概念与基本操作**

- 通道的应用
- 像素化滤镜组
- 扭曲滤镜组
- 渲染滤镜组
- 素描滤镜组

**进阶——典型实例**

- 照片抠图
- 雨景
- 雪景
- 雾天效果
- 水墨画效果
- 彩色铅笔效果
- 素描画效果
- 油画效果
- 反转片负冲效果
- 制作光晕效果

**提高——自己动手练**

- 制作照片马赛克效果
- 将照片制作成插画
- 将照片制作成水彩画效果
- 将照片制作成素描效果
- 制作照片抽线效果
- 制作老照片

## 本章导读

在现代社会中，普通的数码照片再也无法满足人们对时尚、新奇、独特效果的追求了。通过Photoshop的强大功能，可以快速解决这些问题。本章将详细介绍数码照片特效处理的技巧。

# 6.1 入门——基本概念与基本操作

在制作本章实例之前，首先来介绍一下与通道应用和滤镜相关的知识。

## 6.1.1 通道的应用

在Photoshop CS4中，通道是采用特殊灰度存储图像的颜色信息和专色信息的。使用“通道”命令可以保存图像的选区，同时也可以进行图像编辑。

打开图像文件，然后选择“窗口”→“通道”命令，将弹出“通道”调板，如图6.1所示。其中各参数选项的含义如下。

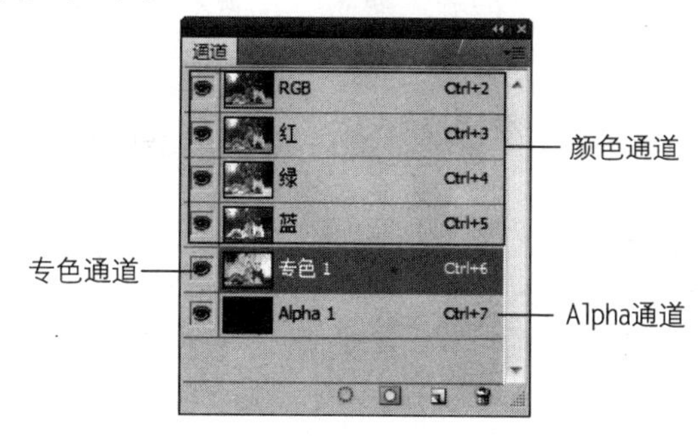


图6.1　“通道”调板

- **颜色通道：**该通道是打开新图像时自动创建的，图像的颜色模式直接决定颜色通道的多少。
- **Alpha通道：**该通道可以将选区存储为灰度图像。
- **专色通道：**该通道用于指定专色油墨印刷的附加印刷版。
- **将通道作为选区载入：**单击该按钮，可以将通道转换为选区。
- **将选区存储为通道：**单击该按钮，可将图像中的选区转换为蒙版，并保存到新增的Alpha通道中。
- **创建新通道：**单击该按钮，可以创建一个新的Alpha通道。
- **删除当前通道：**单击该按钮，可以删除所选择的通道。

## 6.1.2 像素化滤镜组

使用像素化滤镜组中的滤镜可以通过将单元格中颜色值相近的像素转化成单元格的方法使图像分块或平面化。在菜单栏中选择“滤镜”→“像素化”命令，在弹出的子菜单中包含7个子滤镜，下面我们将详细介绍这些内容。

- **彩块化：**该滤镜是在不改变原图像轮廓的情况下，将颜色相近的像素结成像素块，使图像看起来像是手绘的效果。
- **彩色半调：**该滤镜模拟在图像的每个通道上应用半调网屏的效果。
- **点状化：**该滤镜将图像分解成随机的图像，并用背景色填充间隙，从而产生点状化风格的图像。
- **晶格化：**该滤镜将图像中相近的有色像素集中到一个单元格中，从而产生多边形块状效果。
- **马赛克：**该滤镜将图像中相同的颜色像素结成方块，从而产生马赛克效果。
- **碎片：**该滤镜将图像中的像素复制4遍，然后将它们平均移位并降低不透明度，从而产生不聚焦的效果。

- **铜版雕刻**：该滤镜将图像转换为黑白色，并随机分布各种不规则的线条和斑点，从而产生镂刻的版画效果。

## 6.1.3 扭曲滤镜组

使用扭曲滤镜组中的滤镜可以对图像进行几何变形，使其产生旋转、挤压和水波等扭曲变形效果。在菜单栏中选择“滤镜”→“扭曲”命令，在弹出的子菜单中包含13个子滤镜，下面将详细介绍这些内容。

- **波浪**：该滤镜可以根据设定的波长和波幅创建波浪起伏的图像效果。
- **玻璃**：该滤镜可以使图像看起来像是透过不同类型的玻璃看到的图像效果。
- **波纹**：该滤镜通过将图像像素移位变换图像，从而产生波纹效果。
- **海洋波纹**：该滤镜可以为图像添加随机的波纹效果，从而使图像看起来像是从水中透出的效果。
- **极坐标**：该滤镜可以将图像从平面坐标转换为极坐标或从极坐标转换为平面坐标，从而产生极端变形效果。
- **挤压**：该滤镜可以使图像或选区图像产生向外或向内挤压的变形效果。
- **镜头校正**：该滤镜用于校正镜头变形失真后的效果。
- **扩散亮光**：该滤镜可以通过扩散图像中的白色区域，产生光热弥漫的效果。
- **切变**：该滤镜可以在垂直方向上按设置的弯曲路径来扭曲图像。
- **球面化**：该滤镜可以在图像的中心产生球形的凸起或凹陷效果。
- **水波**：该滤镜可以模仿水面上产生的起伏状的波纹和旋转效果。
- **旋转扭曲**：该滤镜可以使图像从中心向外，以程度递减的方式旋转扭曲，从而使图像产生旋转风轮的效果。
- **置换**：该滤镜可以使图像产生移位效果，移位的方向不仅跟参数设置有关，还跟置换图有密切关系。

**提示** 使用“置换”滤镜需要两个文件才能完成，一个文件是要编辑的图像文件，另一个是置换图文件，置换图文件充当移位模板，用于控制移位的方向。

## 6.1.4 渲染滤镜组

使用渲染滤镜组中的滤镜可以模拟不同光源下不同光线的照明效果。在菜单栏中选择“滤镜”→“渲染”命令，在弹出的子菜单中包含5个子滤镜，下面将详细介绍这些内容。

- **分层云彩**：该滤镜产生的效果与原图像的颜色有关，旨在在图像中添加分层云彩效果。
- **光照效果**：该滤镜通过设置光源、光色和物体的反射特性等内容，模拟出类似三维光照的效果。
- **镜头光晕**：该滤镜模拟亮光照片到相机镜头所产生的折射效果。
- **纤维**：该滤镜根据当前的前景色和背景色生成类似纤维的纹理效果。
- **云彩**：该滤镜在前景色和背景色间随机取样，生成柔和的云彩效果。

## 6.1.5 素描滤镜组

使用素描滤镜组中的滤镜可以生成多种纹理效果，使图像产生类似素描、水彩画或三维的艺术效果。在菜单栏中选择“滤镜”→“素描”命令，在弹出的子菜单中包含14个子滤镜，下面将详细介绍这些内容。

- **半调图案**：该滤镜使用前景色和背景色模拟半调网屏的效果。
- **便条纸**：该滤镜可以制作出具有浮雕和纸张纹理的图像效果。
- **粉笔和炭笔**：该滤镜模拟粉笔和炭笔重新绘制图像的高光和中间调。
- **铬黄**：该滤镜可以使图像的表面出现被擦亮的铬黄效果，其中高光点为亮点，暗调为暗点。
- **绘图笔**：该滤镜使用细小的线状油墨描边以捕捉原图像中的细节。
- **基底凸现**：该滤镜可以使图像产生一种轻微的浮雕效果。
- **水彩画纸**：该滤镜可以使图像产生类似在湿纸上绘画的渗色效果。
- **撕边**：该滤镜可以使图像产生类似撕裂后的粗糙形状效果。
- **塑料效果**：该滤镜用前景色和背景色上色，使图像产生类似塑料压模的浮雕效果。
- **炭笔**：该滤镜可以使图像产生类似炭笔绘画的效果，其中前景色为炭笔颜色，背景色为纸张画纸。
- **炭精笔**：该滤镜在图像上模拟浓黑和纯白的炭精笔绘制纹理效果。
- **图章**：该滤镜可以使图像产生一种类似木质图章盖印的图像效果。
- **网状**：该滤镜可以在图像中产生类似网眼覆盖的颗粒扭曲和收缩效果。
- **影印**：该滤镜使用前景色填充亮部区域，用背景色填充暗部区域，从而使图像产生类似印刷物的效果。

### 6.1.6 风格化滤镜组

使用风格化滤镜组中的滤镜可以为图像添加不同风格的艺术绘画效果。在菜单栏中选择“滤镜”→“风格化”命令，在弹出的子菜单中包含9个子滤镜，下面我们将详细介绍这些内容。

- **查找边缘**：该滤镜将图像中主要的颜色变化区域强化，从而产生类似彩笔勾描轮廓的效果。
- **等高线**：该滤镜可以自动识别图像亮部区域和暗部区域的边界，并用线条勾勒它们。
- **风**：该滤镜通过在图像中创建细小的水平线条，产生风吹的效果。
- **浮雕效果**：该滤镜通过突出图像的边缘，转变底色为灰色，使其呈现立体效果。
- **扩散**：该滤镜可以分散图像边缘的像素，从而达到聚集的摄影效果。
- **拼贴**：该滤镜可以将图像分解为一系列的拼贴，并使图像偏离原来的位置。
- **曝光过度**：该滤镜可以混合负片和正片图像，使其出现过度曝光的效果。
- **凸出**：该滤镜可以使图像产生一种块状或金字塔状的三维纹理。
- **照亮边缘**：该滤镜可自动识别图像边缘，使边缘产生类似霓虹灯光的效果。

### 6.1.7 纹理滤镜组

使用纹理滤镜组中的滤镜可以在图像上添加多种不同的纹理，从而产生具有一定材质感的效果。在菜单栏中选择“滤镜”→“纹理”命令，在弹出的子菜单中包含6个子滤镜，下面我们将详细介绍这些内容。

- **龟裂缝**：该滤镜模拟在凹凸的浮雕石膏上绘制图像，产生精细的裂缝效果。
- **颗粒**：该滤镜可以在图像中随机添加不规则的颗粒，从而产生颗粒化的纹理效果。
- **马赛克拼贴**：该滤镜可使图像分解成各种颜色的像素块，并在块与块之间增加缝隙。
- **拼缀图**：该滤镜可使图像产生由多个方块拼缀的纹理效果，其中这些方块内的颜色由该方块中像素的平均颜色决定。
- **染色玻璃**：该滤镜可以使图像产生一种不规则分离的彩色玻璃格子效果。

- **纹理化：** 该滤镜可以使图像产生各种纹理化的效果。

## 6.1.8 艺术效果滤镜组

使用艺术效果滤镜组中的滤镜可以使图像产生类似各种手绘画的艺术效果。在菜单栏中选择“滤镜”→“艺术效果”命令，在弹出的子菜单中包含15个子滤镜，下面我们将详细介绍这些内容。

- **壁画：** 该滤镜可以使图像产生壁画一样的粗犷风格效果。
- **彩色铅笔：** 该滤镜利用彩色铅笔在背景上绘制图像效果。
- **粗糙蜡笔：** 该滤镜可以使图像产生一种类似彩色蜡笔绘画的效果。
- **底纹效果：** 该滤镜可以使图像在不同的纹理背景上绘画图像。
- **干画笔：** 该滤镜可以使图像产生类似一种不饱和的、干燥的油画效果。
- **海报边缘：** 该滤镜可以在图像中查找出颜色差异较大的区域，并将其边缘填充成黑色，使图像产生海报画的效果。
- **海绵：** 该滤镜能够创建具有对比色彩的强纹理图像，使图像产生类似海绵浸湿的感觉。
- **绘画涂抹：** 该滤镜模拟手指在湿画上涂抹的模糊效果。
- **胶片颗粒：** 该滤镜可以让图像产生类似在胶片上添加杂点的效果。
- **木刻：** 该滤镜可使图像产生类似木刻画的效果。
- **霓虹灯光：** 该滤镜可以在图像中添加彩色霓虹灯照射的效果，给人虚幻、朦胧的感觉。
- **水彩：** 该滤镜可以简化图像细节，模拟水彩风格的绘画效果。
- **塑料包装：** 该滤镜可以使图像表面产生一层凹凸不平的半透明塑料包裹效果。
- **调色刀：** 该滤镜可以大块显示图像，使图像产生类似粗笔画的绘画效果。
- **涂抹棒：** 该滤镜模拟使用粉笔或蜡笔在纸上涂抹绘画的效果。

## 6.1.9 画笔描边滤镜组

使用画笔描边滤镜组中的滤镜可以模拟不同的画笔或油墨笔刷来勾画图像，使图像产生各种艺术绘画的效果。在菜单栏中选择“滤镜”→“画笔描边”命令，在弹出的子菜单中包含8个子滤镜，下面将详细介绍这些内容。

- **成角的线条：** 该滤镜使用对角描边重新绘制图像，产生倾斜的笔触效果。
- **墨水轮廓：** 该滤镜使用纤细的线条在原细节上重绘图像，从而产生钢笔油墨风格效果。
- **喷溅：** 该滤镜可以在图像中产生画面颗粒飞溅的喷枪效果。
- **喷色描边：** 该滤镜可以使用黑色线条来绘制图像中的暗部区域，使用白色线条绘制图像中的明亮区域，从而产生一种强烈的黑色阴影效果。
- **强化的边缘：** 该滤镜可以设置图像中的边缘为高亮度的白色粉笔状或低亮度的黑色油墨状。
- **深色线条：** 该滤镜可使用短的、紧绷的深色线条绘制图像中的暗部区域，用长的白色线条绘制亮部区域。
- **烟灰墨：** 该滤镜可以使图像产生类似用黑色墨水在纸上绘制的柔化模糊边缘效果。
- **阴影线：** 该滤镜模拟铅笔阴影线效果在图像中添加纹理，将图像以交叉网状的笔触来显示。

## 6.1.10 锐化滤镜组

使用锐化滤镜组中的滤镜可以增强图像中相邻像素间的对比度，使图像轮廓分明、纹理清晰，减弱图像的模糊程度。在菜单栏中选择“滤镜”→“锐化”命令，在弹出的子菜单中包含5个子滤镜，下面我们将详细介绍这些内容。

- **USM锐化：** 该滤镜可通过调整图像边缘细节的对比度，使图像边缘轮廓更清晰。
- **进一步锐化：** 该滤镜和“锐化”滤镜作用相似，只是锐化效果更加强烈。
- **锐化：** 该滤镜可以通过增大图像像素之间的反差，使模糊的图像变清晰。
- **锐化边缘：** 该滤镜可增强图像的边缘色彩对比度，使不同颜色之间的分界更加明显。
- **智能锐化：** 该滤镜通过锐化运算法控制在阴影区和高光区发生锐化的程度。

### 6.1.11　其他滤镜组

使用其他滤镜组中的滤镜可以让用户自己创建特殊效果的滤镜，主要用于修饰图像的某些细节部分。在菜单栏中选择“滤镜”→“其他”命令，在弹出的子菜单中包含5个子滤镜，下面我们将详细介绍这些内容。

- **位移：** 该滤镜可以按照设定的像素数量水平或垂直移动图像。
- **最大值：** 该滤镜将强化图像中的亮部区域，消减暗部区域。
- **最小值：** 该滤镜和“最大值”滤镜的作用相反，即消减图像中的亮部区域，强化暗部区域。
- **自定：** 该滤镜用于自定义滤镜效果，并进行保存操作。
- **高反差保留：** 该滤镜通过指定适当的半径值来保留图像的边缘，使图像的其余部分不被显示。

## 6.2　进阶——典型实例

通过前面的学习，相信读者已经对通道的应用和滤镜的相关知识有了一定的了解，下面将在此基础上进行相关的实例练习。

### 6.2.1　照片抠图

本例介绍照片抠图的方法，帮助读者巩固通道的使用方法和技巧。

**最终效果**

本例制作完成前后的对比效果如图6.2所示。

图6.2　前后对比效果

## 解题思路

1 打开素材图片。
2 使用通道命令抠图。
3 更换人物的背景图。

## 操作步骤

1 打开素材图片“01.jpg”（图片位置：\素材\第6章\01.jpg），然后复制“背景”图层得到“背景副本”图层，如图6.3所示。

2 设置前景色为（R：0、G：94、B：185），在“图层”调板新建“图层1”，按下“Alt+Delete”组合键填充前景色，如图6.4所示。

3 在“图层”调板中单击“图层1”前面的眼睛图标。选择“背景副本”图层，然后打开“通道”调板，如图6.5所示。

图6.3　01.jpg

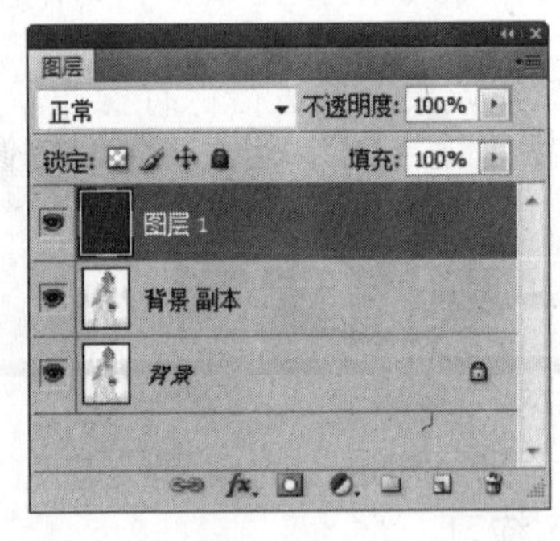


图6.4　新建图层

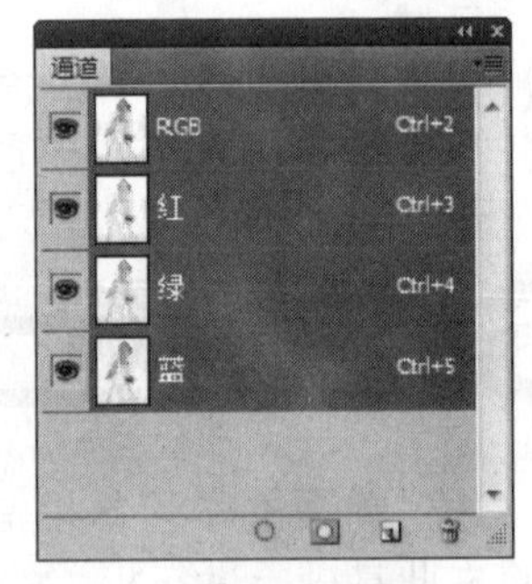


图6.5　“通道”调板

4 选择“绿”通道，将“绿”通道拖动到调板底部的“创建新通道”按钮上，创建“绿副本”通道，如图6.6所示。

5 在菜单栏中选择“图像”→“调整”→“反相”命令，将图像进行反相调整，如图6.7所示。

图6.6　复制通道

图6.7　反相图像

6 在菜单栏中选择“图像”→“调整”→“色阶”命令，在弹出的“色阶”对话框中设置输入色阶为“0、1.49、159”，然后单击“确定”按钮，如图6.8所示。

7 在工具箱中单击“多边形磁性套索工具”按钮，沿人物的轮廓创建选区，如图6.9所示。

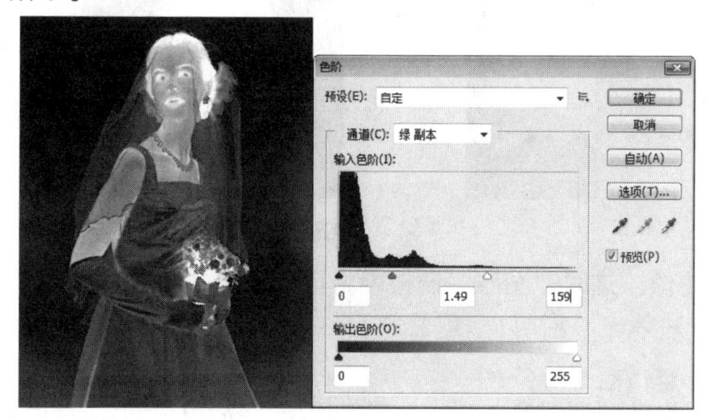


图6.8　“色阶”对话框

图6.9　创建选区

8 按下“Shift+Ctrl+I”组合键反向选区。设置前景色为黑色，单击工具箱中的“画笔工具”按钮，在其属性栏中设置画笔大小为“尖角45像素”，然后在图像选区中进行涂抹，如图6.10所示。

9 按下“Shift+Ctrl+I”组合键反向选区。设置前景色为白色，在“画笔工具”属性栏中设置画笔大小为“柔角19像素”，然后在图像选区中涂抹人物图像，涂抹过程中可适当调整画笔的大小，如图6.11所示。

10 在工具箱中单击“模糊工具”按钮，在其属性栏中设置画笔大小为“柔角25像素”，然后涂抹透明婚纱中类似马赛克的区域，如图6.12所示。

11 在工具箱中单击“仿制图章工具”按钮，在其属性栏中设置画笔大小为“柔角19像素”，然后涂抹透明婚纱中过于透明的区域，如图6.13所示。

12 修饰完成后，按下“Ctrl+D”组合键取消选区。单击“通道”调板底部的“将通道作为选区载入”按钮，如图6.14所示，然后在“图层”调板中单击“背景副本”图层。

图6.10　涂抹图像

图6.11　涂抹图像

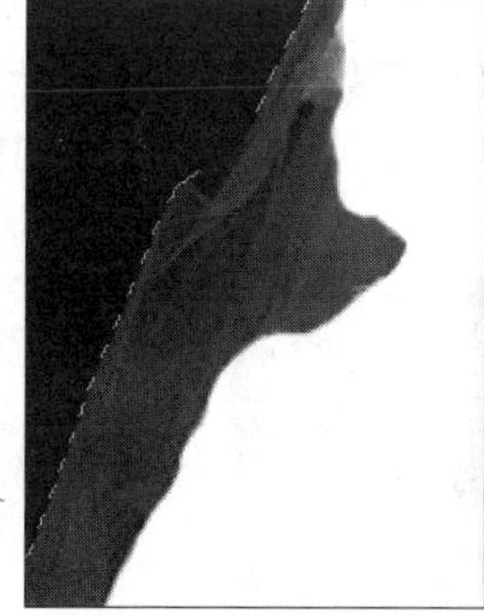

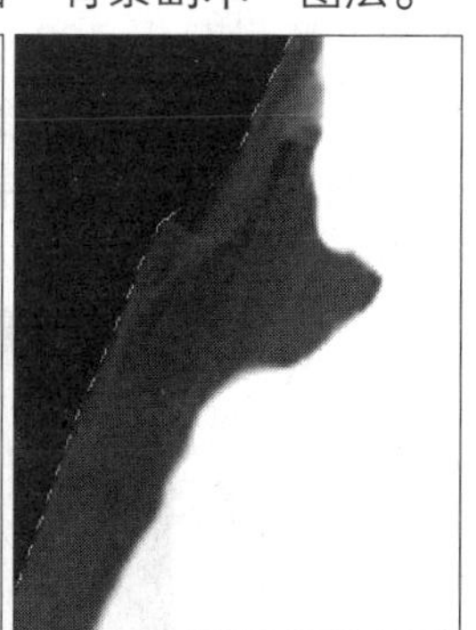

图6.12　模糊工具擦除

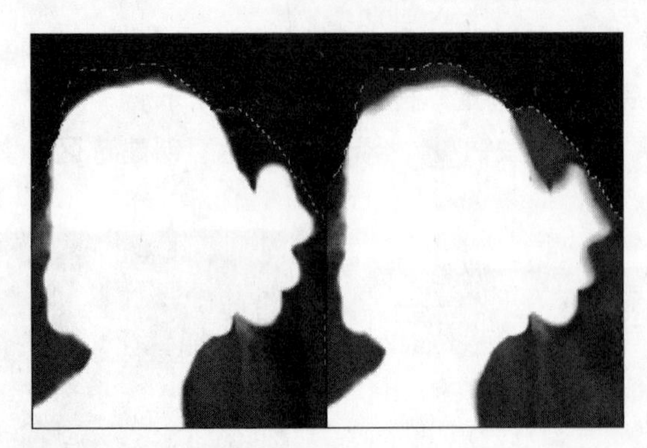

图6.13 仿制图章工具涂抹

图6.14 载入选区

13 按下"Ctrl+J"组合键，抠出图像，这时"图层"调板中将自动新建"图层2"，将"图层2"拖动到"图层1"的上方并单击"图层1"前面的空白方框以显示眼睛图标，如图6.15所示。

14 在"图层"调板中将"图层2"拖动到调板底部的"创建新图层"按钮上，然后再执行一次，即可得到"图层2副本"和"图层2副本2"，如图6.16所示。

15 选择"图层2"，设置其混合模式为"强光"，选择"图层2副本"，设置其混合模式为"柔光"，如图6.17所示。

图6.15 抠出图像

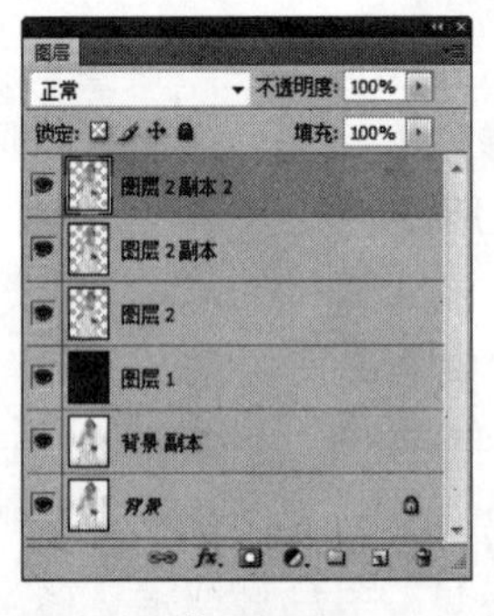


图6.16 复制图层

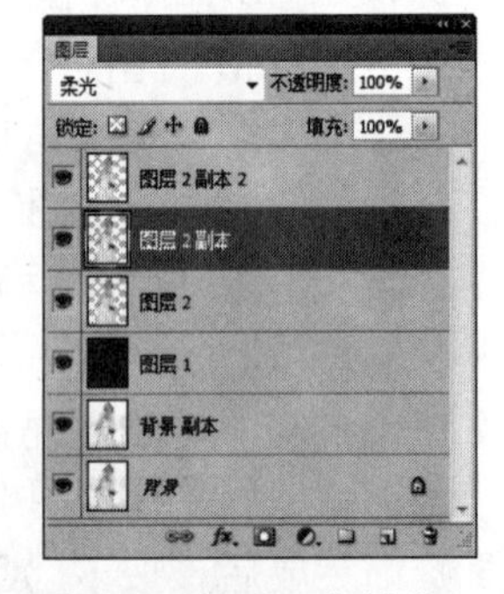


图6.17 设置混合模式

16 打开素材图片"02.jpg"（图片位置：\素材\第6章\02.jpg），如图6.18所示。

17 在工具箱中单击"移动工具"按钮，然后将素材图片移动到"01.jpg"图像窗口中，并在"图层"调板中将该素材图片所在的图层拖放到"图层1"的上方，得到的最终效果如图6.19所示。

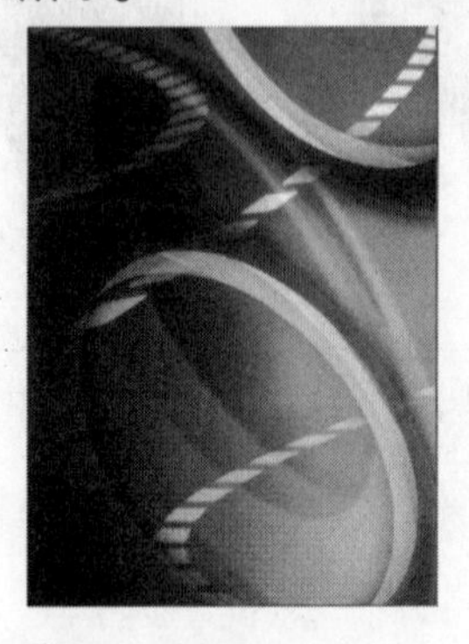

图6.18 02.jpg

图6.19 最终效果图

## 6.2.2 雨景

本例介绍雨景效果的制作方法，帮助读者巩固“点状化”滤镜和“动感模糊”滤镜的使用方法和技巧。

### 最终效果

本例制作完成前后的对比效果如图6.20所示。

图6.20　前后对比效果

### 解题思路

使用“点状化”滤镜、“调整”命令、“动感模糊”滤镜和图层混合模式等制作下雨场景。

### 操作步骤

1 打开素材图片“03.jpg”（图片位置：\素材\第6章\03.jpg），如图6.21所示。

2 在“图层”调板中新建“图层1”，设置前景色为白色，然后按下“Alt+Delete”组合键填充前景色，如图6.22所示。

图6.21　03.jpg

图6.22　新建图层

3 在菜单栏中选择“滤镜”→“像素化”→“点状化”命令，在弹出的“点状化”对话框中设置“单元格大小”为5，然后单击“确定”按钮，如图6.23所示。

4 在菜单栏中选择“图像”→“调整”→“阈值”命令，在弹出的“阈值”对话框中设置“阈值色阶”为253，然后单击“确定”按钮，如图6.24所示。

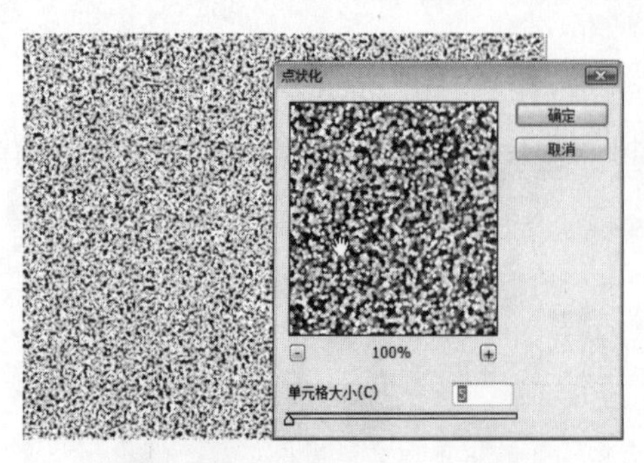


图6.23 “点状化”对话框

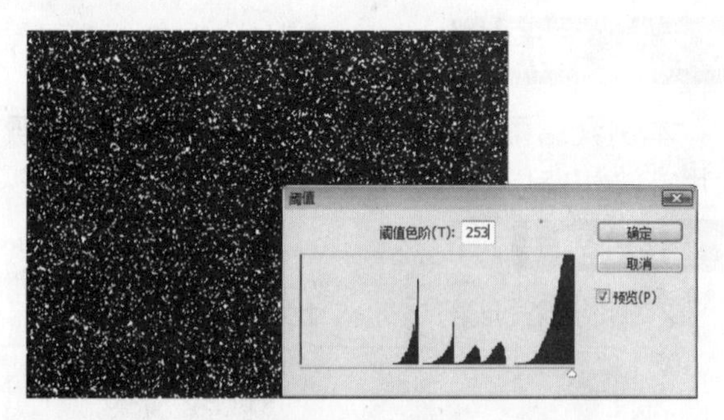


图6.24 “阈值”对话框

5 在菜单栏中选择“图像”→“调整”→“反相”命令，反相图像中的颜色，如图6.25所示。

6 在菜单栏中选择“滤镜”→“模糊”→“动感模糊”命令，在弹出的“动感模糊”对话框中设置“角度”为70度、“距离”为90像素，然后单击“确定”按钮，如图6.26所示。

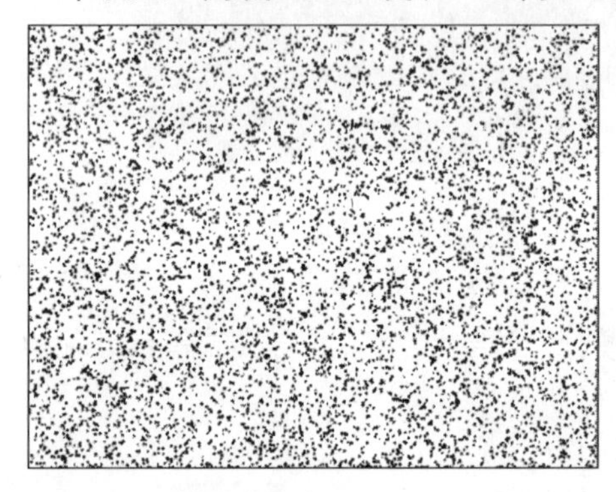

图6.25 反相处理图像

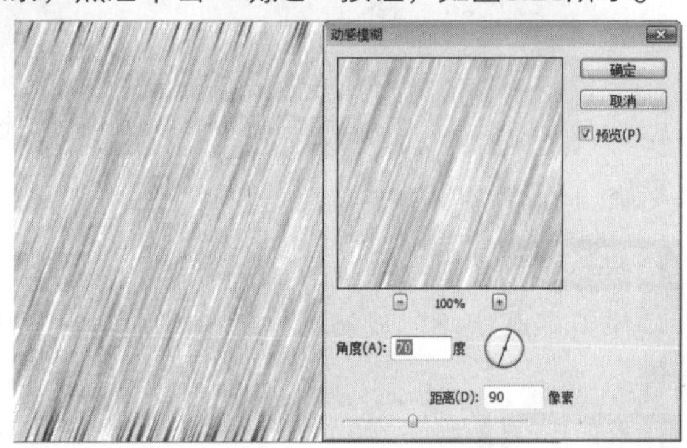


图6.26 “动感模糊”对话框

7 在菜单栏中选择“图像”→“调整”→“色阶”命令，在弹出的“色阶”对话框中设置输入色阶为“174、0.68、255”，然后单击“确定”按钮，如图6.27所示。

8 在菜单栏中选择“图像”→“调整”→“曲线”命令，在弹出的“曲线”对话框中调整曲线形状，然后单击“确定”按钮，如图6.28所示。

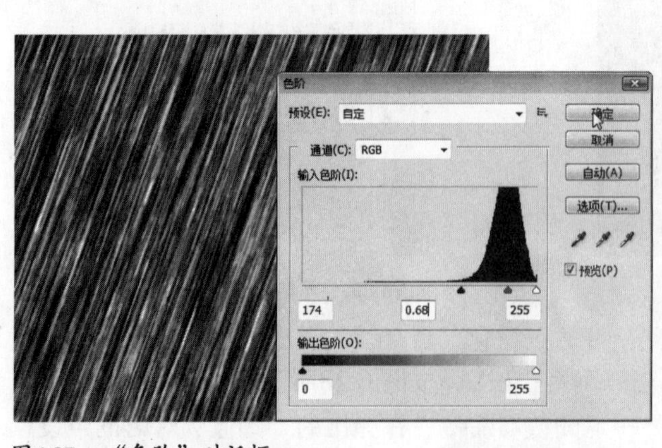


图6.27 “色阶”对话框

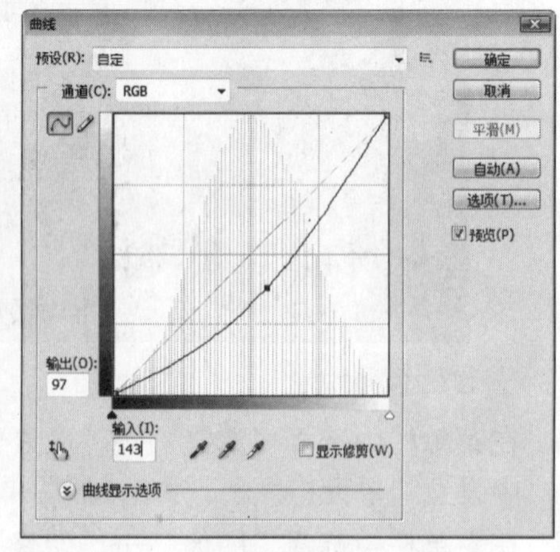


图6.28 “曲线”对话框

9 在“图层”调板中设置“图层1”的混合模式为“滤色”、“不透明度”为30%，如图6.29所示。

**10** 按下“Ctrl+T”组合键将“图层1”中的图像转换为自由变换状态，在显示的控制框中将顶端和底部的控制点拖出画面，然后按下“Enter”键确定，这时即可消除图像顶部和底部雨滴的不自然感，得到的最终效果如图6.30所示。

图6.29　设置混合模式

图6.30　最终效果图

## 6.2.3　雪景

本例介绍制作雪景效果的方法，帮助读者巩固“胶片颗粒”、“绘画涂抹”、“点状化”和“动感模糊”等滤镜的应用方法和技巧。

### 最终效果

本例制作完成前后的对比效果如图6.31所示。

图6.31　前后对比效果

### 解题思路

利用通道、“胶片颗粒”滤镜、“绘画涂抹”滤镜、“点状化”滤镜和“动感模糊”滤镜等制作下雪场景。

### 操作步骤

**1** 打开素材图片“04.jpg”（图片位置：\素材\第6章\04.jpg），然后复制得到“背景副本”图层，如图6.32所示。

**2** 在菜单栏中选择“图像”→“调整”→“亮度/对比度”命令，在弹出的“亮度/对比度”对话框中设置“亮度”为10、“对比度”为25，然后单击“确定”按钮，如6.33

所示。

3 在菜单栏中选择“窗口”→“通道”命令，在弹出的“通道”调板中将“绿”通道拖动到调板下方的“创建新通道”按钮上，复制得到“绿副本”通道，如图6.34所示。

图6.32 04.jpg

图6.33 “亮度/对比度”对话框

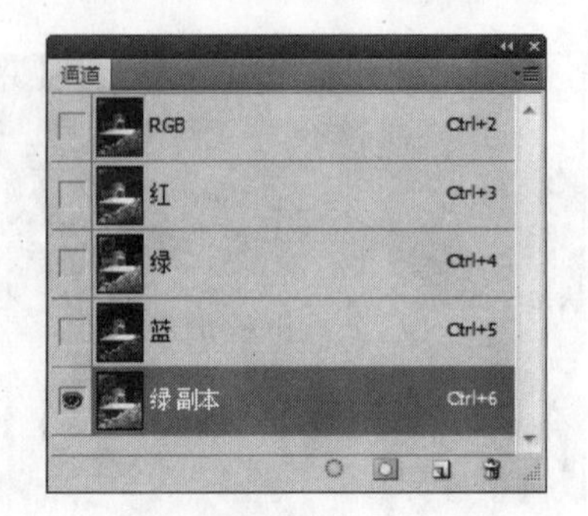


图6.34 复制通道

4 在菜单栏中选择“图像”→“调整”→“色阶”命令，在弹出的“色阶”对话框中设置输入色阶为“35、1.00、224”，然后单击“确定”按钮，如图6.35所示。

5 在菜单栏中选择“滤镜”→“艺术效果”→“胶片颗粒”命令，在弹出的“胶片颗粒”对话框中设置“颗粒”为0、“高光区域”为8、“强度”为4，然后单击“确定”按钮，如图6.36所示。

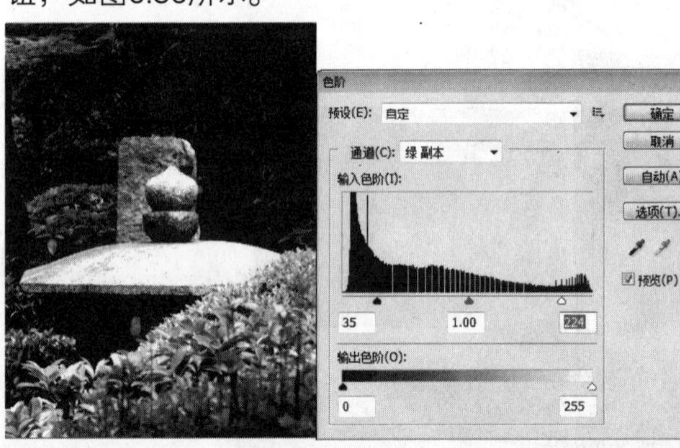

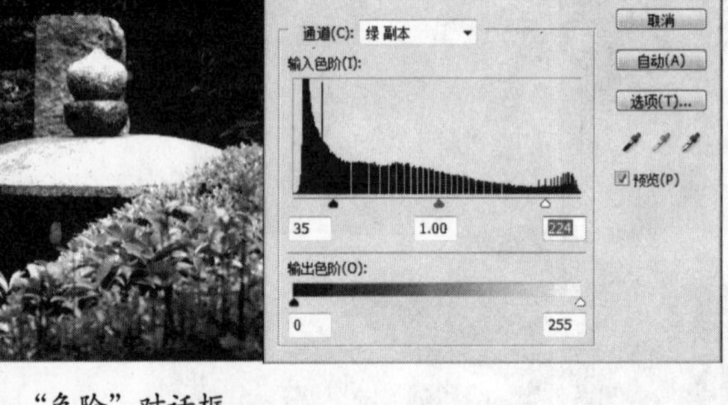


图6.35 “色阶”对话框

图6.36 “胶片颗粒”滤镜

6 在菜单栏中选择“滤镜”→“艺术效果”→“绘画涂抹”命令，在打开的“绘画涂抹”对话框中设置“画笔大小”为2、“锐化程度”为4、“画笔类型”为“简单”，然后单击“确定”按钮，如图6.37所示。

7 在“通道”调板中单击底部的“将通道作为选区载入”按钮，载入选区。单击“图层”调板底部的“创建新图层”按钮，新建“图层1”，如图6.38所示。

8 设置前景色为白色，然后按下“Alt+Delete”组合键填充前景色，按下“Ctrl+D”组合键取消选区，如图6.39所示。

图6.37　“绘画涂抹”滤镜　　图6.38　创建选区　　图6.39　填充前景色

**9** 在“图层”调板中双击“图层1”的空白处，在弹出的“图层样式”对话框中勾选“斜面和浮雕”复选框，在右侧的参数面板中设置“深度”为100%、“大小”为2像素，然后单击“确定”按钮，如图6.40所示。

**10** 在“图层”调板中新建“图层2”，然后按下“Alt+Delete”组合键填充前景色，如图6.41所示。

图6.40　添加图层样式

图6.41　新建图层

**11** 在菜单栏中选择“滤镜”→“像素化”→“点状化”命令，在弹出的“点状化”对话框中设置“单元格大小”为5，然后单击“确定”按钮，如图6.42所示。

**12** 在菜单栏中选择“图像”→“调整”→“阈值”命令，在弹出的“阈值”对话框中设置“阈值色阶”为254，然后单击“确定”按钮，如图6.43所示。

图6.42　“点状化”对话框

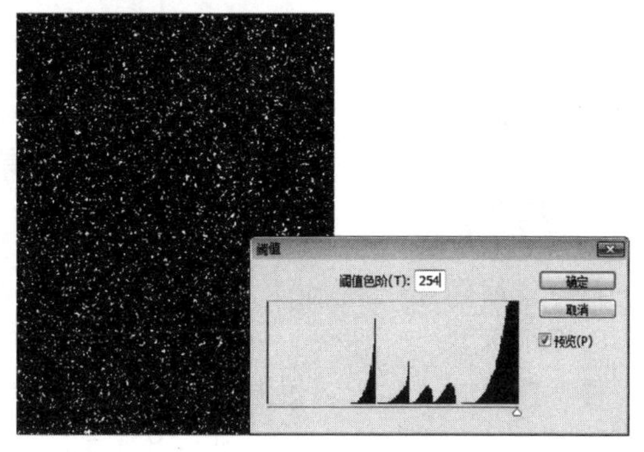


图6.43　“阈值”对话框

13 设置“图层2”的混合模式为“滤色”，如图6.44所示。

14 在菜单栏中选择“滤镜”→“模糊”→“动感模糊”命令，在弹出的“动感模糊”对话框中设置“角度”为-48度、“距离”为5像素，然后单击“确定”按钮，得到的最终效果如图6.45所示。

图6.44 设置混合模式

图6.45 最终效果图

## 6.2.4 雾天效果

本例介绍雾天效果的制作方法，帮助读者巩固“云彩”滤镜和画笔工具的使用方法和技巧。

### 最终效果

本例制作完成前后的对比效果如图6.46所示。

图6.46 前后对比效果

### 解题思路

利用“云彩”滤镜、蒙版工具和画笔工具等制作雾天效果。

### 操作步骤

1 打开素材图片“05.jpg”（图片位置：\素材\第6章\05.jpg），然后新建“图层1”，如图6.47所示。

2 按“D”键，恢复系统默认的前景色和背景色，然后在菜单栏中选择“滤镜”→“渲染”→“云彩”命令，如图6.48所示。

图6.47　05.jpg

图6.48　“云彩”滤镜

3 在“图层”调板中设置“图层1”的混合模式为“滤色”，然后单击调板底部的“添加图层蒙版”按钮 ，如图6.49所示。

4 在工具箱中单击“画笔工具”按钮 ，在其显示的属性栏中设置画笔大小为“柔角65像素”、“不透明度”为20像素，然后在图像窗口中雾较浓重的位置涂抹，得到的最终效果如图6.50所示。

图6.49　设置混合模式

图6.50　最终效果图

## 6.2.5　水墨画效果

本例介绍水墨画效果的制作方法，帮助读者巩固“特殊模糊”滤镜和“水彩”滤镜的使用方法和技巧。

### 最终效果

本例制作完成前后的对比效果如图6.51所示。

图6.51　前后对比效果

## 解题思路

利用“特殊模糊”滤镜和“水彩”滤镜等制作水墨画效果。

## 操作步骤

1 打开素材图片“06.jpg”（图片位置：\素材\第6章\06.jpg），复制得到“背景副本”图层，如图6.52所示。

2 在菜单栏中选择“滤镜”→“模糊”→“特殊模糊”命令，在弹出的“特殊模糊”对话框中设置“半径”为20、“阈值”为68，然后单击“确定”按钮，如图6.53所示。

图6.52　06.jpg

图6.53　“特殊模糊”滤镜

3 在菜单栏中选择“滤镜”→“艺术效果”→“水彩”命令，在弹出的“水彩”对话框中设置“画笔细节”为2、“阴影强度”为1、“纹理”为1，如图6.54所示。

4 设置完成后，单击“确定”按钮，得到的最终效果如图6.55所示。

图6.54　“水彩”滤镜

图6.55　最终效果图

### 6.2.6　彩色铅笔画效果

本例介绍彩色铅笔画效果的制作方法，帮助读者巩固“高斯模糊”滤镜的使用方法和技巧。

## 最终效果

本例制作完成前后的对比效果如图6.56所示。

## 解题思路

1. 打开素材图片。
2. 使用“调整”命令制作照片效果。
3. 使用“高斯模糊”滤镜对照片进行模糊操作。
4. 使用“亮度/对比度”命令调整照片的亮度。

图6.56　前后对比效果

## 操作步骤

1. 打开素材图片“07.jpg”（图片位置：\素材\第6章\07.jpg），然后复制得到“背景副本”图层，如图6.57所示。
2. 在菜单栏中选择“图像”→“调整”→“去色”命令，将照片转换为灰度图像，如图6.58所示。

图6.57　07.jpg

图6.58　去色

3. 在菜单栏中选择“图像”→“调整”→“反相”命令，将照片颜色反相处理，如图6.59所示。
4. 在“图层”调板中设置“背景副本”图层的混合模式为“颜色减淡”，如图6.60所示。
5. 在菜单栏中选择“滤镜”→“模糊”→“高斯模糊”命令，在弹出的“高斯模糊”对话框中设置“半径”为2.1像素，然后单击“确定”按钮，如图6.61所示。
6. 在菜单栏中选择“图像”→“调整”→“亮度/对比度”命令，在弹出的“亮度/对比度”对话框中设置“亮度”为-13、“对比度”为-4，然后单击“确定”按钮，得到的最终效果如图6.62所示。

图6.59 反相

图6.60 设置混合模式

图6.61 “高斯模糊”滤镜

图6.62 最终效果图

## 6.2.7 素描画效果

本例介绍素描画效果的制作方法，帮助读者巩固“调整”命令和“最小值”滤镜的使用方法和技巧。

### 最终效果

本例制作完成前后的对比效果如图6.63所示。

图6.63 前后对比效果

### 解题思路

利用“调整”命令和“最小值”滤镜等将照片制作成素描画效果。

## 操作步骤

1 打开素材图片“08.jpg”（图片位置：\素材\第6章\08.jpg），然后复制得到“背景副本”图层，如图6.64所示。

2 在菜单栏中选择“图像”→“调整”→“去色”命令，将照片转换为灰度图像，如图6.65所示。

图6.64　08.jpg

图6.65　去色

3 复制得到“背景副本2”图层，然后在菜单栏中选择“图像”→“调整”→“反相”命令，制作反相效果，如图6.66所示。

4 在“图层”调板中设置“背景副本2”图层的混合模式为“颜色减淡”，如图6.67所示。

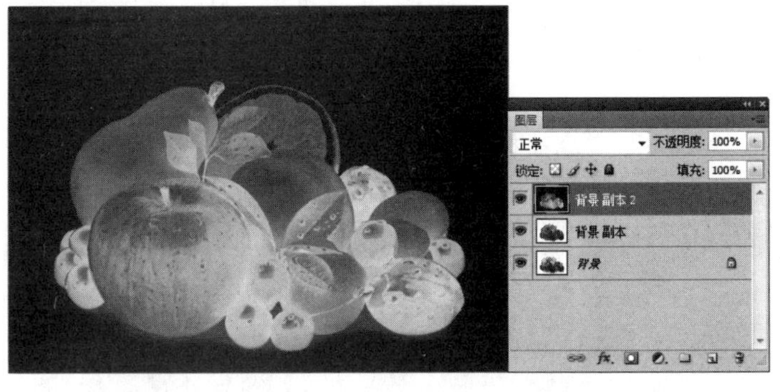


图6.66　反相

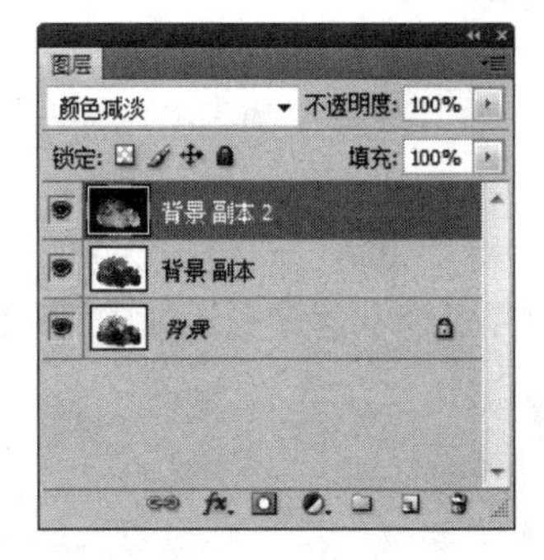


图6.67　设置混合模式

5 在菜单栏中选择“滤镜”→“其他”→“最小值”命令，在弹出的“最小值”对话框中设置“半径”为1像素，然后单击“确定”按钮，得到的最终效果如图6.68所示。

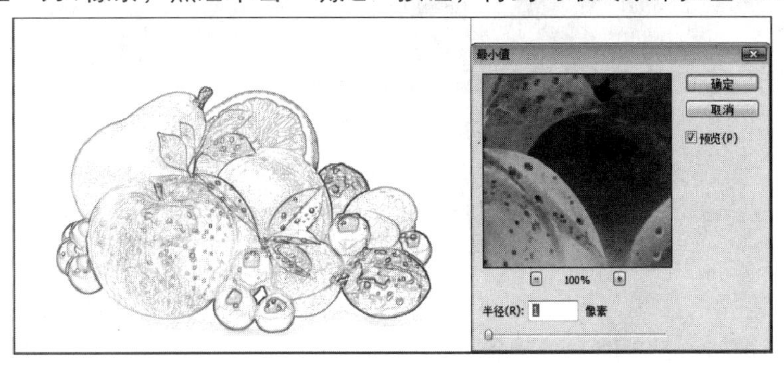


图6.68　最终效果图

## 6.2.8 油画效果

本例介绍油画效果的制作方法，帮助读者巩固“高斯模糊”、“特殊模糊”和“水彩”滤镜的使用方法和技巧。

### 最终效果

本例制作完成前后的对比效果如图6.69所示。

图6.69 前后对比效果

### 解题思路

利用“高斯模糊”滤镜、“特殊滤镜”、“水彩滤镜”和“调整”命令等制作油画效果。

### 操作步骤

1 打开素材图片“09.jpg”（图片位置：\素材\第6章\09.jpg），然后复制得到“背景副本”图层，如图6.70所示。

2 在菜单栏中选择“滤镜”→“模糊”→“高斯模糊”命令，在弹出的“高斯模糊”对话框中设置“半径”为3像素，然后单击“确定”按钮，如图6.71所示。

图6.70 09.jpg

图6.71 “高斯模糊”滤镜

3 在“图层”调板中设置“背景副本”图层的混合模式为“柔光”，然后按下“Ctrl+Shift+Alt+E”组合键，盖印可见图层，这时调板自动生成“图层1”，如图6.72所示。

4 在菜单栏中选择“滤镜”→“模糊”→“特殊模糊”滤镜，在弹出的“特殊模糊”对话框中设置“半径”为20、“阈值”为40，“品质”选择“高”，“模式”选择“正常”，然后单击“确定”按钮，如图6.73所示。

图6.72　设置混合模式并盖印图层

图6.73　“特殊模式”滤镜

5 在菜单栏中选择“滤镜”→“艺术效果”→“水彩”命令，在弹出的“水彩”对话框中设置“画笔细节”为“8”、“阴影强度”为0、“纹理”为1，然后单击“确定”按钮，如图6.74所示。

6 设置“图层1”的“不透明度”为60%，在“图层”调板中单击“创建新的填充或调整图层”按钮，在弹出的下拉列表中选择“曲线”命令，显示“调整”调板，在其中调整曲线形状，如图6.75所示。

图6.74　“水彩”滤镜

图6.75　“曲线”调板

7 在“图层”调板中单击“创建新的填充或调整图层”按钮，在弹出的下拉列表中选择“色阶”命令，在显示的“调整”调板中如图6.76所示设置色阶参数。

8 打开素材图片10.jpg（图片位置：\素材\第6章\10.jpg），如图6.77所示。

9 在工具箱中单击“移动工具”按钮，将图片移动到“09.jpg”图像窗口中，自动生成“图层2”，按下“Ctrl+T”组合键变换图像，按“Enter”键确认，如图6.78所示。

10 设置“图层2”的混合模式为“柔光”，然后复制得到“图层2副本”，并设置“图层2副本”图层的“不透明度”为30%，得到的最终效果如图6.79所示。

图6.76 “色阶”对话框

图6.77 10.jpg

图6.78 变换图像

图6.79 最终效果图

## 6.2.9 反转片负冲效果

本例介绍反转片负冲效果的制作方法，帮助读者巩固“应用图像”命令、“亮度/对比度”和“色相/饱和度”命令的使用方法和技巧。

### 最终效果

本例制作完成前后的对比效果如图6.80所示。

图6.80 前后对比效果图

### 解题思路

利用“应用图像”命令和“调整”命令等制作反转片负冲效果。

## 操作步骤

1 打开素材图片“11.jpg”（图片位置：\素材\第6章\11.jpg），然后复制得到“背景副本”图层，如图6.81所示。

2 在菜单栏中选择“窗口”→“通道”命令，在弹出的“通道”调板中单击“红”通道，如图6.82所示。

图6.81　11.jpg

图6.82　“通道”调板

3 在菜单栏中选择“图像”→“应用图像”命令，在弹出的“应用图像”对话框中设置混合模式为“颜色加深”，然后单击“确定”按钮，如图6.83所示。

4 在“通道”调板中单击“绿”通道，然后在菜单栏中选择“图像”→“应用图像”命令，在弹出的“应用图像”对话框中勾选“反相”复选框，混合模式选择“正片叠底”，“不透明度”设置为30%，然后单击“确定”按钮，如图6.84所示。

图6.83　“应用图像”对话框

图6.84　“应用图像”对话框

5 在“通道”调板中单击“蓝”通道，然后在菜单栏中选择“图像”→“应用图像”命令，在弹出的“应用图像”对话框中勾选“反相”复选框，设置混合模式为“正片叠底”、“不透明度”为50%，然后单击“确定”按钮，如图6.85所示。

6 在“通道”调板中单击“RGB”通道，返回到“背景副本”图层。在菜单栏中选择“图像”→“调整”→“亮度/对比度”命令，在弹出的“亮度/对比度”对话框中设置“亮度”为30、“对比度”为16，然后单击“确定”按钮，如图6.86所示。

7 在菜单栏中选择“图像”→“调整”→“色相/饱和度”命令，在弹出的“色相/饱和度”对话框中设置“色相”为7、“饱和度”为11、“明度”为-6，然后单击“确定”按钮，得到的最终效果如图6.87所示。

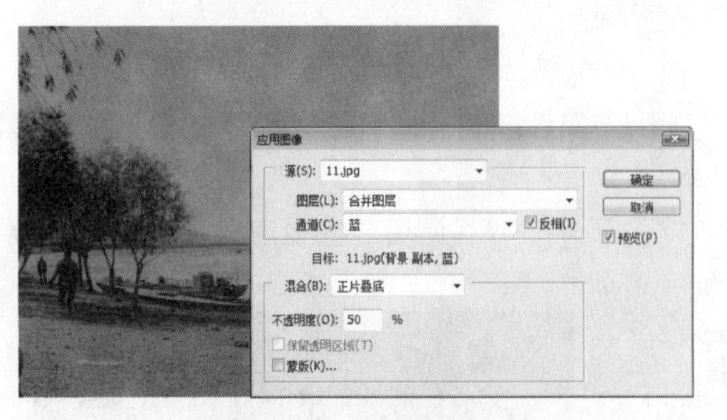


图6.85 “应用图像”对话框

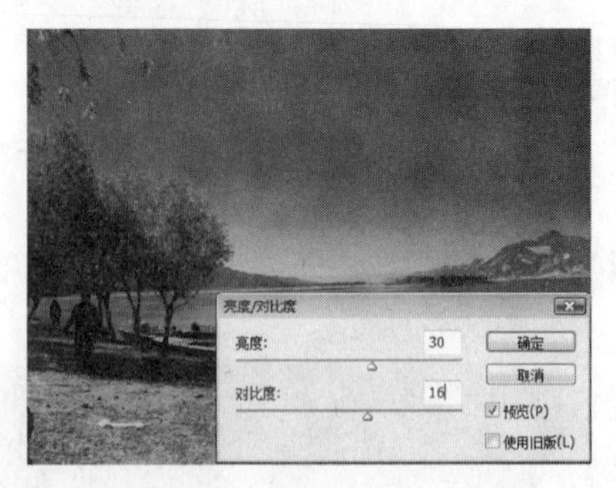


图6.86 “亮度/对比度”对话框

图6.87 最终效果图

## 6.2.10 制作光晕效果

本例介绍制作光晕效果的方法，帮助读者巩固“镜头光晕”滤镜的使用方法和技巧。

### 最终效果

本例制作完成前后的对比效果如图6.88所示。

图6.88 前后对比效果

### 解题思路

利用“镜头光晕”滤镜和图层混合模式等制作光晕效果。

### 操作步骤

1 打开素材图片“12.jpg”（图片位置：\素材\第6章\12.jpg），如图6.89所示。

2 在菜单栏中选择“滤镜”→“渲染”→“镜头光晕”命令，在弹出的“镜头光晕”对话框中设置“亮度”为140%，选择“电影镜头”单选项，如图6.90所示。

图6.89 12.jpg

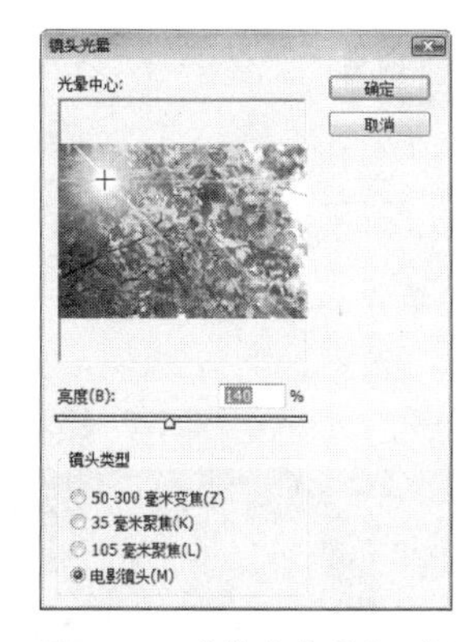


图6.90 “镜头光晕”对话框

3 设置完成后单击“确定”按钮，效果如图6.91所示。

4 在“图层”调板中复制得到“背景副本”图层，然后设置其混合模式为“柔光”，得到的最终效果如图6.92所示。

图6.91 效果图

图6.92 最终效果图

## 6.2.11 为照片添加视觉冲击力效果

本例介绍给照片添加模糊效果的方法，帮助读者巩固“径向模糊”滤镜的使用方法和技巧。

### 最终效果

本例制作完成前后的对比效果如图6.93所示。

### 解题思路

1 打开素材图片。

2 使用“径向模糊”滤镜制作照片动感效果。

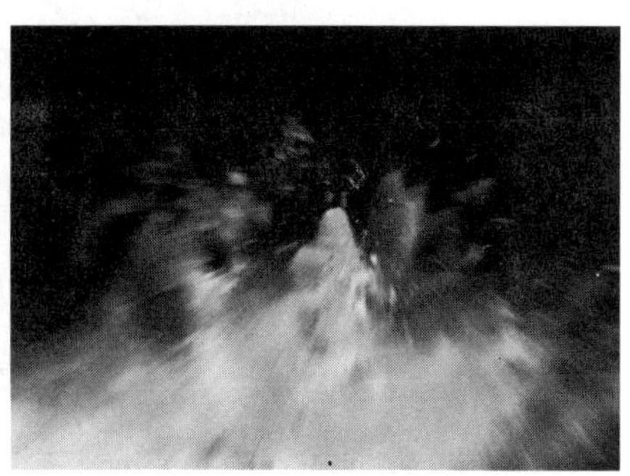

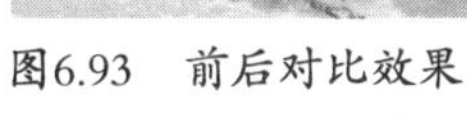

图6.93 前后对比效果

**操作步骤**

1 打开素材图片“13.jpg”（图片位置：\素材\第6章\13.jpg），如图6.94所示。

2 在菜单栏中选择“滤镜”→“模糊”→“径向模糊”命令，在弹出的“径向模糊”对话框中设置“数量”为25，“模糊方法”选择“缩放”，“品质”选择“好”，如图6.95所示。

3 设置完成后单击“确定”按钮，得到的最终效果如图6.96所示。

图6.94　13.jpg

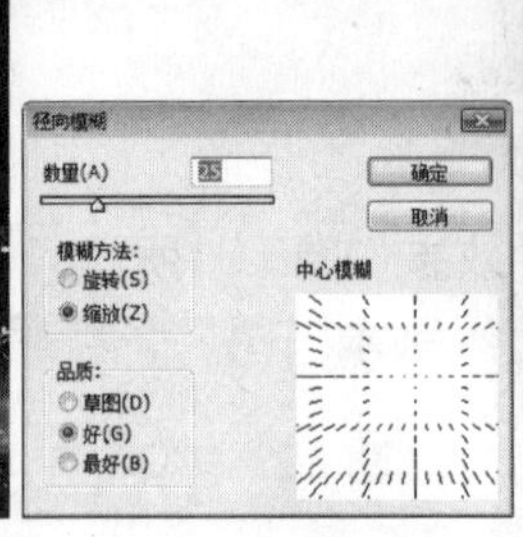


图6.95　“径向模糊”对话框

图6.96　最终效果图

## 6.2.12　给照片添加“点刻”效果

本例介绍给照片添加“点刻”效果的方法，帮助读者巩固“颗粒”滤镜和“色相/饱和度”命令的使用方法和技巧。

**最终效果**

本例制作完成前后的对比效果如图6.97所示。

**解题思路**

1 打开素材图片。

2 使用“颗粒”滤镜为照片添加点刻效果。

3 使用“色相/饱和度”命令调整照片颜色。

图6.97　前后对比效果

**操作步骤**

1 打开素材图片“14.jpg”（图片位置：\素材\第6章\14.jpg），然后复制得到“背景副本”图层，如图6.98所示。

2 在菜单栏中选择“滤镜”→“纹理”→“颗粒”命令，在弹出的“颗粒”对话框中选择“颗粒类型”为“点刻”，“强度”设置为15，“对比度”设置为48，然后单击“确定”按钮，如图6.99所示。

图6.98　14.jpg

图6.99　“颗粒”滤镜

3 在菜单栏中选择“图像”→“调整”→“色相/饱和度”命令，在弹出的“色相/饱和度”对话框中勾选“着色”复选框，设置“色相”为245、“饱和度”为73、“明度”为39，如图6.100所示。

4 设置完成后单击“确定”按钮，得到的最终效果如图6.101所示。

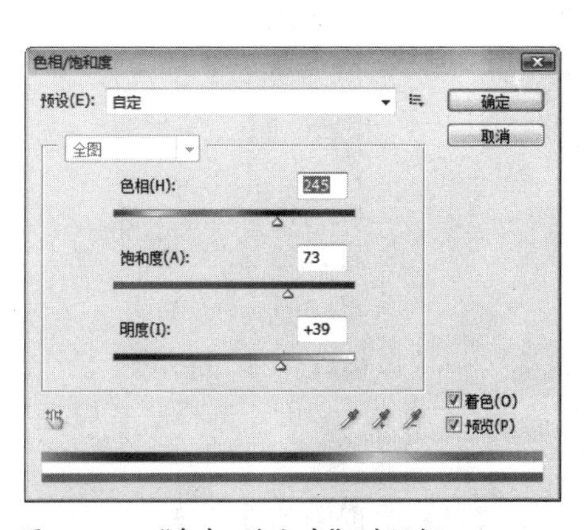


图6.100　“色相/饱和度”对话框

图6.101　最终效果图

## 6.2.13　拼贴效果

本例介绍拼贴效果的制作方法，帮助读者巩固“拼贴”滤镜的使用方法和技巧。

## 最终效果

本例制作完成前后的对比效果如图6.102所示。

图6.102　前后对比效果

## 解题思路

1 打开素材图片，然后新建图层，执行“拼贴”滤镜。

2 使用魔棒工具创建选区，删除选区内的图像。

3 使用“图层样式”命令添加浮雕效果。

## 操作步骤

1 打开素材图片“15.jpg”（图片位置：\素材\第6章\15.jpg），如图6.103所示。

2 设置前景色为黑色，然后在“图层”调板中单击底部的“创建新图层”按钮，新建“图层1”，按下“Alt+Delete”组合键填充前景色，如图6.104所示。

图6.103　15.jpg

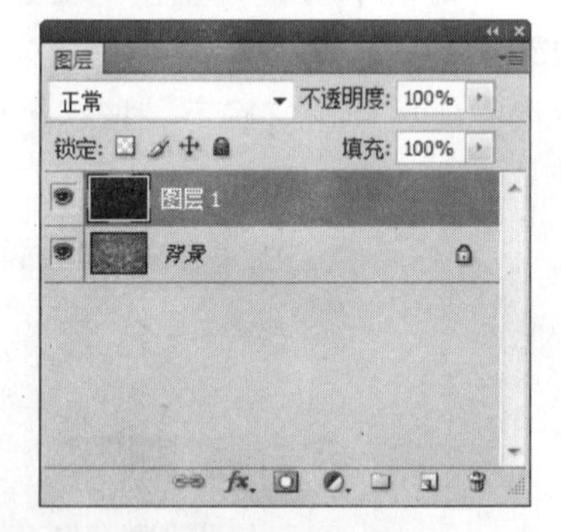



图6.104　新建图层

3 设置背景色为白色，在菜单栏中选择“滤镜”→“风格化”→“拼贴”命令，在弹出的“拼贴”对话框中设置“拼贴数”为24、“最大位移”为3，选择“背景色”单选项，然后单击“确定”按钮，如图6.105所示。

4 在工具箱中单击“魔棒工具”按钮，在其属性栏中取消勾选“连续”复选框，然后在图像窗口中单击拼贴图中的黑色块，将黑色全部选中，如图6.106所示。

5 按下“Delete”键删除选区内的图像，这时下层的图像被显示出来，然后按“Ctrl+D”组合键取消选区，如图6.107所示。

6 在“图层”调板中双击“图层1”的空白处，在弹出的“斜面和浮雕”对话框中设置

"样式"为"枕状浮雕"、"深度"为160%、"大小"为7像素，然后单击"确定"按钮，得到的最终效果如图6.108所示。

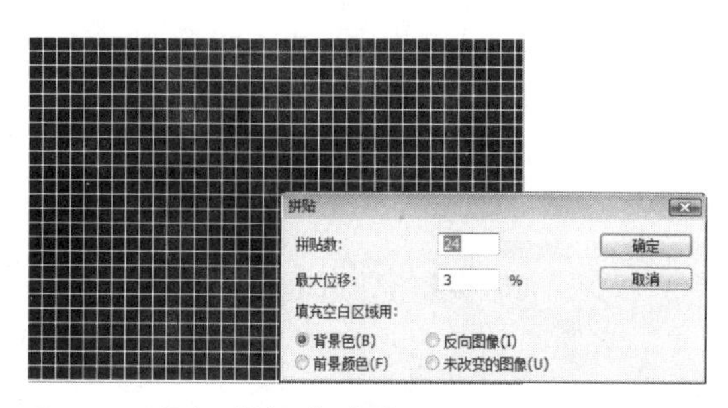


图6.105　执行"拼贴"滤镜

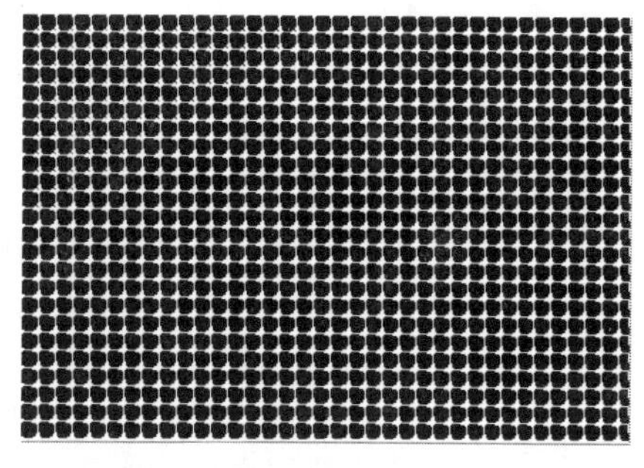

图6.106　创建选区

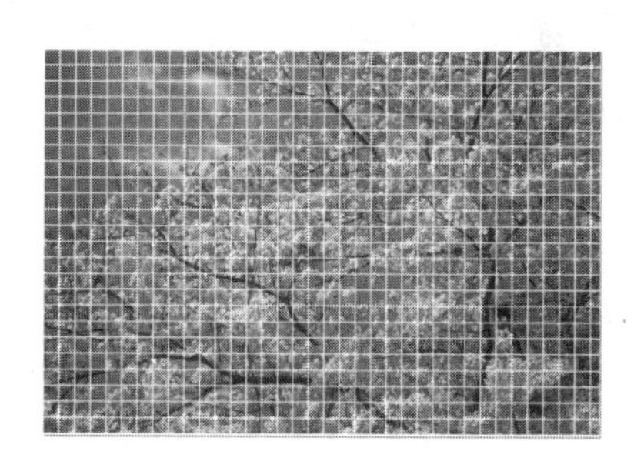

图6.107　删除选区内的图像

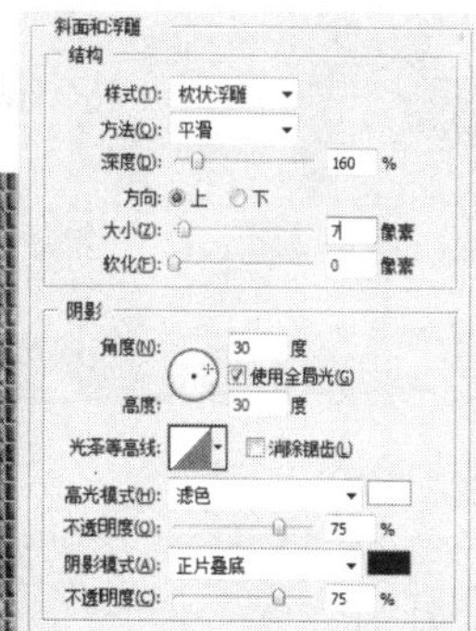


图6.108　添加图层样式

## 6.2.14　使模糊照片变清晰

本例介绍使模糊照片变清晰的方法，帮助读者巩固"绘画涂抹"、"去斑"和"USM锐化"滤镜的使用方法和技巧。

### 最终效果

本例制作完成前后的对比效果如图6.109所示。

图6.109　前后对比效果

### 解题思路

1　打开素材图片。

2 使用“绘画涂抹”、“去斑”和“USM锐化”滤镜使照片变清晰。

**操作步骤**

1 打开素材图片“16.jpg”（图片位置：\素材\第6章\16.jpg），如图6.110所示。

2 在菜单栏中选择“滤镜”→“艺术效果”→“绘画涂抹”命令，在弹出的“绘制涂抹”对话框中设置“画笔大小”为1、“锐化程度”为28，“画笔类型”选择“简单”，然后单击“确定”按钮，如图6.111所示。

图6.110 16.jpg

图6.111 “绘画涂抹”滤镜

3 在菜单栏中选择“滤镜”→“杂色”→“去斑”命令，消除照片上的斑点，如图6.112所示。

4 在菜单栏中选择“滤镜”→“锐化”→“USM锐化”命令，在弹出的“USM锐化”对话框中设置“数量”为149%、“半径”为76.4像素、“阈值”为104色阶，然后单击“确定”按钮，得到的最终效果如图6.113所示。

图6.112 “去斑”滤镜

图6.113 最终效果图

## 6.2.15 让白天变黑夜

本例介绍让白天变黑夜的方法，帮助读者巩固路径工具和“调整”命令的使用方法和技巧。

**最终效果**

本例制作完成前后的对比效果如图6.114所示。

图6.114　前后对比效果

## 解题思路

1 打开素材图片。
2 使用路径工具创建选区。
3 使用“色相/饱和度”命令将白天变成黑夜。
4 使用图层混合模式和“曲线”命令调整图像。

## 操作步骤

1 打开素材图片“17.jpg”（图片位置：\素材\第6章\17.jpg），如图6.115所示。
2 在工具箱中单击“钢笔工具”按钮，在其属性栏中单击“路径”按钮，然后在照片中绘制路径，如图6.116所示。

图6.115　17.jpg

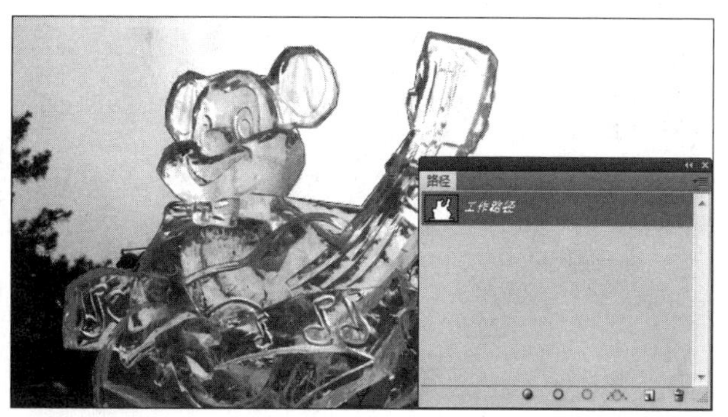


图6.116　绘制路径

3 在“图层”调板中复制得到“背景副本”图层，然后在菜单栏中选择“图像”→“调整”→“色相/饱和度”命令，在弹出的“色相/饱和度”对话框中设置“明度”为-88，然后单击“确定”按钮，如图6.117所示。
4 在“路径”调板中单击选中“工作路径”，然后单击调板底部的“将路径作为选区载入”按钮，载入选区，如图6.118所示。
5 在菜单栏中选择“选择”→“修改”→“羽化”命令，在弹出的“羽化选区”对话框中设置“羽化半径”为3像素，然后单击“确定”按钮，如图6.119所示。
6 在“图层”调板中新建“图层1”，然后在工具箱中单击“渐变工具”按钮，在其属性栏中单击渐变颜色条右侧的按钮，在弹出面板的列表框中单击“色谱”图标，如图

6.120所示。

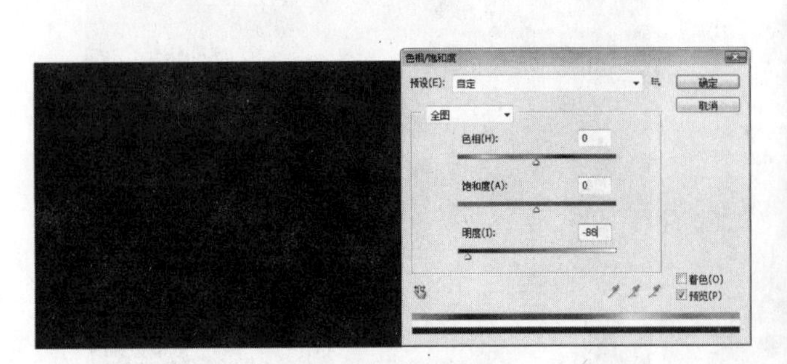


图6.117　“色相/饱和度”对话框

图6.118　载入选区

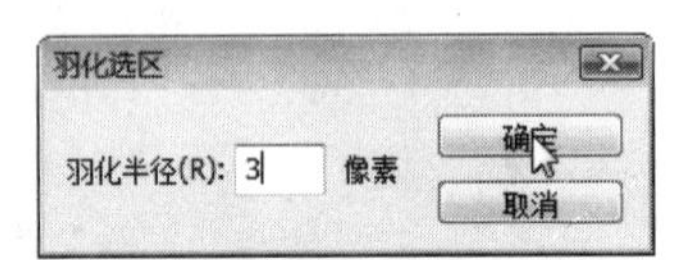


图6.119　羽化选区

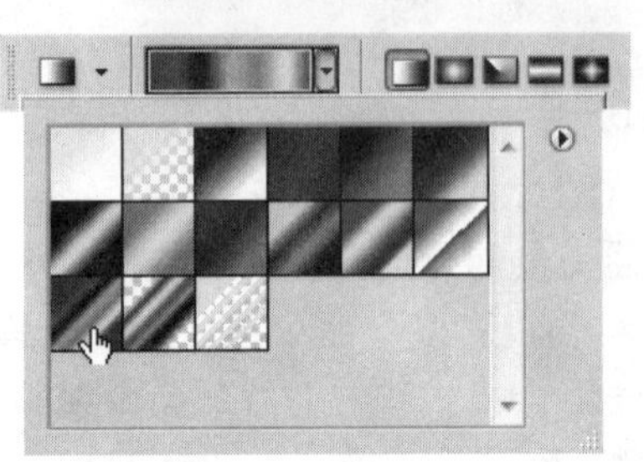

图6.120　选择渐变样式

**7** 在图像选区中按住鼠标左键不放，自左上向右下拖动鼠标，释放鼠标键后得到的效果如图6.121所示。

**8** 在“图层”调板中设置“图层1”的混合模式为“叠加”，如图6.122所示。

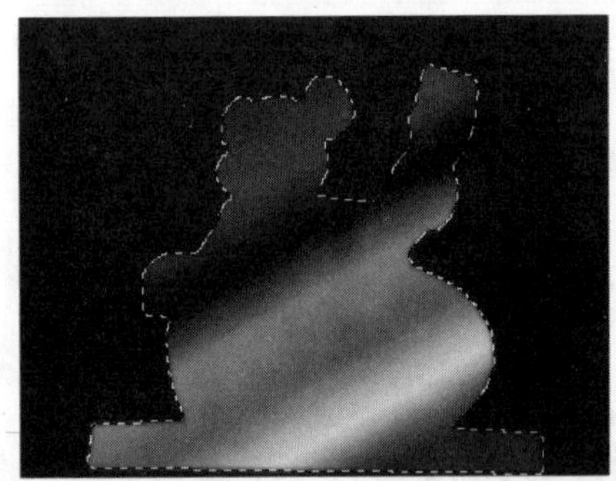

图6.121　渐变填充

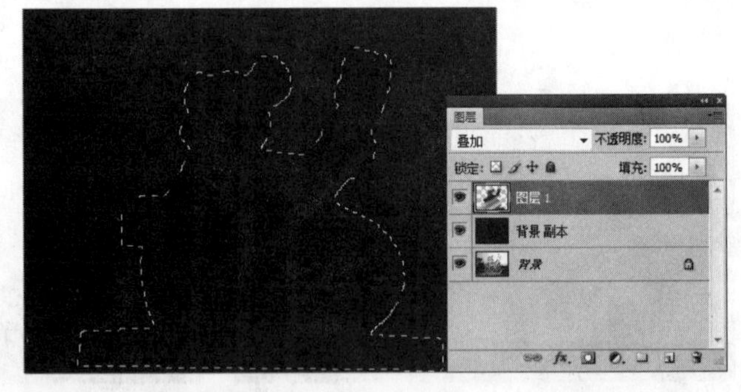


图6.122　设置混合模式

**9** 在“图层”调板中单击“背景副本”图层，然后在菜单栏中选择“图像”→“调整”→“曲线”命令，在弹出的“曲线”对话框中调整曲线的形状，如图6.123所示。

**10** 设置完成后单击“确定”按钮，然后按下“Ctrl+D”组合键取消选区，得到的最终效果如图6.124所示。

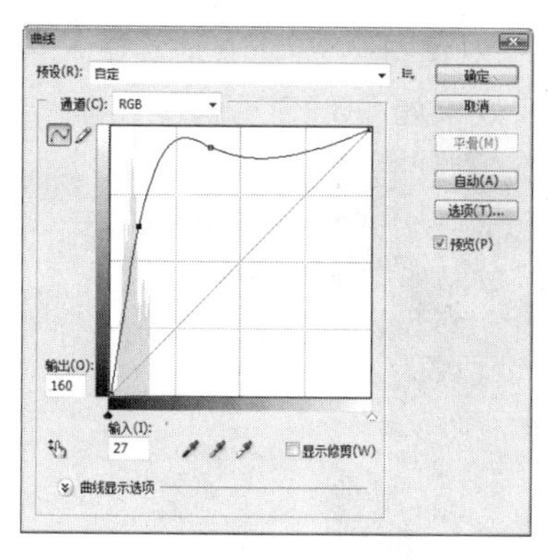


图6.123　“曲线”对话框

图6.124　最终效果图

## 6.2.16　制作景深效果

本例介绍景深效果的制作方法，帮助读者巩固“高斯模糊”滤镜、“蒙版”和“色阶”命令的使用方法和技巧。

### 最终效果

本例制作完成前后的对比效果如图6.125所示。

图6.125　前后对比效果

### 解题思路

利用“高斯模糊”滤镜、“蒙版”和“色阶”命令等制作照片景深效果。

### 操作步骤

1 打开素材图片“18.jpg”（图片位置：\素材\第6章\18.jpg），然后复制得到“背景副本”图层，如图6.126所示。

2 在菜单栏中选择“滤镜”→“模糊”→“高斯模糊”命令，在弹出的“高斯模糊”对话框中设置“半径”为5像素，然后单击“确定”按钮，如图6.127所示。

3 设置背景色为黑色，在“图层”调板中单击底部的“添加图层蒙版”按钮。

4 在工具箱中单击“橡皮擦工具”按钮，在其属性栏中设置画笔样式为“柔角65像素”、“不透明度”为100%，然后在照片中擦除小猫的区域，如图6.128所示。

5 按下“Ctrl+Shift+Alt+E”组合键盖印可见图层，然后在菜单栏中选择“图像”→“调整”→“色阶”命令，弹出如图6.129所示的“色阶”对话框，在其中设置输入色阶为“20、1.24、216”，单击“确定”按钮，得到的最终效果如图6.130所示。

图6.126　18.jpg

图6.127　“高斯模糊”对话框

图6.128　擦除小猫区域

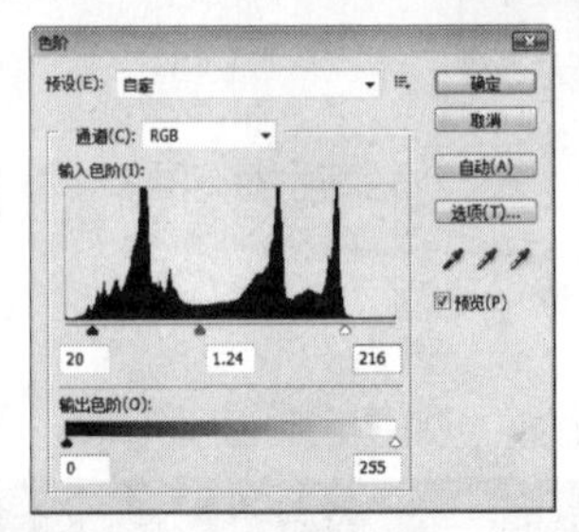


图6.129　“色阶”对话框

图6.130　最终效果图

## 6.2.17　制作高反差效果

本例介绍制作高反差效果的方法，帮助读者巩固“调整”命令和图层混合模式的使用方法和技巧。

### 最终效果

本例制作完成前后的对比效果如图6.131所示。

图6.131　前后对比效果

### 解题思路

利用“去色”、“色阶”命令和图层混合模式等制作高反差效果。

**操作步骤**

1 打开素材图片“19.jpg”（图片位置：\素材\第6章\19.jpg），然后复制得到“背景副本”图层，如图6.132所示。

2 在菜单栏中选择“图像”→“调整”→“去色”命令，将照片转换为灰度图像，如图6.133所示。

图6.132　19.jpg

图6.133　去色

3 在菜单栏中选择“图像”→“调整”→“色阶”命令，在弹出的“色阶”对话框中设置输入色阶为“36、1.79、214”，然后单击“确定”按钮，如图6.134所示。

4 设置前景色为（R：230、G：166、B：28），在“图层”调板中新建“图层1”，按下“Alt+Delete”组合键填充前景色，然后设置图层的混合模式为“正片叠底”、“不透明度”为60%，得到的最终效果如图6.135所示。

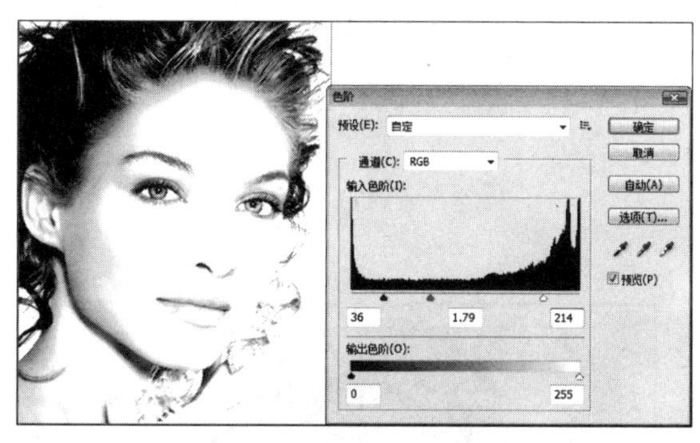


图6.134　“色阶”对话框

图6.135　最终效果图

# 6.3 提高——自己动手练

在了解了通道的应用和滤镜的基本操作和相关实例后，下面将进一步巩固本章所学的知识，使读者达到提高动手能力的目的。

## 6.3.1 制作照片马赛克效果

本例介绍制作照片马赛克效果的方法，帮助读者巩固矩形选框工具和“马赛克”滤镜的使用方法和技巧。

## 最终效果

本例制作完成前后的对比效果如图6.136所示。

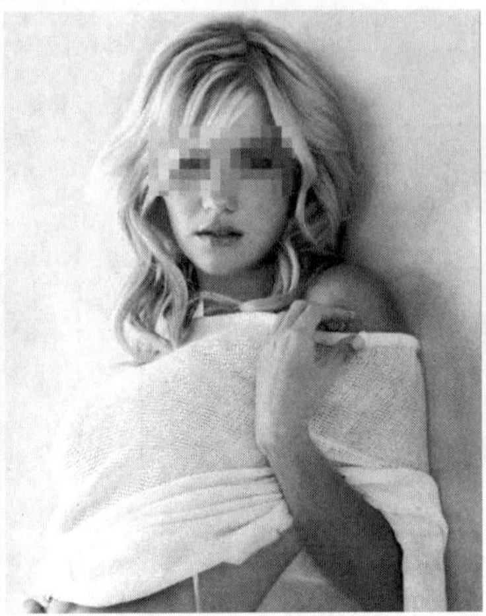

图6.136 前后对比效果

## 解题思路

1 打开素材图片。

2 使用矩形选框工具创建选区。

3 使用“马赛克”滤镜制作照片的马赛克区域。

## 操作步骤

1 打开素材图片“20.jpg”（图片位置：\素材\第6章\20.jpg），如图6.137所示。

2 在工具箱中单击“矩形选框工具”按钮[]，在照片中绘制选区，如图6.138所示。

图6.137 20.jpg

图6.138 创建选区

3 在菜单栏中选择“滤镜”→“像素化”→“马赛克”命令，在弹出的“马赛克”对话框中设置“单元格大小”为8方形，如图6.139所示。

4 设置完成后单击“确定”按钮，然后按下“Ctrl+D”组合键取消选区，得到的最终效果如图6.140所示。

图6.139　“马赛克”对话框

图6.140　最终效果图

## 6.3.2　将照片制作成插画

本例介绍将照片制作成插画的方法，帮助读者巩固“去色”、“色调分离”、“描边”和“反相”命令以及“中间值”滤镜的使用方法和技巧。

### 最终效果

本例制作完成前后的对比效果如图6.141所示。

图6.141　前后对比效果

### 解题思路

利用“调整”命令、“中间值”滤镜和图层混合模式等制作插画效果。

### 操作步骤

1 打开素材图片“21.jpg”（图片位置：\素材\第6章\21.jpg），如图6.142所示。

2 在工具箱中单击“钢笔工具”按钮，在图像窗口中绘制路径，然后在“路径”调板底部单击“将路径作为选区载入”按钮，载入选区，如图6.143所示。

3 在“图层”调板中按下“Ctrl+J”组合键，自动生成“图层1”，然后复制得到“图层1副本”，如图6.144所示。

图6.142　21.jpg

图6.143　载入选区

图6.144　复制图层

4 在“图层”调板中选择“图层1副本”图层，在菜单栏中选择“图像”→“调整”→“去色”命令，将照片变为灰度图像，如图6.145所示。

5 将“图层1副本”图层拖动至调板底部的“创建新图层”按钮上，复制得到“图层1副本2”图层，然后单击眼睛图标，隐藏图层的可视性，如图6.146所示。

6 在“图层”调板中单击“图层1副本”图层，然后在菜单栏中选择“图像”→“调整”→“色调分离”命令，在弹出的“色调分离”对话框中设置“色阶”为3，单击“确定”按钮，如图6.147所示。

图6.145　去色

图6.146　隐藏图层

图6.147　“色调分离”对话框

7 在菜单栏中选择“滤镜”→“杂色”→“中间值”命令，在弹出的“中间值”对话框中设置“半径”为1像素，然后单击“确定”按钮，如图6.148所示。

**8** 在“图层”调板中单击“图层1副本2”图层前的空白方框以显示眼睛图标。单击该图层，然后在菜单栏中选择“图像”→“调整”→“阈值”命令，在弹出的“阈值”对话框中设置“阈值色阶”为70，然后单击“确定”按钮，如图6.149所示。

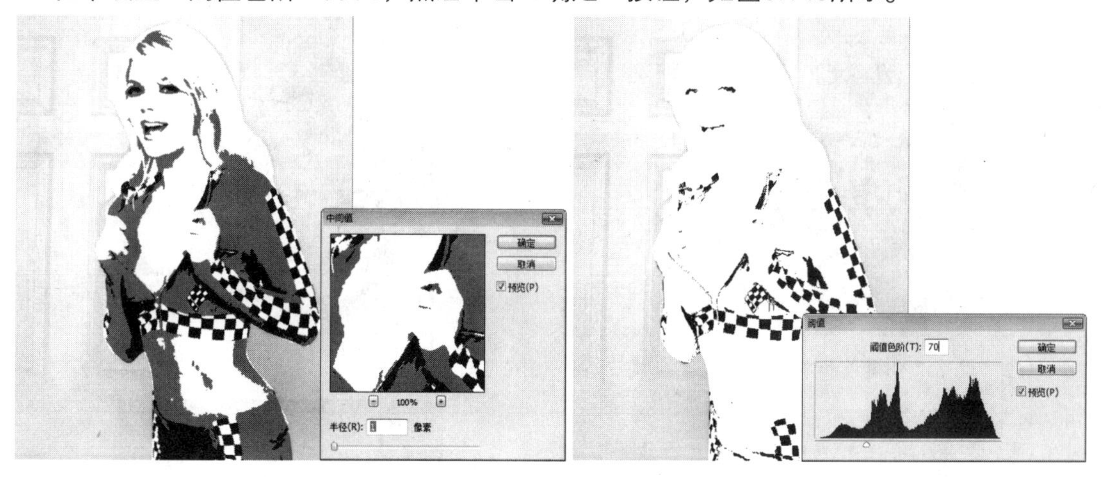


图6.148　“中间值”对话框　　　　图6.149　“阈值”对话框

**9** 在菜单栏中选择“滤镜”→“杂色”→“中间值”命令，在弹出的“中间值”对话框中设置“半径”为1像素，然后单击“确定”按钮，如图6.150所示。

**10** 在“图层”调板中设置“图层1副本2”的图层混合模式为“正片叠底”，如图6.151所示。

图6.150　“中间值”对话框　　　　图6.151　设置图层混合模式

**11** 将“图层1”拖动到“图层1副本2”图层的上方，然后设置其混合模式为“颜色”、“不透明度”为70%，如图6.152所示。

**12** 按下“Ctrl”键的同时单击“图层1副本”图层，载入其选区，然后新建“图层2”，如图6.153所示。

**13** 设置前景色为白色，在菜单栏中选择“编辑”→“描边”命令，在弹出的“描边”对话框中设置“宽度”为8px，然后单击“确定”按钮，如图6.154所示。

**14** 在“图层”调板中设置“图层2”的“不透明度”为80%，然后按下“Ctrl+D”组合键取消选区，如图6.155所示。

图6.152 设置混合模式和不透明度

图6.153 载入选区

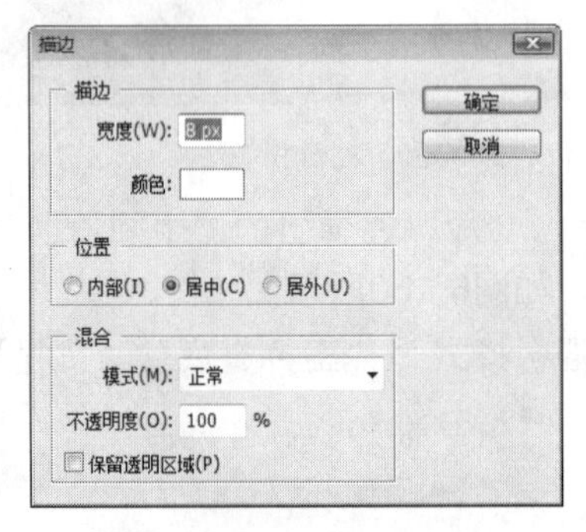


图6.154 “描边”对话框

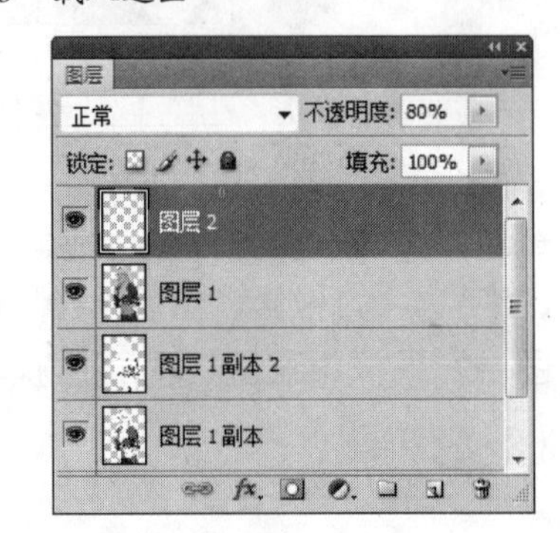


图6.155 设置不透明度

**15** 设置前景色为黑色，在“图层”调板中单击“背景”图层，新建“图层3”，按下“Alt+Delete”组合键填充前景色，如图6.156所示。

**16** 打开素材图片“22.jpg”（图片位置：\素材\第6章\22.jpg），如图6.157所示。

图6.156 新建图层

图6.157 22.jpg

**17** 在菜单栏中选择“图像”→“调整”→“色调分离”命令，在弹出的“色调分离”对话框中设置“色阶”为5，然后单击“确定”按钮，如图6.158所示。

**18** 在菜单栏中选择“滤镜”→“杂色”→“中间值”命令，在弹出的“中间值”对话框中设置“半径”为1像素，然后单击“确定”按钮，如图6.159所示。

图6.158 “色调分离”对话框　　图6.159 “中间值”对话框

**19** 在菜单栏中选择“图像”→“调整”→“反相”命令，将图像的颜色进行反相处理，如图6.160所示。

**20** 在工具箱中单击“移动工具”按钮，将“22.jpg”窗口中的图像拖动到“21.jpg”窗口中，然后按下“Ctrl+T”组合键进行变换操作，得到的最终效果如图6.161所示。

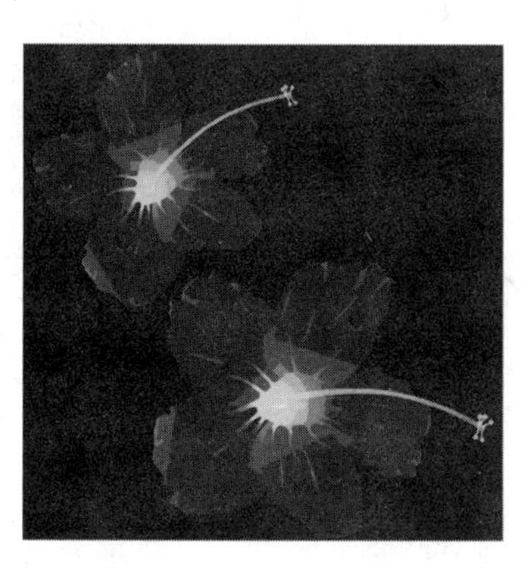

图6.160 反相

图6.161 最终效果图

## 6.3.3 将照片制作成水彩画效果

本例介绍将照片制作成水彩画效果的方法，帮助读者巩固“特殊模糊”滤镜、“水彩”滤镜、“亮度/对比度”和“曲线”命令的使用方法和技巧。

### 最终效果

本例制作完成前后的对比效果如图6.162所示。

图6.162　前后对比效果

**解题思路**

利用“特殊模糊”滤镜、“水彩”滤镜和“调整”命令制作水彩画效果。

**操作步骤**

1 打开素材图片“23.jpg”（图片位置：\素材\第6章\23.jpg），如图6.163所示。

2 在菜单栏中选择“滤镜”→“模糊”→“特殊模糊”命令，在弹出的“特殊模糊”对话框中设置“半径”为22、“阈值”为45，“品质”选择“中”选项，然后单击“确定”按钮，如图6.164所示。

图6.163　23.jpg

图6.164　“特殊模糊”对话框

3 在菜单栏中选择“滤镜”→“艺术效果”→“水彩”命令，在弹出的“水彩”对话框中设置“画笔细节”为13、“阴影强度”为1、“纹理”为2，然后单击“确定”按钮，如图6.165所示。

4 在菜单栏中选择“图像”→“调整”→“亮度/对比度”命令，在弹出的“亮度/对比度”对话框中设置“亮度”为38、“对比度”为71，然后单击“确定”按钮，如图6.166所示。

5 在菜单栏中选择“图像”→“调整”→“曲线”命令，在弹出的“曲线”对话框中调整曲线形状，然后单击“确定”按钮，得到的最终效果如图6.167所示。

图6.165　“水彩”滤镜

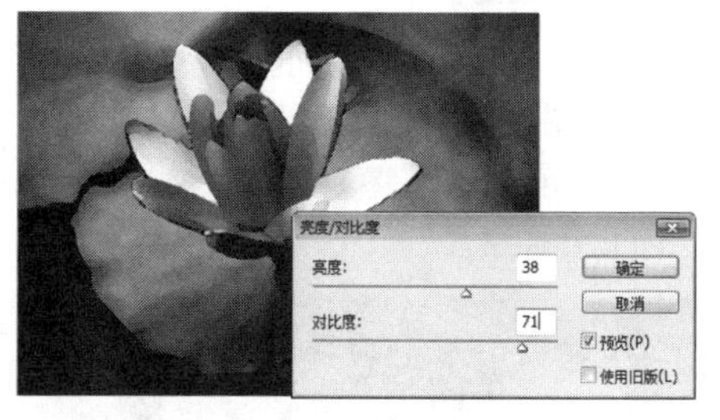


图6.166　“亮度/对比度”对话框

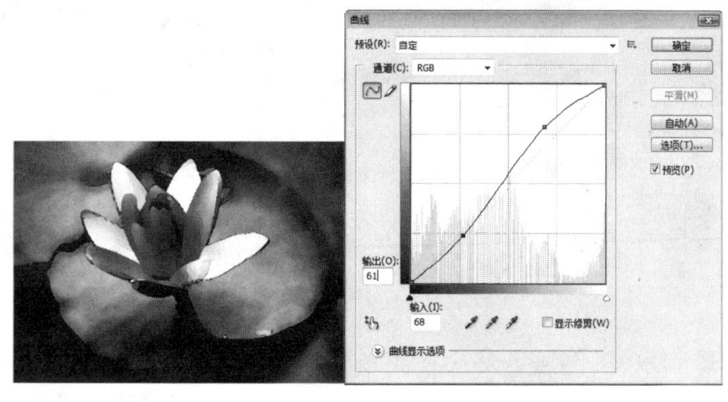


图6.167　最终效果图

## 6.3.4　将照片制作成素描效果

本例介绍将照片制作成素描效果的方法，帮助读者巩固“去色”命令、“反相”命令和“高斯模糊”滤镜的使用方法和技巧。

### 最终效果

本例制作完成前后的对比效果如图6.168所示。

图6.168　前后对比效果

### 解题思路

1　打开素材图片并复制图层。

2 使用“调整”命令调整图像，并设置图层混合模式。

3 使用“高斯模糊”滤镜进行模糊操作。

## 操作步骤

1 打开素材图片“24.jpg”（图片位置：\素材\第6章\24.jpg），然后复制得到“背景副本”图层，如图6.169所示。

2 在菜单栏中选择“图像”→“调整”→“去色”命令，将照片转换为灰色图像，如图6.170所示。

图6.169 24.jpg

图6.170 去色

3 复制得到“背景副本2”图层，然后在菜单栏中选择“图像”→“调整”→“反相”命令，制作反相效果，如图6.171所示。

4 在“图层”调板中设置“背景副本2”图层的混合模式为“颜色减淡”，如图6.172所示。

图6.171 反相

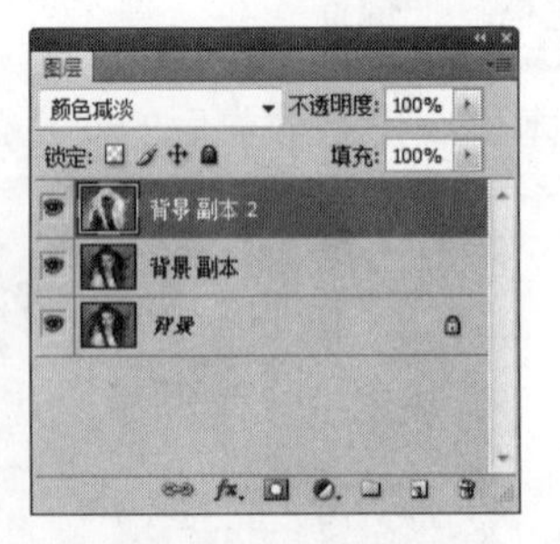


图6.172 设置混合模式

5 在菜单栏中选择“滤镜”→“模糊”→“高斯模糊”命令，在弹出的“高斯模糊”对话框中设置“半径”为2像素，然后单击“确定”按钮，得到的最终效果如图6.173所示。

图6.173　最终效果图

## 6.3.5　制作照片抽线效果

本例介绍制作照片抽线效果的方法，帮助读者巩固“半调图案”滤镜的使用方法和技巧。

### 最终效果

本例制作完成前后的对比效果如图6.174所示。

图6.174　前后对比效果

### 解题思路

1 打开素材图片，然后新建并填充图层。
2 使用“半调图案”滤镜制作抽线。
3 设置图层的混合模式。

### 操作步骤

1 打开素材图片“25.jpg”（图片位置：\素材\第6章\25.jpg），如图6.175所示。
2 设置前景色为白色，在“图层”调板中新建“图层1”，然后按下“Alt+Delete”组合键填充前景色，如图6.176所示。

图6.175　25.jpg

图6.176　新建图层

3 在菜单栏中选择“滤镜”→“素描”→“半调图案”命令，在弹出的“半调图案”对话框中设置“大小”为1、“对比度”为4，“图案类型”选择“直线”，然后单击“确定”按钮，如图6.177所示。

4 在“图层”调板中设置“图层1”的混合模式为“变亮”，得到的最终效果如图6.178所示。

图6.177　“半调图案”对话框

图6.178　最终效果图

## 6.3.6　制作老照片

本例介绍制作老照片的方法，帮助读者巩固“胶片颗粒”滤镜、“云彩”滤镜、“颗粒”滤镜的使用方法和技巧。

### 最终效果

本例制作完成前后的对比效果如图6.179所示。

### 解题思路

1 打开素材图片。
2 新建图层，并设置图层的混合模式。
3 使用“胶片颗粒”、“云彩”和“颗粒”滤镜制作老照片效果。
4 使用“曲线”命令调整照片的色调。

图6.179　前后对比效果

## 操作步骤

1 打开素材图片“26.jpg”（图片位置：\素材\第6章\26.jpg），如图6.180所示。

2 设置前景色为（R：214、G：153、B：40），新建“图层1”，然后按下“Alt+Delete”组合键填充前景色，如图6.181所示。

3 在“图层”调板中设置“图层1”的混合模式为“颜色”、“不透明度”为40%，如图6.182所示。

图6.180　26.jpg

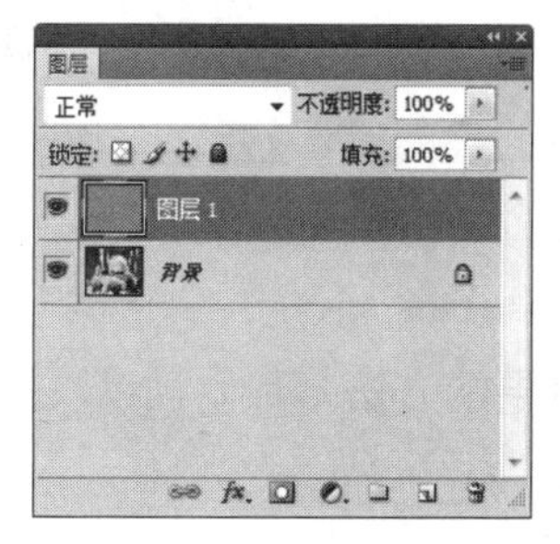


图6.181　新建图层

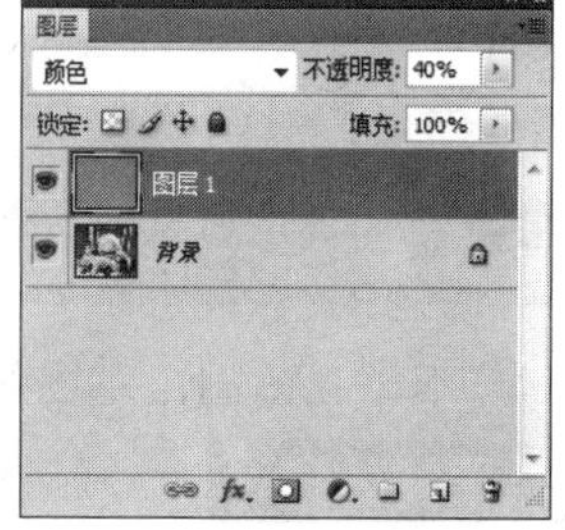


图6.182　设置混合模式

4 选择“背景”图层，在菜单栏中选择“滤镜”→“艺术效果”→“胶片颗粒”命令，在弹出的“胶片颗粒”对话框中设置“颗粒”为4、“高光区域”为3、“强度”为1，然后单击“确定”按钮，如图6.183所示。

5 在“图层”调板中新建“图层2”，按下“D”键恢复软件默认的前景色和背景色，然后在菜单栏中选择“滤镜”→“渲染”→“云彩”命令，如图6.184所示。

6 设置“图层2”的混合模式为“柔光”，然后按下“Ctrl”键的同时选择“图层2”和“背景”图层，按下“Ctrl+E”组合键合并图层。

7 选择“背景”图层，在菜单栏中选择“滤镜”→“纹理”→“颗粒”命令，在弹出的“颗粒”对话框中设置“强度”为20、“对比度”为20，“颗粒类型”选择“垂直”，然后单击“确定”按钮，如图6.185所示。

**8** 在菜单栏中选择“图像”→“调整”→“曲线”命令，在弹出的“曲线”对话框中调整曲线形状，然后单击“确定”按钮，得到的最终效果如图6.186所示。

图6.183 “胶片颗粒”滤镜效果

图6.184 “云彩”滤镜效果

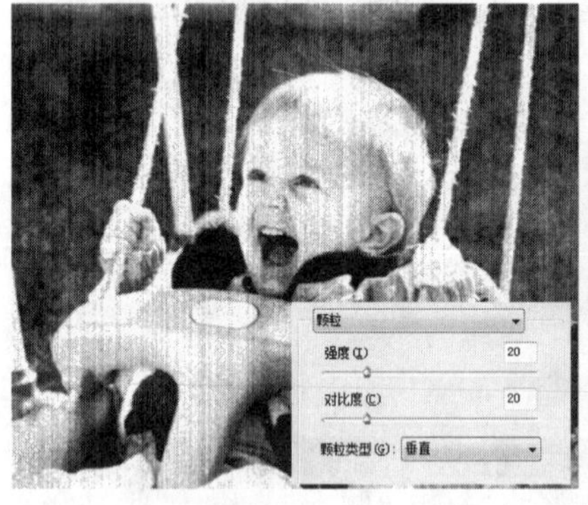


图6.185 “颗粒”滤镜

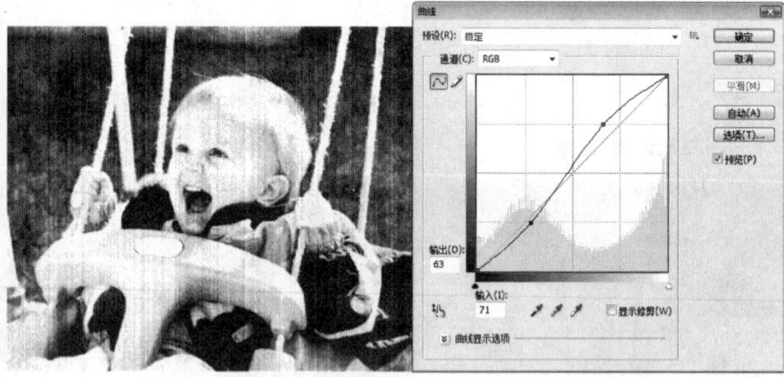


图6.186 最终效果图

## 6.3.7 制作柔焦效果

本例介绍制作柔焦效果的方法，帮助读者巩固“高斯模糊”滤镜的使用方法和技巧。

### 最终效果

本例制作完成前后的对比效果如图6.187所示。

### 解题思路

1 打开素材图片。
2 使用“高斯模糊”滤镜模糊照片。
3 设置图层混合模式。
4 使用“调整”命令调整照片的颜色和色调。

图6.187　前后对比效果

## 操作步骤

1 打开素材图片“27.jpg”（图片位置：\素材\第6章\27.jpg），如图6.188所示，然后复制得到“背景副本”图层。

2 在菜单栏中选择“滤镜”→“模糊”→“高斯模糊”命令，在弹出的“高斯模糊”对话框中设置“半径”为3像素，然后单击“确定”按钮，如图6.189所示。

图6.188　27.jpg

图6.189　“高斯模糊”对话框

3 在“图层”调板中设置“背景副本”图层的混合模式为“变亮”，如图6.190所示。

4 在菜单栏中选择“图像”→“调整”→“曲线”命令，在弹出的“曲线”对话框中调整曲线形状，然后单击“确定”按钮，如图6.191所示。

图6.190　设置混合模式

图6.191　“曲线”对话框

5 在菜单栏中选择“图像”→“调整”→“色相/饱和度”命令，在弹出的“色相/饱和度”对话框中设置“色相”为17、“饱和度”为23，然后单击“确定”按钮，得到的最终效果如图6.192所示。

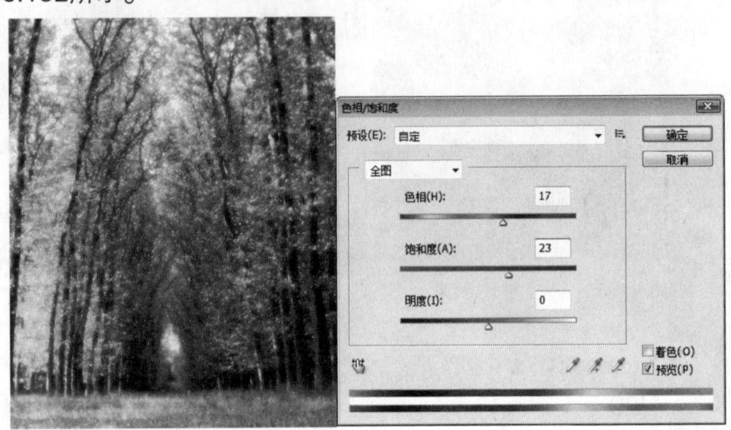


图6.192 最终效果图

## 6.3.8 制作浮雕效果

本例介绍制作浮雕效果的方法，帮助读者巩固“浮雕效果”滤镜的使用方法和技巧。

### 最终效果

本例制作完成前后的对比效果如图6.193所示。

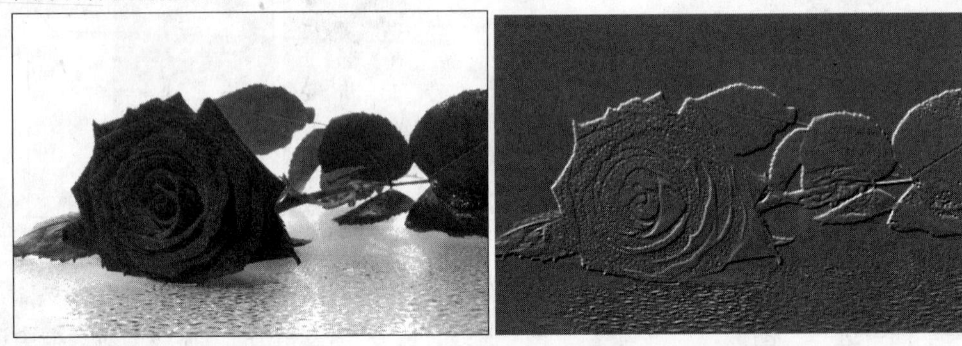

图6.193 前后对比效果

### 解题思路

利用“去色”命令和“浮雕效果”滤镜制作照片浮雕效果。

### 操作步骤

1 打开素材图片“28.jpg”（图片位置：\素材\第6章\28.jpg），然后复制得到“背景副本”图层，如图6.194所示。

2 在菜单栏中选择“图像”→“调整”→“去色”命令，将照片转换为灰度图像，如图6.195所示。

图6.194　28.jpg

图6.195　去色

3　在菜单栏中选择“滤镜”→“风格化”→“浮雕效果”命令，在弹出的“浮雕效果”对话框中设置“角度”为135度、“高度”为4像素、“数量”为100%，如图6.196所示。

4　设置完成后单击“确定”按钮，得到的最终效果如图6.197所示。

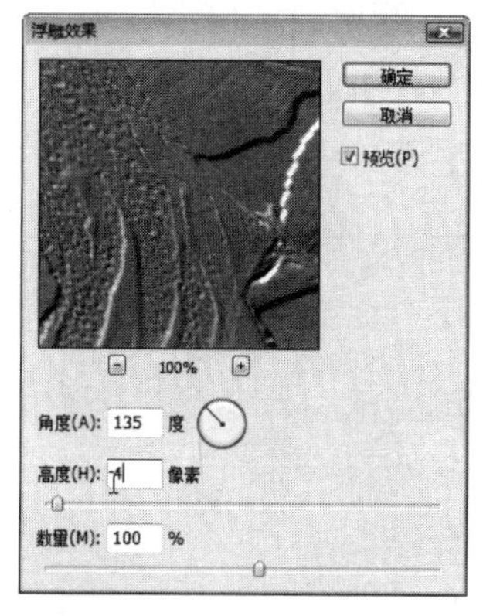


图6.196　“浮雕效果”对话框

图6.197　最终效果图

## 结束语

本章详细介绍了通道的应用和各滤镜组的相关知识，并通过实例操作讲解照片特效处理的方法和技巧。通过本章的学习，希望读者能够掌握制作水彩画、油画、水墨画等特殊效果的方法，并且达到举一反三的目的。

Chapter 7

# 第7章 数码照片合成技巧

## 本章要点

**入门——基本概念与基本操作**

- 图层的混合模式
- 画笔工具组
- 画笔笔尖设置

**进阶——典型实例**

- 更换头像
- 百变蝴蝶
- 修正闭眼照片
- 夹花图片合成
- 人体裂缝
- 给照片中的人物换衣服
- 制作纸花效果
- 合成图像

**提高——自己动手练**

- 镜片中的风景
- 梦幻城堡
- 森林外景
- 制作人物纹身
- 水晶球中的美女
- 鼠标汽车

## 本章导读

本章主要通过更换头像、修正闭眼照片、换衣服、鼠标汽车等实例，为读者详细讲解数码照片合成的应用方法和技巧。在制作过程中，希望读者能掌握其中的要点并灵活应用。

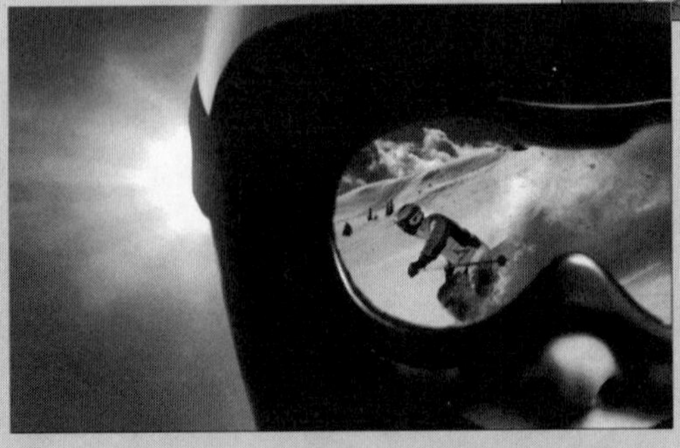

# 7.1 入门——基本概念与基本操作

在制作本章实例之前，首先介绍一下图层的混合模式、画笔工具组和画笔笔尖设置的相关知识。

## 7.1.1 图层的混合模式

图层的混合模式是指当前图层中的图像与下层图像进行合成而产生的不同效果。在“图层”调板中单击左上角“正常”右侧的小三角按钮，在弹出的下拉列表中包括25种不同效果的选项，下面将详细介绍这些选项的含义。

- **正常：**绘图或编辑时用前景色完全覆盖原图像的像素，使其成为结果色。
- **溶解：**根据每个像素点所在位置的不透明度，以绘制的颜色随机替换背景色，并达到溶解于背景色的效果。
- **变暗：**查看每个通道中的颜色信息，并选择基色或混合色中较暗的颜色作为结果色。
- **正片叠底：**将当前图层中的图像颜色与其下层图层中的图像颜色混合相乘，得到比原来的两种颜色更深的第三种颜色。
- **颜色加深：**增强当前图层与其下层图层之间的对比度，从而得到颜色加深的图像效果。
- **线性加深：**查看每个通道中的颜色信息，并通过减小亮度使基色变暗以反映混合色。与白色混合后不产生变化。
- **深色：**比较混合色和基色的所有通道值的总和，并显示值较小的颜色作为结果色。
- **变亮：**选择基色或混合色中较亮的颜色作为结果色。比混合色暗的像素被替换，比混合色亮的像素保持不变。
- **滤色：**将混合色的互补色与基色混合，以得到较亮的结果色。用黑色过滤时颜色保持不变，用白色过滤时产生白色。
- **颜色减淡：**查看每个通道中的颜色，并通过减小对比度来提高混合后图像的亮度。
- **线性减淡：**查看每个通道中的颜色，并通过增加亮度来提高混合后图像的亮度。
- **浅色：**比较混合色和基色的所有通道值的总和，并显示值较大的颜色作为结果色。
- **叠加：**根据下层图层的颜色，对当前图层的像素进行相乘或覆盖，产生变亮或变暗的效果。
- **柔光：**使颜色变暗或变亮，结果色取决于基色。应用该模式可以产生一种柔和光线照射的效果，其中高光区域更亮，暗调区域更暗。
- **强光：**将当前图层颜色的亮度加强，当混合色比50%的灰色亮时，则原图像将变亮，同时会增加图像的高光效果。
- **亮光：**通过增大或减少对比度来加深或减淡颜色，结果色取决于混合色。如果混合色比50%的灰色亮，则图像通过减少对比度来变亮；如果混合色比50%的灰色暗，则通过增加对比度来使图像变暗。
- **线性光：**通过增加或降低亮度来加深或减淡颜色，结果色取决于混合色。如果混合色比50%的灰色亮，则图像通过增加亮度来变亮；如果混合色比50%的灰色暗，则图像通过降低亮度来变暗。
- **点光：**根据混合色替换颜色。如果混合色比50%的灰色亮，则替换比混合色暗的像素，而不改变比混合色亮的像素；如果混合色比50%的灰色暗，则替换比混合色亮的像素，而不改变比混合色暗的像素。
- **实色混合：**当前图层与下层图层的色值相交，取其最亮的部分。
- **差值：**查看每个通道的颜色信息，并将应用画笔的部分转换为底片颜色。

- **排除**：创建一种与“差值”模式相似但对比度更低的效果。如果是白色，表现为图像颜色的补色，如果是黑色则没有任何变换。
- **色相**：使用基色的光度和饱和度以及混合色的色相创建结果色。
- **饱和度**：使用基色的亮度和色相以及混合色的饱和度创建结果色。
- **颜色**：使用基色的光度以及混合色的色相和饱和度创建结果色。
- **亮度**：使用基色的色相和饱和度以及混合色的亮度创建结果色。

**提示** 在Photoshop CS4中，“基色”是指图像中原来的颜色；“混合色”是指通过绘画或编辑时应用的颜色；“结果色”是指应用图层混合模式后产生的颜色。

## 7.1.2 画笔工具组

画笔工具组包括画笔工具、铅笔工具和颜色替换工具，使用它可以在图像窗口中绘制各种图像和线条丰富多彩的图形。

### 1. 画笔工具

使用画笔工具可以根据需要在图像窗口中绘制简单的图像。在工具箱中单击“画笔工具”按钮，将显示其工具属性栏，如图7.1所示。

画笔: 65 模式: 正常 不透明度: 20% 流量: 100%

图7.1 画笔工具属性栏

在显示的画笔工具属性栏中，各参数选项的含义如下。

- **画笔**：单击该选项右侧的小三角按钮，在弹出的下拉列表中可以设置画笔的硬度、直径和笔触样式。
- **模式**：在该选项的下拉列表中选择画笔和图像的混合模式。
- **不透明度**：该选项用于设置画笔颜色的不透明度，数值越小，笔触就越透明。
- **流量**：该选项用于设置画笔的笔触密度，数值越大，绘制的图像颜色就越深。
- **喷枪**：单击该按钮可以将画笔转换为喷枪功能。
- **切换画笔调板**：单击该按钮，将弹出“画笔”调板。

### 2. 铅笔工具

使用铅笔工具可以在图像窗口中绘制各种硬边线条。在工具箱中单击“铅笔工具”按钮，将显示工具属性栏，如图7.2所示。

画笔: 1 模式: 正常 不透明度: 100% 自动抹除

图7.2 铅笔工具属性栏

铅笔工具和画笔工具的使用方法基本相同，不同的是在铅笔工具属性栏中勾选“自动抹除”复选框后，铅笔工具将具有擦除功能，即在绘制图像的过程中如果铅笔工具经过的图像区域与前景色一致，系统会自动擦除前景色而填入黑色。

### 3. 颜色替换工具

使用颜色替换工具可以更改图像中的颜色。在工具箱中单击“颜色替换工具”按钮，将显示工具属性栏，如图7.3所示。

画笔: 13 模式: 颜色 限制: 连续 容差: 30% 消除锯齿

图7.3 颜色替换工具属性栏

在显示的颜色替换工具属性栏中，各参数选项的含义如下。

- **取样连续**：单击该按钮，可以在图像上拖动鼠标，对颜色进行连续取样。
- **取样一次**：单击该按钮，只能选取第一次单击的颜色区域中的目标颜色。
- **背景色板**：单击该按钮，只能替换包含当前背景色的区域。
- **限制**：该选项用于设置替换时的限制方法，包括“不连续”、“连续”和“查找边缘”三个选项。
- **容差**：该选项用于控制色彩的范围。
- **消除锯齿**：勾选该复选框，可以去除边界的锯齿边缘。

## 7.1.3 画笔笔尖设置

在运用画笔绘制图像时，可以在“画笔”调板中设置画笔笔尖。在画笔工具属性栏中单击“切换画笔调板”按钮，弹出的“画笔”调板如图7.4所示。

在弹出的“画笔”调板中，各参数选项的含义如下。

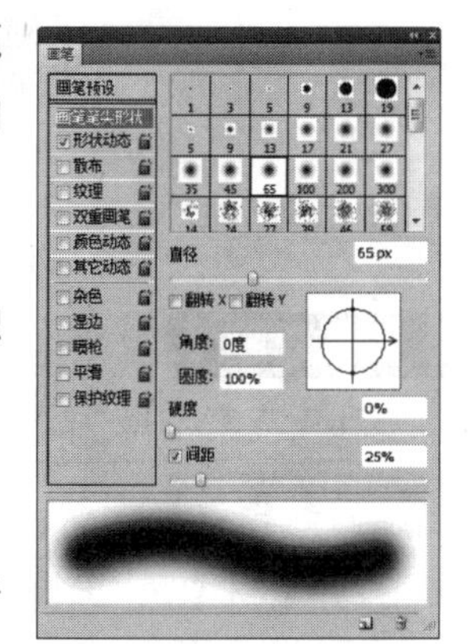

图7.4　“画笔”调板

- **画笔预设**：在调板中单击该选项，则显示系统提供的多种笔触样式。
- **直径**：该选项用于设置画笔笔触的大小。
- **翻转X、翻转Y**：用于改变画笔笔尖在X轴或Y轴上的方向。
- **角度**：该选项用于改变非圆形画笔的旋转角度。
- **圆度**：该选项用于设置画笔的圆度。数值越大，画笔越趋向于正圆或画笔在定义时所具有的比例。
- **硬度**：该选项用于设置画笔边缘的硬度。数值越大，画笔的边缘越清晰。
- **间距**：该选项用于设置每两个画笔之间的距离。数值越大，间距越大。
- **笔尖形态**：该选项区域用于设置画笔的形态，其中包括形状动态、散布、纹理、双重画笔、颜色动态、其他动态、杂色、湿边、喷枪、平滑和保护纹理等11个选项。

# 7.2 进阶——典型实例

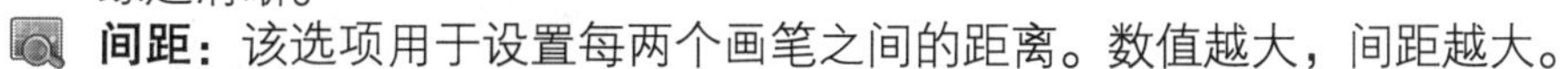

通过对本章的学习，相信读者对图层的混合模式、画笔工具组和画笔笔尖设置等知识有了一定的了解，下面我们将在此基础上进行相应的实例练习。

## 7.2.1 更换头像

本例介绍更换头像的方法，帮助读者巩固蒙版工具、套索工具和画笔工具的使用方法和技巧。

**最终效果**

本例制作完成前后的对比效果如图7.5所示。

图7.5　前后对比效果

## 解题思路

利用套索工具、“变换”命令、蒙版工具和画笔工具更换头像。

## 操作步骤

1 打开素材图片“01.jpg”和“02.jpg”（图片位置：\素材\第7章\01.jpg、02.jpg），如图7.6和图7.7所示。

图7.6　01.jpg

图7.7　02.jpg

2 在工具箱中单击“套索工具”按钮，然后将鼠标指针移动到“02.jpg”图像窗口中，按住鼠标左键不放，沿着人物的头像移动，释放鼠标后即可创建选区，如图7.8所示。

3 在工具箱中单击“移动工具”按钮，然后在“02.jpg”窗口中将选区内的图像移动到“01.jpg”图像窗口中，这时“图层”调板中自动生成“图层1”，如图7.9所示。

4 在菜单栏中选择“编辑”→“变换”→“水平翻转”命令，将图像进行翻转，如图7.10所示。

图7.8　创建选区

图7.9　移动选区内的图像

图7.10　水平翻转

5 按“Ctrl+T”组合键，在显示的控制框中调整人物头像和原图像中人物头像的大小基本一致，然后按下“Enter”键确定，如图7.11所示。

6 在“图层”调板中设置“图层1”的不透明度为66%，然后将头像移动到适当的位置，如图7.12所示。

7 在“图层”调板中单击底部的“添加图层蒙版”按钮，添加图层蒙版，如图7.13所示。

图7.11　变换图像

图7.12　设置不透明度

图7.13　添加图层蒙版

8 设置前景色为黑色，在工具箱中单击“画笔工具”按钮，在其属性栏中设置画笔样式为“柔角65像素”、不透明度为100%、流量为45%，然后在图像窗口中涂抹头像右边的区域，如图7.14所示。

9 设置“图层1”的“不透明度”为100%，然后在图像窗口中擦除其他的区域，得到的最终效果如图7.15所示。

图7.14 隐藏区域　　图7.15 最终效果图

## 7.2.2 百变蝴蝶

本例介绍百变蝴蝶的绘制方法，帮助读者巩固图层的混合模式和椭圆选框工具的使用方法和技巧。

### 最终效果

本例制作完成前后的对比效果如图7.16所示。

图7.16 前后对比效果

### 解题思路

利用“调整”命令、图层混合模式和椭圆选框工具等制作蝴蝶百变的效果。

### 操作提示

1 打开素材图片“03.jpg”（图片位置：\素材\第7章\03.jpg），然后复制出“背景副本”图层，如图7.17所示。

2 在“图层”调板中单击“背景”图层，在菜单栏中选择“图层”→“新建填充图层”→“图案”命令，在弹出的“新建图层”对话框中设置模式为“实色混合”，然后单击“确定”按钮，如图7.18所示。

图7.17　03.jpg

图7.18　“新建图层”对话框

3 在弹出的“图案填充”对话框中单击图案右侧的小三角按钮，然后在弹出的面板中单击右上角的按钮，在弹出的下拉列表中选择“图案2”命令，追加新图案，如图7.19所示。

4 在“图案填充”对话框的图案列表框中选择追加的“石头”图案，然后单击“确定”按钮，如图7.20所示。

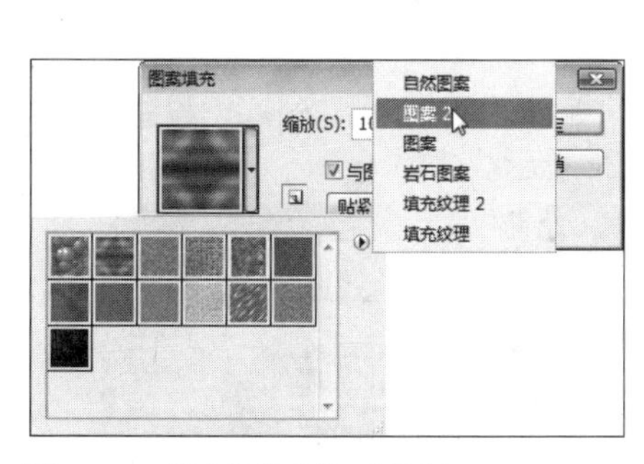


图7.19　“图案填充”对话框

图7.20　填充图案后的效果

5 在“图层”调板中按下“Ctrl+Shift+Alt+E”组合键盖印合并图层，这时调板中自动生成“图层1”，如图7.21所示。

6 在“图层”调板中选择“背景副本”图层，按住鼠标左键不放拖动至“图层1”的上方，并设置图层的混合模式为“正片叠底”，“不透明度”调整为60%，如图7.22所示。

图7.21　盖印可见图层

图7.22　设置混合模式和不透明度

7 在工具箱中单击“椭圆选框工具”按钮，然后在图像窗口中按下“Alt+Shift”组合键的同时拖动鼠标左键绘制正圆，释放鼠标键后如图7.23所示。

8 在菜单栏中选择“选择”→“反向”命令，将选区反向选择，如图7.24所示。

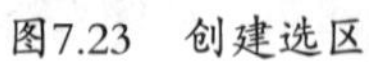

图7.23　创建选区

图7.24　反向选区

9 在菜单栏中选择“图层”→“新建填充图层”→“图案”命令，在弹出的“新建图层”对话框中设置模式为“强光”，然后单击“确定”按钮。

10 在弹出的“图案填充”对话框中单击图案右侧的小三角按钮，然后在弹出的面板中单击右上角的按钮，在弹出的下拉列表中选择“图案”命令，追加新图案，如图7.25所示。

11 在“图案填充”对话框的图案列表框中选择追加的“编制（宽）”图案，设置缩放为150%，单击“确定”按钮，得到的最终效果如图7.26所示。

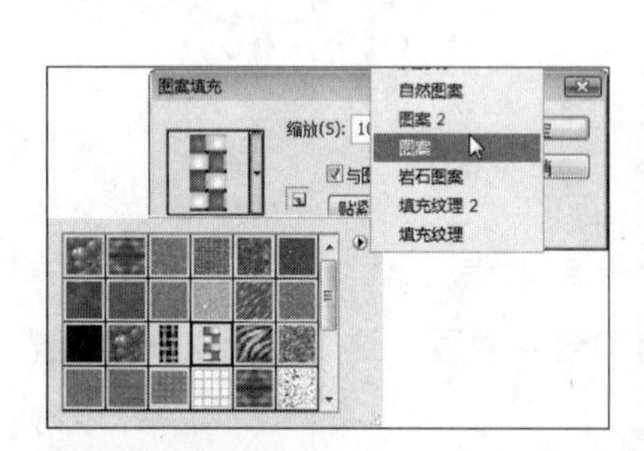


图7.25　图案填充

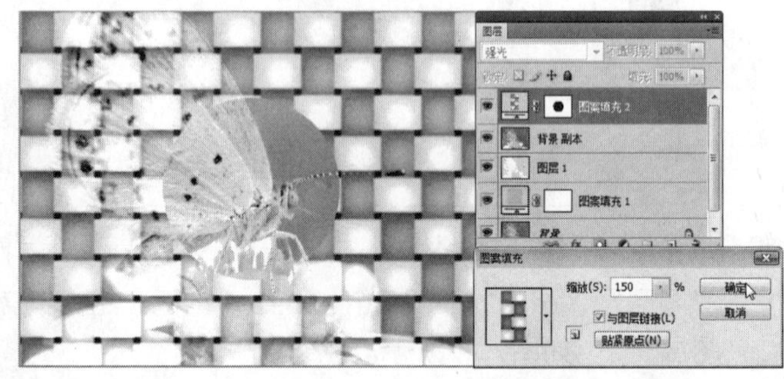


图7.26　最终效果图

## 7.2.3　修正闭眼照片

本例介绍修正闭眼照片的方法，帮助读者巩固套索工具、橡皮擦工具和修复画笔工具的使用方法和技巧。

### 最终效果

本例制作完成前后的对比效果如图7.27所示。

图7.27　前后对比效果

## 解题思路

1 打开素材图片。
2 使用套索工具创建选区，并移动选区内的图像。
3 使用橡皮擦工具擦除眼睛的边缘。
4 使用“变换”命令调整眼睛的位置。
5 使用修复画笔工具修复照片中不需要的区域。

## 操作提示

1 打开素材图片“04.jpg”和“05.jpg”（图片位置：\素材\第7章\04.jpg、05.jpg），如图7.28和图7.29所示。
2 在工具箱中单击“套索工具”按钮，然后在“05.jpg”图像窗口中的右眼区域绘制选区，如图7.30所示。

图7.28　04.jpg

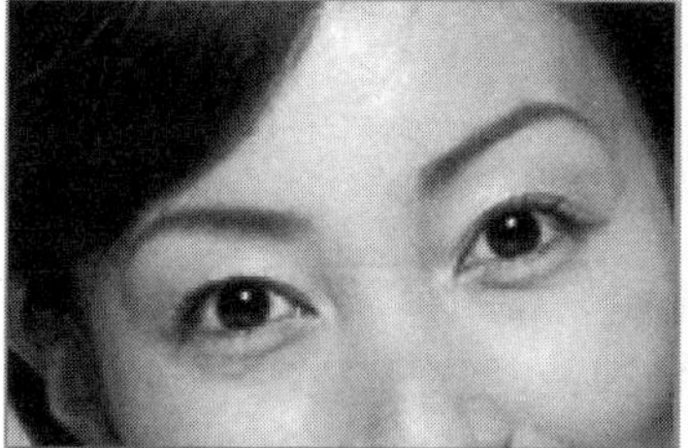

图7.29　05.jpg

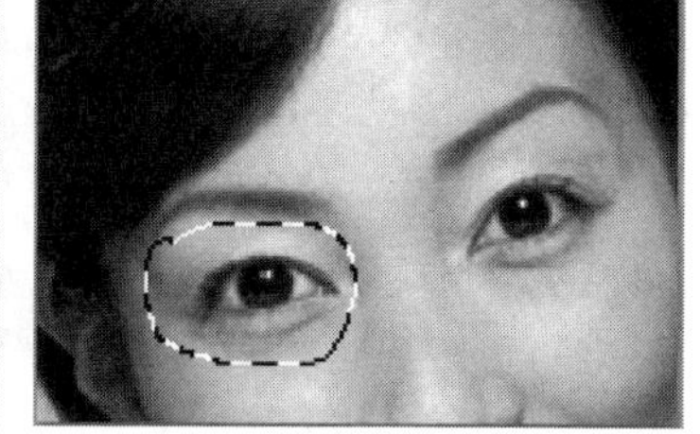

图7.30　创建选区

3 在工具箱中单击“移动工具”按钮，将“05.jpg”窗口中选区内的图像移动到“04.jpg”图像窗口中，这时“图层”调板中自动生成“图层1”，如图7.31所示。
4 在工具箱中单击“橡皮擦工具”按钮，在其属性栏中设置画笔大小为“柔角35像素”、不透明度为100%、流量为100%，然后擦除眼睛的边缘，使图像能自然融合，如图7.32所示。

5 按下“Ctrl+T”组合键，在显示的控制框外拖动鼠标旋转一定的角度，然后按下“Enter”键确认，如图7.33所示。

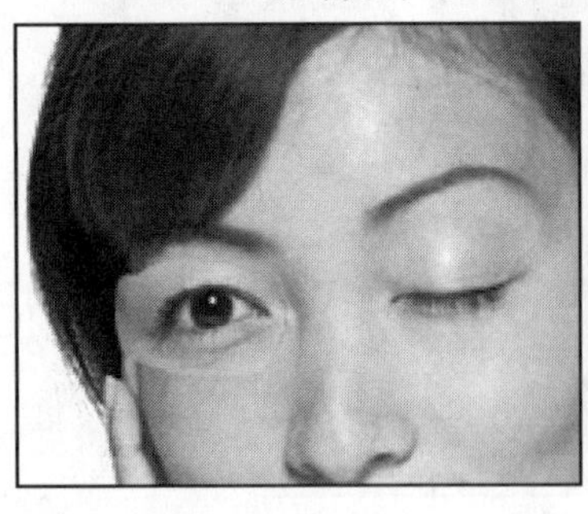

图7.31 移动图像

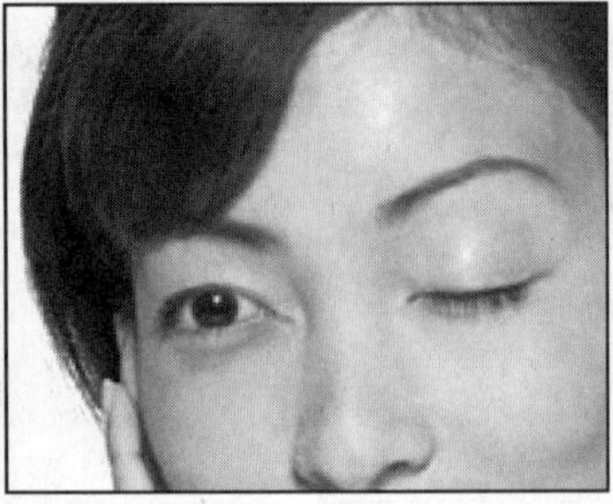

图7.32 擦除区域

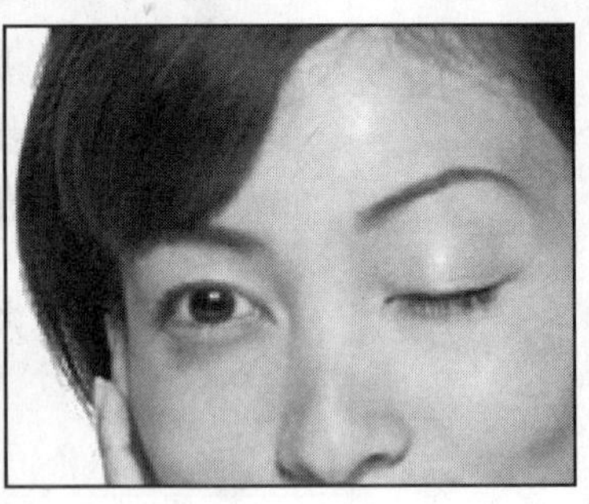

图7.33 变换对象

6 按下“Ctrl+E”组合键合并“图层1”和“背景”图层，如图7.34所示。然后在工具箱中单击“修复画笔工具”按钮，在其属性栏中设置画笔大小为“柔角18像素”。

7 将鼠标指针移动到人物的脸上，按下“Alt”键的同时单击鼠标左键取样，释放鼠标后在眼睛的下方按住鼠标左键拖动，修复区域，如图7.35所示。

8 再次选择“05.jpg”，在工具箱中单击“套索工具”按钮，然后在“05.jpg”图像窗口中的左眼区域绘制选区，如图7.36所示。

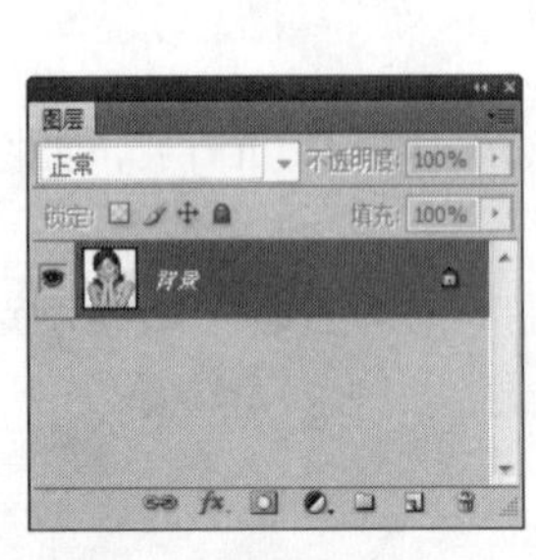


图7.34 合并图层

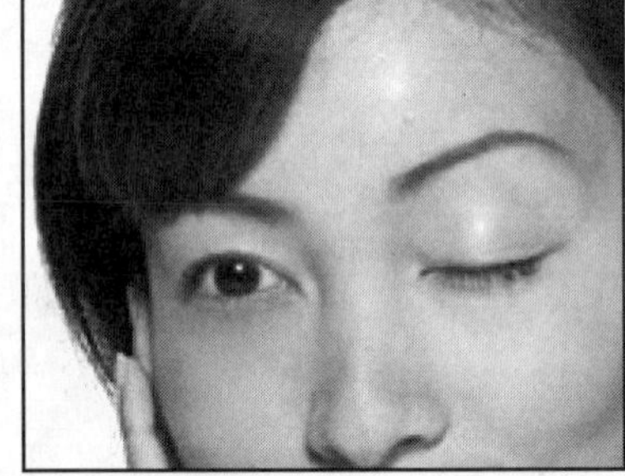
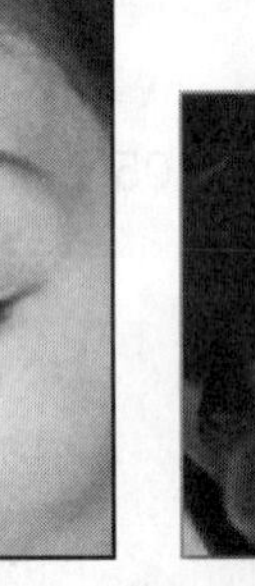

图7.35 修复区域

图7.36 创建选区

9 在工具箱中单击“移动工具”按钮，将“05.jpg”窗口中选区内的图像移动到“04.jpg”图像窗口中，然后在工具箱中单击“橡皮擦工具”按钮，擦除眼睛的边缘，使图像能自然融合，如图7.37所示。

10 按下“Ctrl+T”组合键，在显示的控制框外拖动鼠标将眼睛旋转到一定的角度，如图7.38所示。

11 合并“图层1”和“背景”图层，在工具箱中单击“修复画笔工具”按钮，然后在图像窗口中进行修复操作，得到的最终效果如图7.39所示。

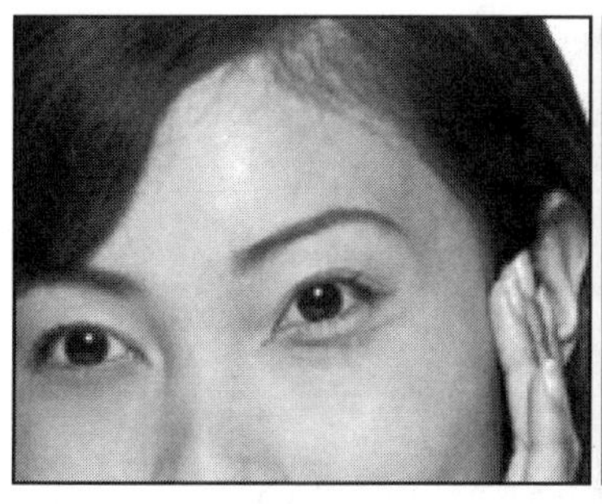
图7.37　移动图像

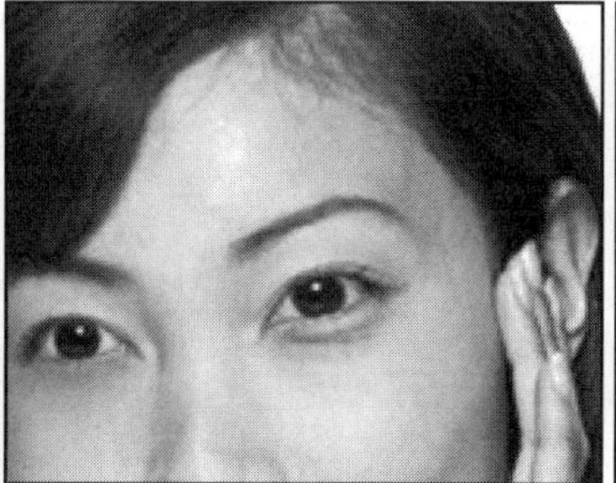
图7.38　变换对象

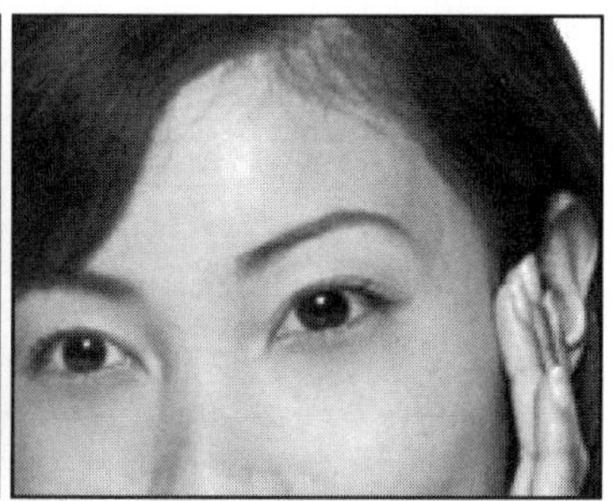
图7.39　最终效果图

## 7.2.4　夹花图片合成

本例介绍夹花图片合成的方法，帮助读者巩固“变换”命令、矩形选框工具、橡皮擦工具和“图层样式”命令的使用方法和技巧。

### 最终效果

本例制作完成前后的对比效果如图7.40所示。

### 解题思路

1 打开素材图片。
2 使用移动工具移动图片并变换图像大小。
3 使用矩形选框工具创建选区并填充。
4 使用“变换”命令缩放并旋转图像。
5 使用橡皮擦工具擦除不需要的区域。
6 使用“图层样式”命令，添加阴影效果。

图7.40　前后对比效果

### 操作提示

1 打开素材图片“06.jpg”、“07.jpg”、“08.jpg”和“09.jpg”（图片位置：\素材\第7章\06.jpg、07.jpg、08.jpg、09.jpg），如图7.41、图7.42、图7.43、和图7.44所示。

图7.41　06.jpg

图7.42　07.jpg

图7.43　08.jpg

图7.44　09.jpg

2 单击“07.jpg”图像窗口，在工具箱中单击“移动工具”按钮，将“07.jpg”窗口中的图像移动到“06.jpg”窗口中，这时“图层”调板中自动生成“图层1”，如图7.45所示。

3 在“图层”调板中单击“背景”图层，然后新建“图层2”，在工具箱中单击“矩形选框工具”按钮，在图像窗口中绘制选区，如图7.46所示。

4 设置前景色为“白色”，按下“Alt+Delete”组合键填充前景色，然后按下“Ctrl+D”组合键取消选区，如图7.47所示。

5 在“图层”调板中按下“Ctrl+E”组合键合并“图层1”和“图层2”，生成新的“图层2”，然后按下“Ctrl+T”组合键，在显示的控制框中进行缩放、旋转操作，并移动到如图7.48所示位置。

图7.45　移动图像

图7.46　创建选区

6 在工具箱中单击“橡皮擦工具”按钮，在其属性栏中设置画笔大小为“柔角9像素”、不透明度为100%，然后在夹子的部分进行擦除，如图7.49所示。

**7** 在“图层”调板中双击“图层2”，在弹出的“图层样式”对话框中单击“投影”选项，设置“角度”为120度，其他保持默认值，然后单击“确定”按钮，如图7.50所示。

图7.47 填充前景色

图7.48 变换对象

图7.49 擦除区域

图7.50 “投影”图层样式

**8** 切换至“08.jpg”图像窗口，在工具箱中单击“移动工具”按钮，将“08.jpg”窗口中的图像移动到“06.jpg”窗口中，这时“图层”调板中自动生成“图层3”，如图7.51所示。

**9** 按下“Ctrl+T”组合键，在显示的控制框中将图片缩放到适当的位置，然后在“图层3”的下方新建“图层4”，如图7.52所示。

图7.51 移动图像

图7.52 缩放对象

**10** 使用矩形选框工具在图像中创建选区，然后填充选区并取消选区，如图7.53所示。

**11** 合并“图层3”和“图层4”，然后按下“Ctrl+T”组合键，在显示的控制框中进行缩放、旋转操作，并移动到如图7.54所示的位置。

图7.53 填充并取消选区

图7.54 变换对象

12 使用橡皮擦工具在夹子部分进行擦除，然后添加图层阴影，如图7.55所示。

13 按照步骤8至步骤12的方法，将“09.jpg”窗口中的图像移动到“06.jpg”图像窗口中，然后进行相同操作，得到的最终效果如图7.56所示。

图7.55 添加阴影

图7.56 最终效果图

## 7.2.5 人体裂缝

本例介绍制作人体裂缝的方法，帮助读者巩固通道、橡皮擦工具和“图层样式”命令的使用方法和技巧。

### 最终效果

本例制作完成前后的对比效果如图7.57所示。

图7.57 前后对比效果

## 解题思路

利用通道、橡皮擦工具和“图层样式”命令等制作人体裂缝效果。

## 操作提示

1 打开素材图片“10.jpg”和“11.jpg”（图片位置：\素材\第7章\10.jpg、11.jpg），如图7.58和图7.59所示。

2 在“11.jpg”图像窗口中复制出“背景副本”图层，然后在“通道”调板中复制出“红副本”通道，如图7.60所示。

图7.58 10.jpg

图7.59 11.jpg

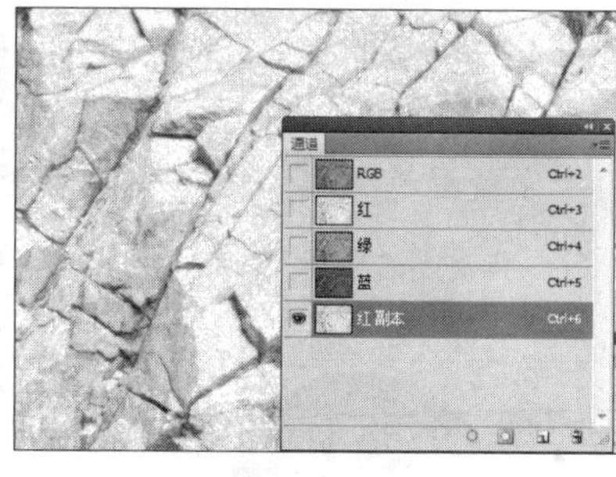


图7.60 复制通道

3 在菜单栏中选择“图像”→“调整”→“色阶”命令，在弹出的“色阶”对话框中设置输入色阶为“142、1、144”，然后单击“确定”按钮，如图7.61所示。

4 按下“Ctrl”键的同时在“通道”调板中单击“红副本”通道前的缩略图，载入选区，然后在“图层”调板中单击“背景副本”图层，如图7.62所示。

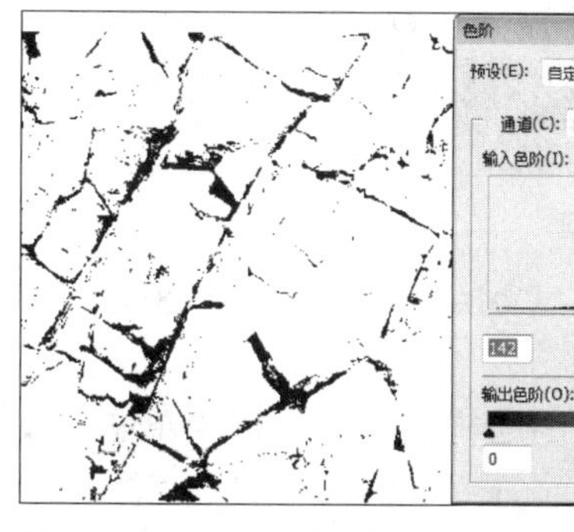

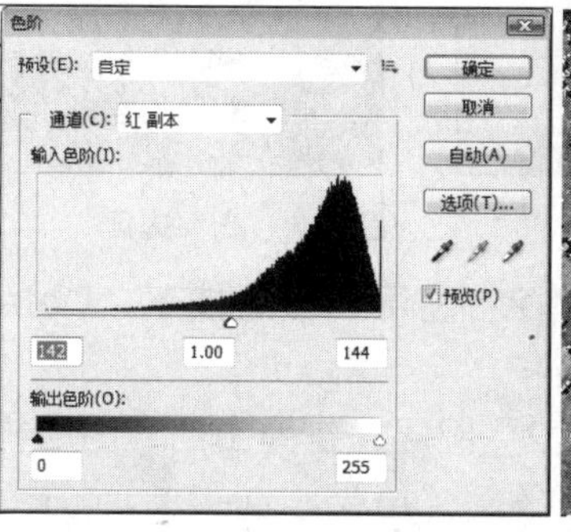


图7.61 “色阶”对话框

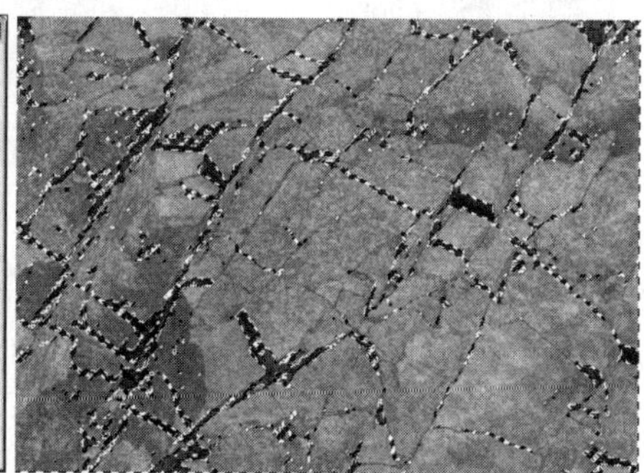

图7.62 载入选区

5 按下“Delete”键删除选区内的图像，然后按下“Ctrl+D”组合键取消选区，如图7.63所示。

6 在“10.jpg”图像窗口中连续复制出“背景副本”和“背景副本2”图层，然后在工具箱中单击“移动工具”按钮，将“11.jpg”窗口中“背景副本”内的图像拖动到“10.jpg”图像窗口中，这时“图层”调板中自动生成“背景副本”图层，如图7.64所示。

7 按下“Alt”键的同时单击并拖动鼠标，可复制图层中的图像。多次复制后的效果如图7.65所示。

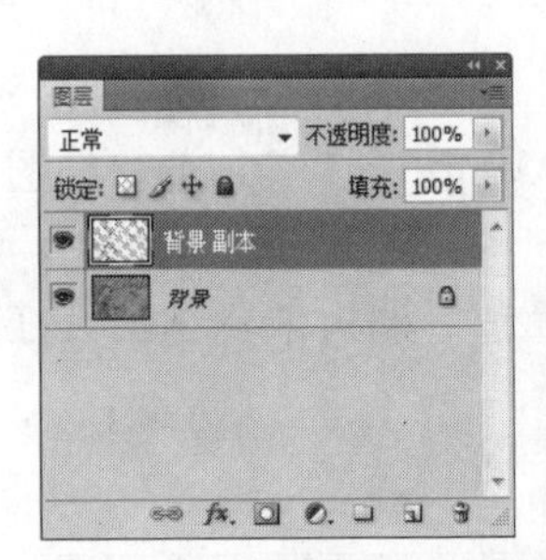

图7.63 删除选区内的图像

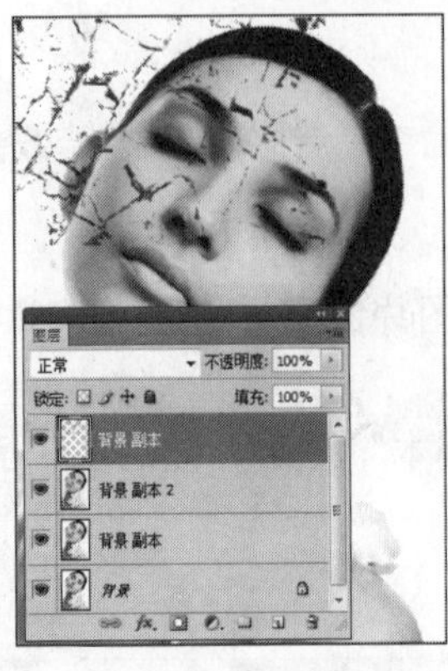

图7.64 移动图像

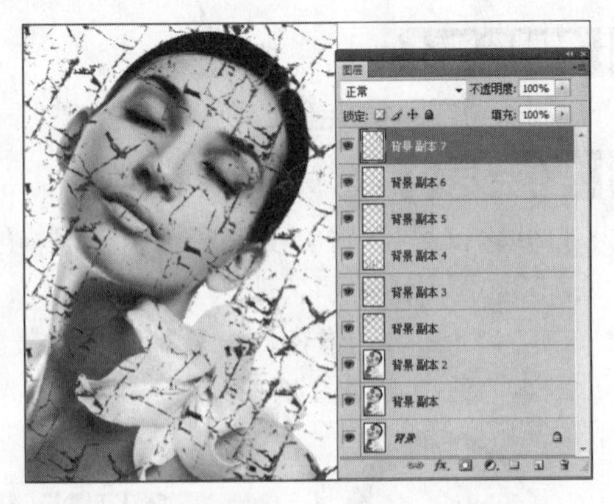

图7.65 复制图像

8 按下“Ctrl+E”组合键合并图层。在工具箱中单击“橡皮擦工具”按钮，在其属性栏中设置画笔大小为“柔角45像素”，然后在图像窗口中进行擦除，如图7.66所示。

9 在“图层”调板中按下“Ctrl”键的同时单击“背景副本”图层的缩略图，载入选区，然后再单击该图层前面的眼睛图标，隐藏该图层，如图7.67所示。

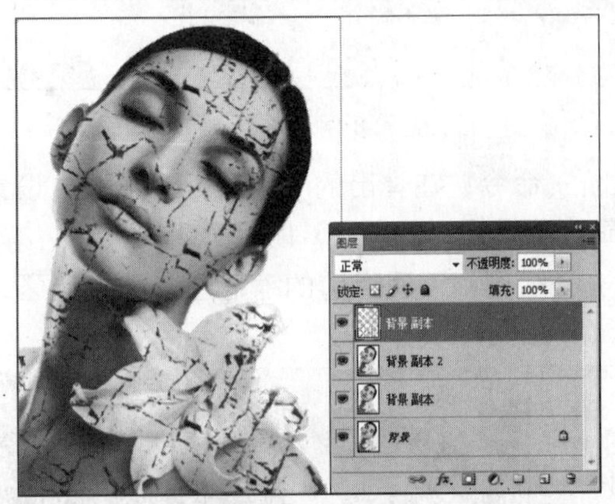

图7.66 擦除图像

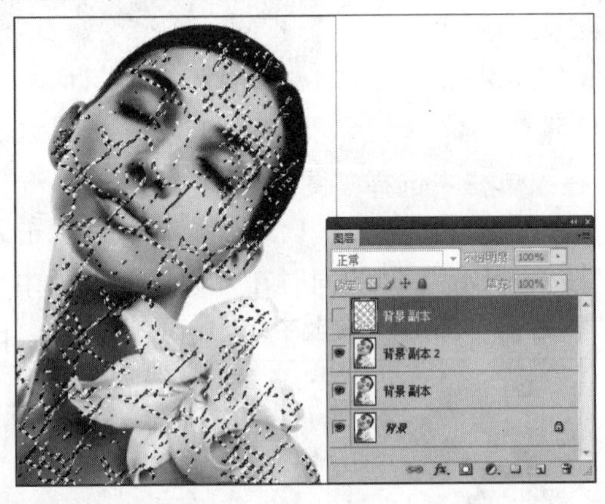

图7.67 载入选区

10 在“图层”调板中选择“背景副本2”图层，然后按下“Delete”键删除选区内的图像，按“Ctrl+D”组合键取消选区。

11 在“图层”调板中双击“背景副本2”图层，在弹出的“图层样式”对话框中单击“投影”选项，设置“不透明度”为50%、“角度”为-4度、“距离”为3像素、“大小”为0像素、“杂色”为19%，然后单击“确定”按钮，如图7.68所示。

12 设置前景色为白色，在“图层”调板中选择“背景”图层上方的“背景副本”图层，然后按下“Alt+Delete”组合键填充前景色，得到的最终效果如图7.69所示。

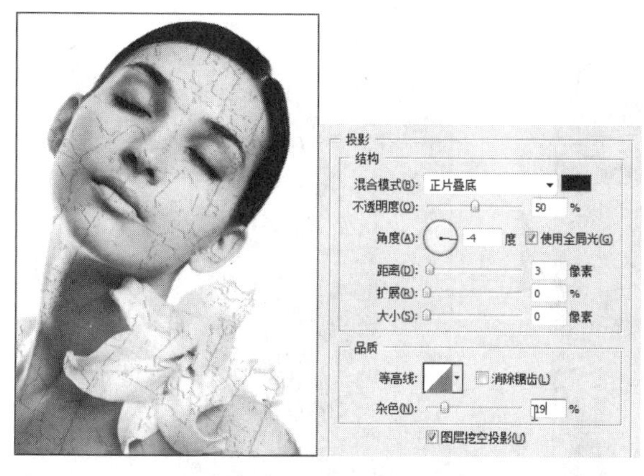


图7.68　添加投影样式

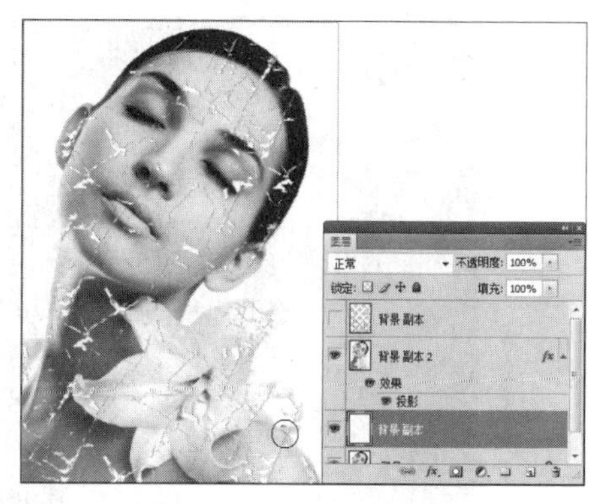


图7.69　最终效果图

## 7.2.6　给照片中的人物换衣服

本例介绍给照片中的人物换衣服的方法，帮助读者巩固钢笔工具、图层混合模式和“中间值”滤镜的使用方法和技巧。

### 最终效果

本例制作完成前后的对比效果如图7.70所示。

图7.70　前后对比效果

### 解题思路

1 打开素材图片。

2 使用钢笔工具创建选区。

3 设置图层混合模式并使用“中间值”滤镜改变图像。

### 操作提示

1 打开素材图片“12.jpg”和“13.jpg”（图片位置：\素材\第7章\12.jpg、13.jpg），如图7.71和图7.72所示。

2 在工具箱中单击“钢笔工具”按钮，在其属性栏中单击“路径”按钮，然后在“12.jpg”图像窗口中绘制路径，如图7.73所示。

3 在“路径”调板中单击底部的“将路径作为选区载入”按钮，载入选区，如图7.74

所示。

图7.71　12.jpg

图7.72　13.jpg

图7.73　绘制路径

图7.74　载入选区

4 在工具箱中单击“移动工具”按钮，将“13.jpg”窗口中的图像移动到“12.jpg”图像窗口中，这时“图层”调板中自动生成“图层1”，如图7.75所示。

5 按下“Ctrl+Shift+I”组合键反向选区，然后按“Delete”键删除选区内的图像，按下“Ctrl+D”组合键取消选区，如图7.76所示。

图7.75　移动图像

图7.76　删除选区内的图像

6 在“图层”调板中设置“图层1”的混合模式为“变暗”，效果如图7.77所示。

7 在菜单栏中选择“滤镜”→“杂色”→“中间值”命令，在弹出的“中间值”对话框中设置“半径”为1像素，然后单击“确定”按钮，得到的最终效果如图7.78所示。

图7.77　图层混合模式

图7.78　最终效果图

## 7.2.7　制作纸花效果

本例介绍制作纸花效果的方法，帮助读者巩固魔棒工具、“去色”命令、“色阶”命令、“亮度/对比度”命令、图层混合模式和“色相/饱和度”命令的使用方法和技巧。

### 最终效果

本例制作完成前后的对比效果如图7.79所示。

图7.79　前后对比效果

### 解题思路

1 打开素材图片。
2 使用魔棒工具创建选区，并反向选择。
3 复制选区内的图像，然后进行“去色”、“色阶”和“亮度/对比度”调整。
4 利用图层混合模式制作纸花效果。
5 利用“色相/饱和度”命令调整纸花的颜色。

### 操作提示

1 打开素材图片“14.jpg”（图片位置：\素材\第7章\14.jpg），如图7.80所示，
2 在工具箱中单击“魔棒工具”按钮，在其属性栏中设置“容差”值为32，然后在图像的空白区域单击，创建选区，如图7.81所示。

图7.80 14.jpg

图7.81 创建选区

3 按“Ctrl+Shift+I”组合键反向选区，然后按“Ctrl+J”组合键复制选区内的图像，“图层”调板中自动生成“图层1”，如图7.82所示。

4 在菜单栏中选择“图像”→“调整”→“去色”命令，将照片转换为灰度图像，如图7.83所示。

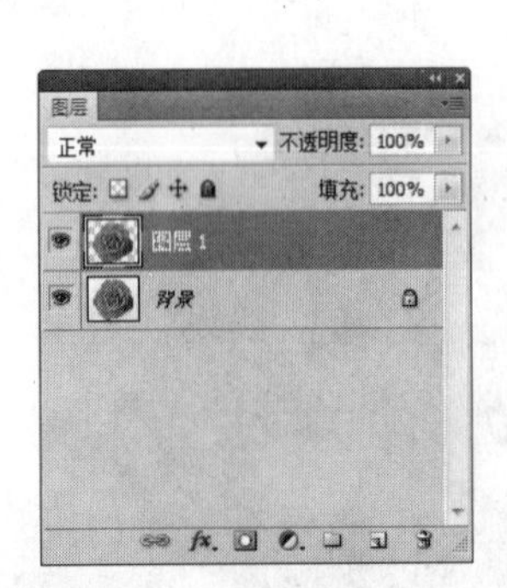


图7.82 反向选区

图7.83 去色

5 在菜单栏中选择“图像”→“调整”→“色阶”命令，在弹出的“色阶”对话框中设置输入色阶为“49、1、233”，然后单击“确定”按钮，如图7.84所示。

6 在菜单栏中选择“图像”→“调整”→“亮度/对比度”命令，在弹出的“亮度/对比度”对话框中设置“亮度”为-69、“对比度”为46，然后单击“确定”按钮，如图7.85所示。

图7.84 调整色阶

图7.85 调整亮度和对比度

**7** 打开素材图片“15.jpg”（图片位置：\素材\第7章\15.jpg），如图7.86所示。

**8** 在工具箱中单击“移动工具”按钮，将图片移动到“14.jpg”图像窗口中，这时“图层”调板中自动生成“图层2”，然后按下“Ctrl+T”组合键缩放图像，如图7.87所示。

图7.86　15.jpg

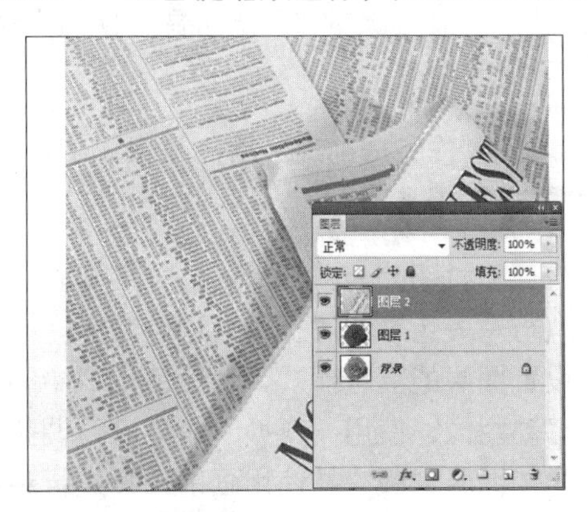


图7.87　移动图像

**9** 在“图层”调板中设置“图层2”的混合模式为“叠加”，然后按“Ctrl”键的同时单击“图层1”，载入选区，如图7.88所示。

**10** 按“Ctrl+Shift+I”组合键反向选区，然后按“Delete”组合键删除选区内的图像，最后按“Ctrl+D”组合键取消选区，如图7.89所示。

图7.88　载入选区

图7.89　删除选区内的图像

**11** 在菜单栏中选择“图像”→“调整”→“色相/饱和度”命令，在弹出的“色相/饱和度”对话框中勾选“着色”对话框，设置“色相”为55、“饱和度”为25，如图7.90所示。

**12** 设置完成后单击“确定”按钮，得到的最终效果如图7.91所示。

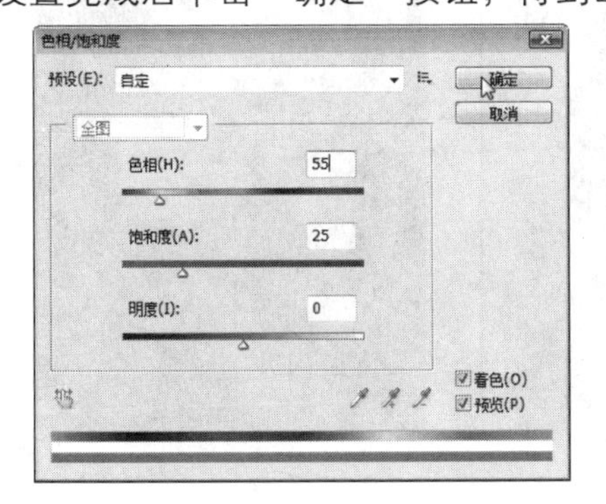


图7.90　调整色相/饱和度

图7.91　最终效果图

## 7.2.8 合成图像

本例介绍合成图像的方法，帮助读者巩固“去色”命令、“反相”命令、图层混合模式、“中间值”滤镜和蒙版工具的使用方法和技巧。

### 最终效果

本例制作完成前后的对比效果如图7.92所示。

### 解题思路

1 打开素材图片。
2 执行“去色”和“反相”调整命令。
3 设置图层的混合模式，然后使用“中间值”滤镜。
4 移动图像，使用“变换”命令进行调整。
5 添加图层蒙版，并使用画笔工具进行涂抹。

图7.92 前后对比效果

### 操作提示

1 打开素材图片“16.jpg”（图片位置：\素材\第7章\16.jpg），如图7.93所示。
2 在菜单栏中选择“图像”→“调整”→“去色”命令，将图像转换为灰度图像，然后复制生成“背景副本”图层，如图7.94所示。
3 在菜单栏中选择“图像”→“调整”→“反相”命令，得到如图7.95所示的效果。

图7.93 16.jpg

图7.94 去色

图7.95 反相

4 在“图层”调板中设置“背景副本”图层的图层混合模式为“颜色减淡”，如图7.96所示。

5 在菜单栏中选择“滤镜”→“杂色”→“中间值”命令，在弹出的“中间值”对话框中设置“半径”为3像素，如图7.97所示。

6 设置完成后单击“确定”按钮，然后按下“Ctrl+E”组合键合并“背景副本”和“背景”图层。

7 打开素材图片“17.jpg”（图片位置：\素材\第7章\17.jpg），如图7.98所示。

8 在工具箱中单击“移动工具”按钮，然后在“16.jpg”窗口中将图像移动到“17.jpg”图像窗口中，这时“图层”调板中将自动生成“图层1”，如图7.99所示。

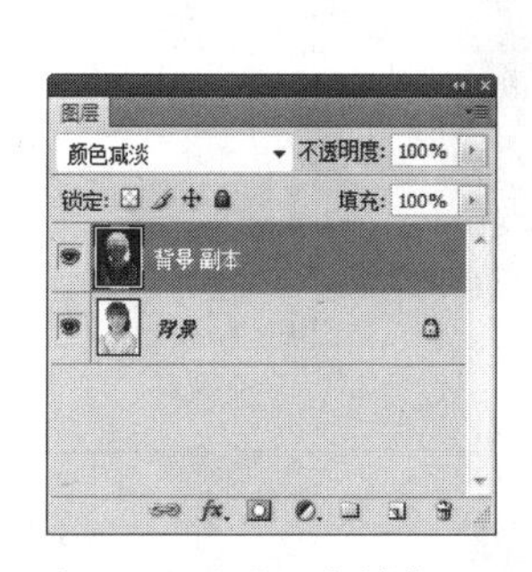


图7.96 设置混合模式

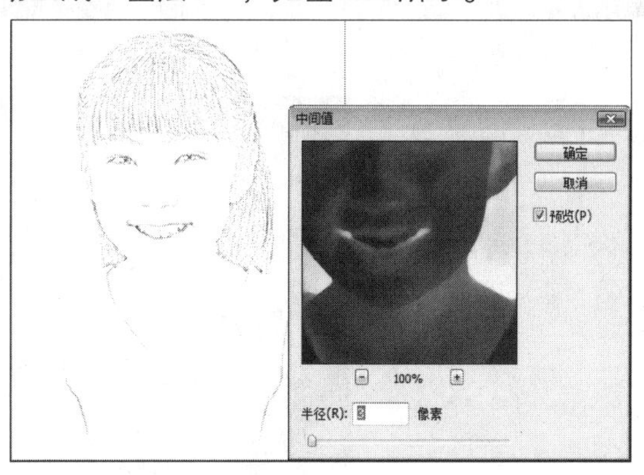


图7.97 “中间值”滤镜

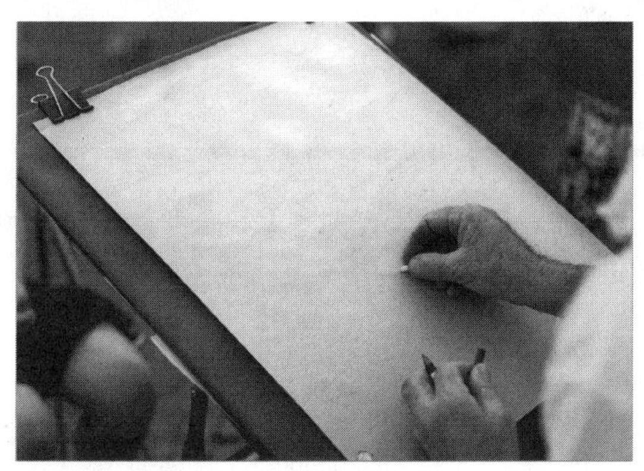

图7.98 17.jpg

图7.99 移动图像

9 按“Ctrl+T”组合键，在显示的控制框中缩放、旋转和移动图像，然后按“Enter”键确认操作，如图7.100所示。

10 在“图层”调板中设置“图层1”的混合模式为“正片叠底”，然后单击调板底部的“添加图层蒙版”按钮，如图7.101所示。

11 设置前景色为黑色，在工具箱中单击“画笔工具”按钮，在其属性栏中设置画笔大小为“柔角45像素”，然后在图像窗口中擦除，得到的最终效果如图7.102所示。

图7.100 变换对象

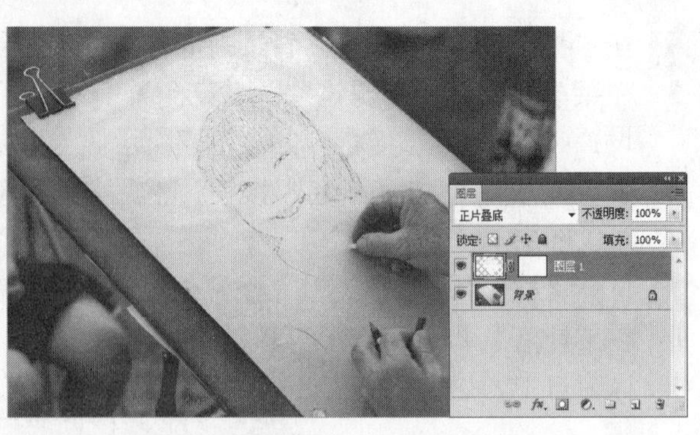


图7.101 设置混合模式

图7.102 最终效果图

# 7.3 提高——自己动手练

在了解了图层的混合模式、画笔工具组和画笔笔尖设置的基本操作并制作了相关实例后，下面将进一步巩固本章所学的知识并进行练习，以达到提高动手能力的目的。

## 7.3.1 镜片中的风景

本例介绍制作镜片中的风景的方法，帮助读者巩固磁性套索工具、剪贴蒙版、图层样式和图层混合模式的使用方法和技巧。

### 最终效果

本例制作完成前后的对比效果如图7.103所示。

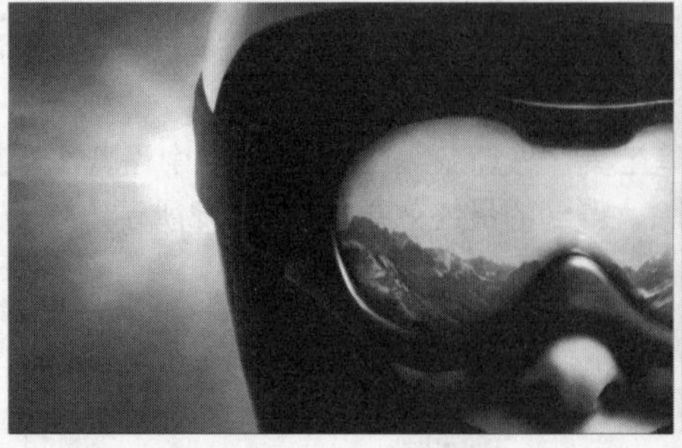

图7.103 前后对比效果

## 解题思路

利用磁性套索工具、剪贴蒙版、图层样式和图层混合模式等制作镜片中的风景。

## 操作提示

1 打开素材图片“18.jpg”和“19.jpg”（图片位置：\素材\第7章\18.jpg、19.jpg），如图7.104和图7.105所示。

图7.104　18.jpg

图7.105　19.jpg

2 单击“18.jpg”图像窗口，在工具箱中单击“磁性套索工具”按钮，在该图像窗口中创建选区，如图7.106所示。

3 在菜单栏中选择“选择”→“修改”→“羽化”命令，在弹出的“羽化”对话框中设置“羽化半径”为2像素，然后单击“确定”按钮，如图7.107所示。

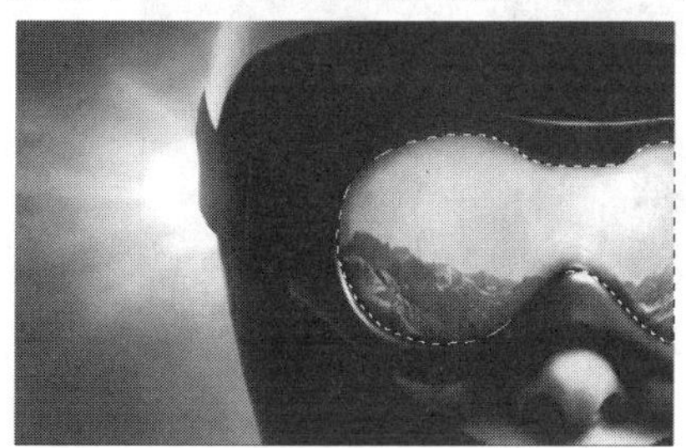

图7.106　创建选区

图7.107　“羽化选区”对话框

4 设置前景色为黑色，在“图层”调板中新建“图层1”，按下“Alt+Delete”组合键填充前景色，然后按下“Ctrl+D”组合键取消选区，如图7.108所示。

5 双击“图层1”，在弹出的“图层样式”对话框中单击“内阴影”选项，在右侧显示的参数面板中设置“角度”为-90度、“距离”为1像素、“大小”为3像素，然后单击“确定”按钮，如图7.109所示。

图7.108　填充前景色

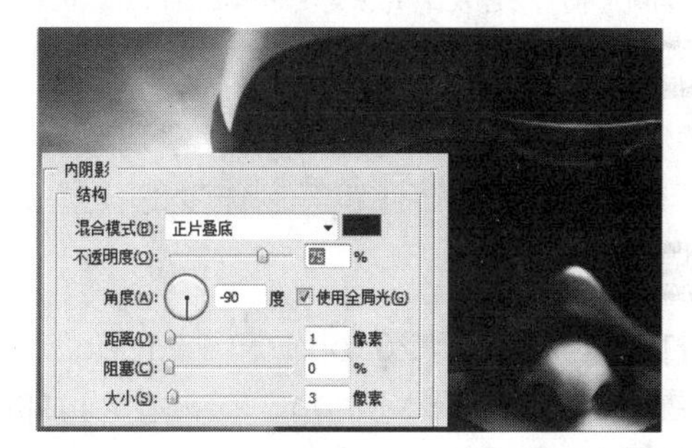


图7.109　添加内阴影样式

6 单击“19.jpg”图像窗口，在工具箱中单击“移动工具”按钮，将图像移动到“18.jpg”

窗口中，这时“图层”调板中自动生成“图层2”，按下“Ctrl+T”组合键缩放图像的大小并移动位置，如图7.110所示。

7 在“图层”调板中按下“Alt”键的同时在“图层1”和“图层2”之间单击，创建剪贴蒙版，如图7.111所示。

图7.110　移动图像

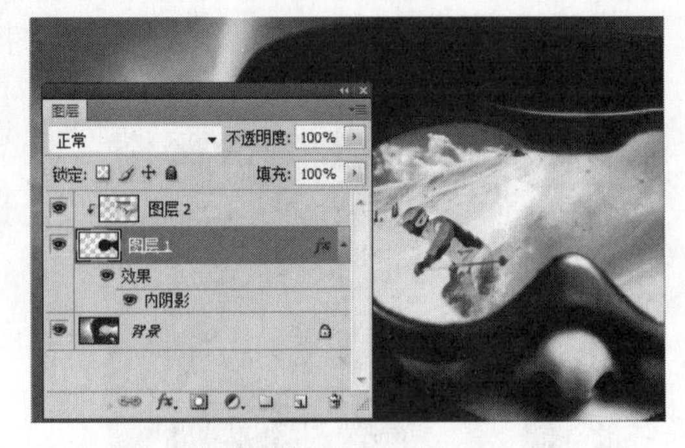


图7.111　创建剪贴蒙版

8 复制得到“图层2副本”，并设置图层的混合模式为“正片叠底”、“不透明度”为60%，得到的最终效果如图7.112所示。

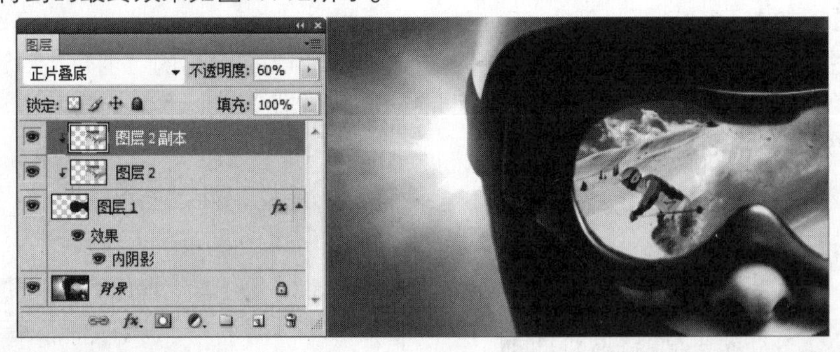


图7.112　最终效果图

## 7.3.2　梦幻城堡

本例介绍梦幻城堡的制作方法，帮助读者巩固画笔工具、蒙版工具、“调整”命令、涂抹工具和“球面化”滤镜的使用方法和技巧。

### 最终效果

本例制作完成的最终效果如图7.113所示。

图7.113　最终效果图

### 解题思路

利用画笔工具、蒙版工具、“调整”命令、涂抹工具和“球面化”滤镜等制作梦幻城堡。

### 操作提示

1 打开素材图片“20.jpg”和“21.jpg”（图片位置：\素材\第7章\20.jpg、21.jpg），如图7.114和图7.115所示。

图7.114　20.jpg

图7.115　21.jpg

2 在工具箱中单击“移动工具”按钮，将“21.jpg”窗口中的图像移动到“20.jpg”图像窗口中，这时“图层”调板中自动生成“图层1”，然后按下“Ctrl+T”组合键进行缩放和移动操作，按“Enter”键确认，如图7.116所示。

3 设置前景色为黑色，在“图层”调板中单击底部的“添加图层蒙版”按钮，然后在工具箱中单击“画笔工具”按钮，在其属性栏中设置画笔样式为“柔角100像素”。

4 将鼠标指针移动到图像窗口中，按住鼠标左键不放并拖动鼠标，隐藏部分图像，如图7.117所示。

图7.116　移动图像

图7.117　隐藏部分区域

5 在菜单栏中选择“图像”→“调整”→“曲线”命令，在弹出的“曲线”对话框中调整曲线形状，然后单击“确定”按钮，如图7.118所示。

6 在“图层”调板中选择“背景”图层，然后在工具箱中单击“涂抹工具”按钮，在其属性栏中设置画笔大小为“柔角100像素”，然后在图像中进行涂抹，如图7.119所示。

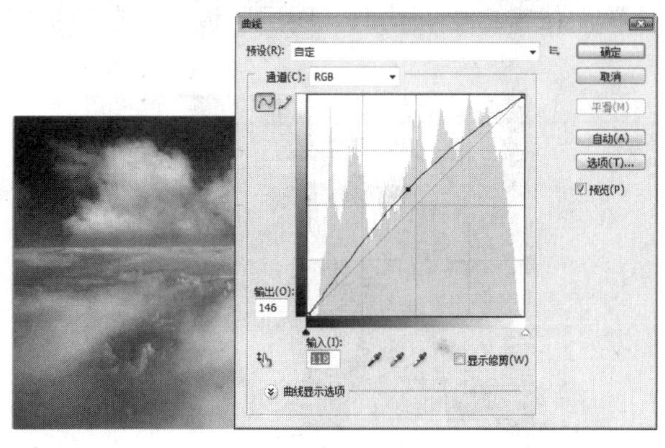


图7.118　调整曲线

图7.119　使用涂抹工具

7 打开素材图片“22.jpg”（图片位置：\素材\第7章\22.jpg），然后在工具箱中单击“移动工具”按钮，将图像拖动到“20.jpg”图像窗口中，这时“图层”调板中自动生成“图层2”，如图7.120所示。

8 在菜单栏中选择“编辑”→“变换”→“垂直翻转”命令，将图片进行翻转，如图7.121所示。

图7.120 移动图像

图7.121 垂直翻转

9 在菜单栏中选择“滤镜”→“扭曲”→“球面化”命令，在弹出的“球面化”对话框中设置“数量”为50%，“模式”选择“正常”，然后单击“确定”按钮，如图7.122所示。

10 使用移动工具将图片移动到适当的位置，然后添加蒙版，并使用画笔工具隐藏部分区域，如图7.123所示。

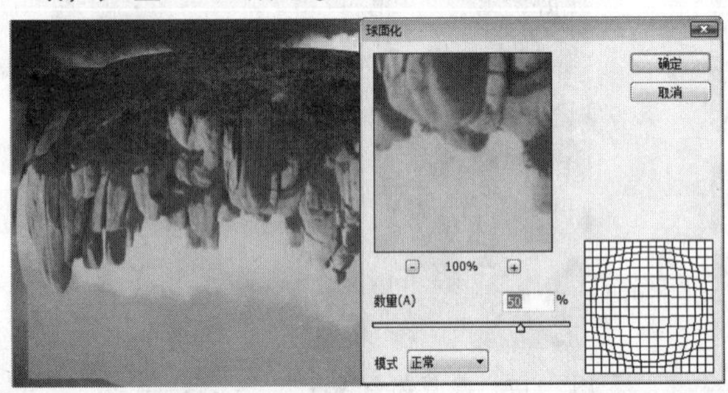


图7.122 球面化调整

图7.123 隐藏区域

11 按下“Ctrl+T”组合键，在显示的控制框中缩放并移动图像，然后按“Enter”键确认操作，如图7.124所示。

12 打开素材图片“23.jpg”（图片位置：\素材\第7章\23.jpg），然后在工具箱中单击“移动工具”按钮，将图像拖动到“20.jpg”图像窗口中，这时“图层”调板中自动生成“图层3”，如图7.125所示。

图7.124 变换对象

图7.125 移动图像

**13** 按下“Ctrl+T”组合键，在显示的控制框中缩放并移动图像，然后按“Enter”键确认操作，如图7.126所示。

**14** 在“图层”调板中单击底部的“添加图层蒙版”按钮，然后使用画笔工具在图像中进行涂抹并使用移动工具移动图像至适当的位置，如图7.127所示。

图7.126　变换对象

图7.127　隐藏区域

**15** 使用移动工具轻微移动图像，然后在菜单栏中选择“图像”→“调整”→“曲线”命令，在弹出的“曲线”对话框中调整曲线形状，完成后单击“确定”按钮，如图7.128所示。

**16** 在“图层”调板中单击“图层2”，按“Ctrl+T”组合键变换图像，然后单击蒙版缩略图，使用画笔工具隐藏部分图像，得到的最终效果如图7.129所示。

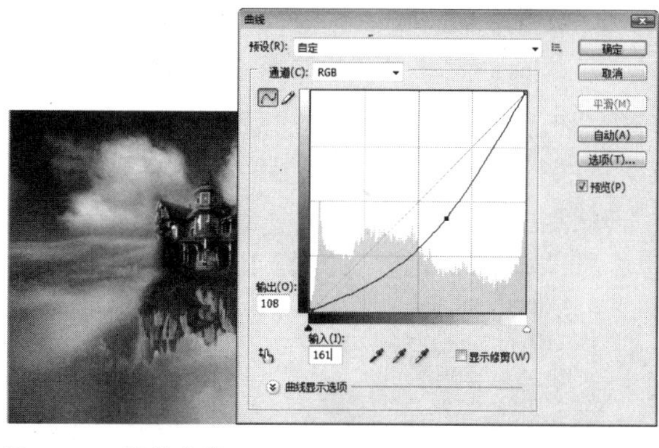


图7.128　调整曲线

图7.129　最终效果图

## 7.3.3　森林外景

本例介绍制作森林外景的方法，帮助读者巩固选区工具、“调整”命令、“变换”命令、图层样式、图层混合模式和钢笔工具的使用方法和技巧。

### 最终效果

本例制作完成的最终效果如图7.130所示。

图7.130　最终效果图

### 解题思路

1 打开素材图片。

2 使用选区工具创建选区，并移动选区内的图像。

3 使用“调整”和“变换”命令改变图像的形状和色调。

4 设置图层的样式和混合模式。

5 使用钢笔工具绘制路径，并进行路径描边。

## 操作提示

1 打开素材图片“24.jpg”和“25.jpg”（图片位置：\素材\第7章\24.jpg、25.jpg），如图7.131和图7.132所示。

2 在工具箱中单击“魔棒工具”按钮，在“25.jpg”图像窗口中创建选区，然后按“Ctrl+Shift+I”组合键反向选区，如图7.133所示。

图7.131　24.jpg

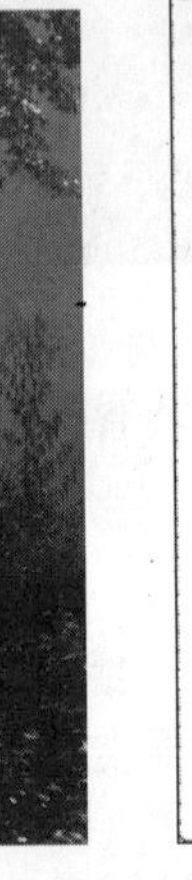

图7.132　25.jpg

图7.133　创建选区

3 在工具箱中单击“移动工具”按钮，将“25.jpg”图像窗口中的图像拖动到“24.jpg”窗口中，这时“图层”调板中自动生成“图层1”，如图7.134所示。

4 双击“图层1”，在弹出的“图层样式”对话框中单击“外发光”选项，设置“不透明度”为22%、“大小”为46像素，然后单击“确定”按钮，如图7.135所示。

图7.134　移动图像

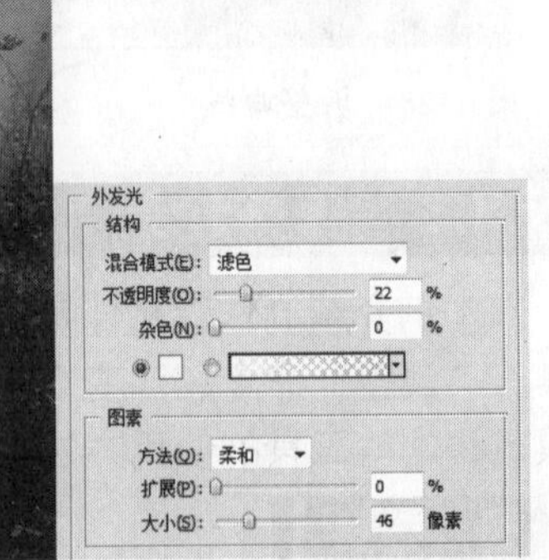


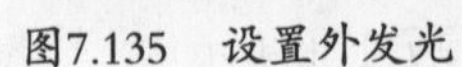

图7.135　设置外发光

5 在“图层”调板中选择“背景”图层，在菜单栏中选择“图像”→“调整”→“曲线”命令，在弹出的“曲线”对话框中调整曲线形状，最后单击“确定”按钮，如图7.136所示。

**6** 在“图层”调板中复制出“图层1副本”，在菜单栏中选择“图像”→“调整”→“亮度/对比度”命令，在弹出的“亮度/对比度”对话框中设置“亮度”为35，然后单击“确定”按钮，如图7.137所示。

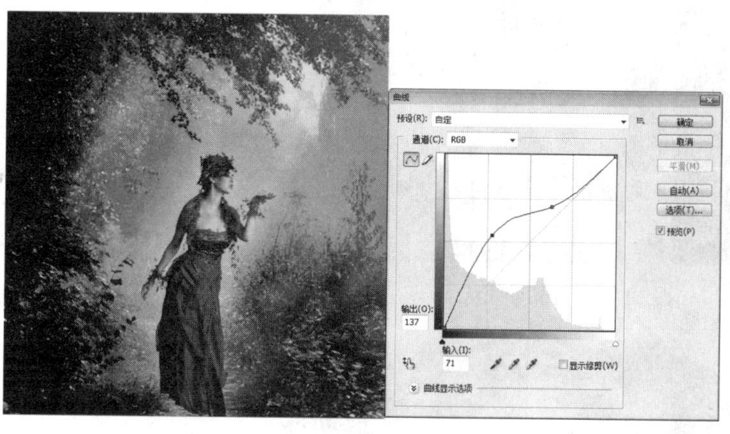


图7.136 调整曲线

图7.137 调整亮度和对比度

**7** 打开素材图片“26.jpg”（图片位置：\素材\第7章\26.jpg），如图7.138所示。

**8** 在工具箱中单击“磁性套索工具”按钮，在“26.jpg”窗口中绘制选区，如图7.139所示。

**9** 在工具箱中单击“移动工具”按钮，将“26.jpg”图像窗口中的图像拖动到“24.jpg”窗口中，这时“图层”调板中自动生成“图层2”，如图7.140所示。

图7.138 26.jpg

图7.139 创建选区

图7.140 移动图像

**10** 在菜单栏中选择“编辑”→“变换”→“水平翻转”命令，将图片进行水平翻转，然后按下“Ctrl+T”组合键进行缩放、移动操作，如图7.141所示。

**11** 双击“图层2”，在弹出的“图层样式”对话框中单击“外发光”选项，设置“不透明度”为75%、“大小”为10像素，然后单击“确定”按钮，如图7.142所示。

**12** 打开素材图片“27.jpg”（图片位置：\素材\第7章\27.jpg），如图7.143所示。

**13** 在工具箱中单击“魔棒工具”按钮，在“27.jpg”图像窗口中创建选区，然后按“Ctrl+Shift+I”组合键反向选区，如图7.144所示。

图7.141　变换对象

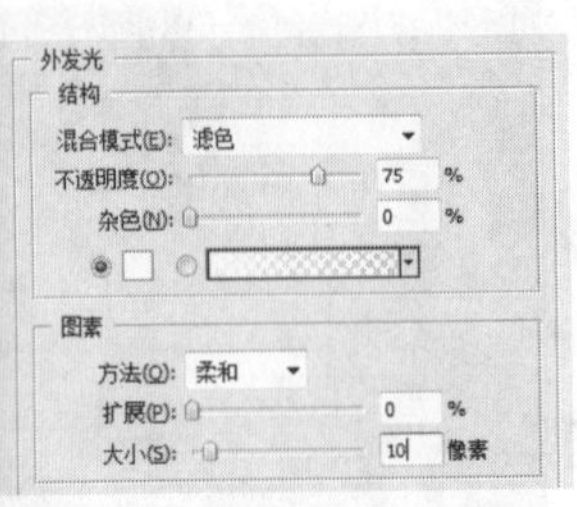


图7.142　设置外发光

图7.143　27.jpg

图7.144　创建选区

**14** 在工具箱中单击“移动工具”按钮，将“27.jpg”图像窗口中的图像拖动到“24.jpg”窗口中，这时“图层”调板中将自动生成“图层3”，如图7.145所示。

**15** 按下“Ctrl+T”组合键，在显示的控制框中进行缩放操作，并移动到适当的位置，然后在“图层”调板中将“图层3”移动到“背景”图层的上方，如图7.146所示。

图7.145　移动图像

图7.146　变换图像

**16** 新建“图层4”，在工具箱中单击“钢笔工具”按钮，在显示的属性栏中单击“路径”按钮，然后在图像窗口中绘制路径，如图7.147所示。

**17** 在工具箱中单击“画笔工具”按钮，在其属性栏中单击“切换画笔调板”按钮，在弹出的“画笔”调板中选择星星图标，设置“直径”为15px，然后在调板左侧勾选“散布”复选框，如图7.148所示。

**18** 设置前景色为（R：255、G：240、B：0），在“路径”调板中右键单击“工作路径”，在弹出的下拉菜单中选择“描边路径”命令，然后在弹出的“描边路径”对话框中选择“画笔”选项，完成后单击“确定”按钮，如图7.149所示。

图7.147　绘制路径

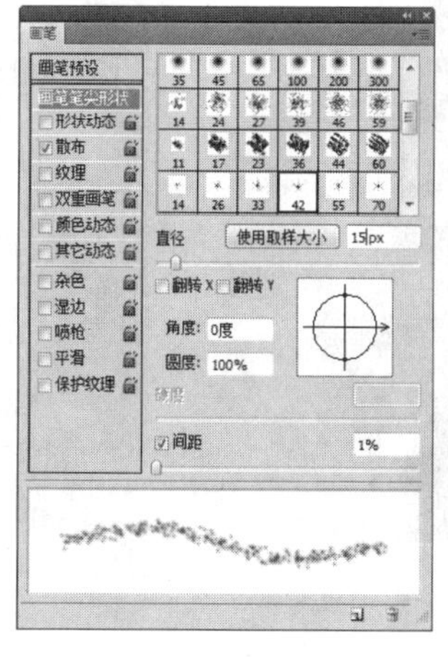


图7.148　“画笔”调板

图7.149　描边路径

**19** 双击“图层4”，在弹出的“图层样式”对话框中单击“外发光”选项，设置“不透明度”为75%、“大小”为5像素，然后单击“确定”按钮，如图7.150所示。

**20** 在工具箱中单击“橡皮擦工具”按钮，在其属性栏中设置画笔样式为“柔角19像素”，在图像窗口中擦除部分区域，然后按“Ctrl+Alt+Shift+E”组合键盖印可见图层，这时“图层”调板中自动生成“图层5”，如图7.151所示。

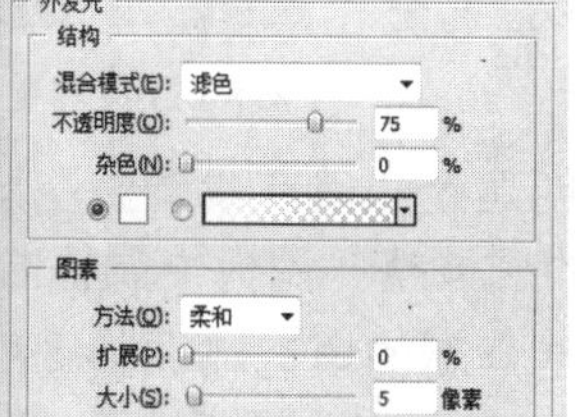


图7.150　设置外发光

图7.151　擦除图像

**21** 在菜单栏中选择“滤镜”→“模糊”→“高斯模糊”命令，在弹出的“高斯模糊”对话框中设置“半径”为2像素，然后单击“确定”按钮，如图7.152所示。

**22** 在“图层”调板中设置“图层5”的混合模式为“滤色”，如图7.153所示。

**23** 在“图层”调板中单击底部的“创建新的填充或调整图层”按钮，在弹出的下拉菜单中选择“色相/饱和度”命令，在显示的“调整”调板中设置“饱和度”为-50，如图7.154所示。

**24** 在“图层”调板中单击底部的“创建新的填充或调整图层”按钮，在弹出的下拉菜单中选择“色彩平衡”命令，在显示的“调整”调板中设置参数为“-17、16、-20”，如图7.155所示。

图7.152　制作模糊效果

图7.153　设置混合模式

图7.154　调整色相和饱和度

图7.155　调整色彩平衡

**25** 在“图层”调板中单击底部的“创建新的填充或调整图层”按钮，在弹出的下拉菜单中选择“曲线”命令，在显示的“调整”调板中调整曲线形状，如图7.156所示。

**26** 在“图层”调板中单击底部的“创建新的填充或调整图层”按钮，在弹出的下拉菜单中选择“色阶”命令，在显示的“调整”调板中设置参数为“22、1、250”，如图7.157所示。

**27** 在“图层”调板中单击底部的“创建新的填充或调整图层”按钮，在弹出的下拉菜单中选择“色彩平衡”命令，在显示的“调整”调板中设置参数为“23、0、-20”，如图7.158所示。

**28** 在“图层”调板中选择“图层3”，然后在菜单栏中选择“图像”→“调整”→“色相/饱和度”命令，在弹出的“色相/饱和度”对话框中勾选“着色”复选框，这时“色相”为11，“饱和度”为25，“明度”为87，然后单击“确定”按钮，如图7.159所示。

图7.156　调整曲线

图7.157　调整色阶

图7.158　调整色彩平衡

图7.159　调整色相和饱和度

**29** 设置“图层3”的不透明度为88%，在菜单栏中选择“滤镜”→“模糊”→“高斯模糊”命令，在弹出的“高斯模糊”对话框中设置“半径”为1像素，然后单击“确定”按钮，得到的最终效果如图7.160所示。

图7.160　最终效果图

## 7.3.4 制作人物纹身

本例介绍制作人物纹身的方法，帮助读者巩固魔棒工具、“变换”命令、图层混合模式和“色相/饱和度”命令的使用方法和技巧。

### 最终效果

本例制作完成前后的对比效果如图7.161所示。

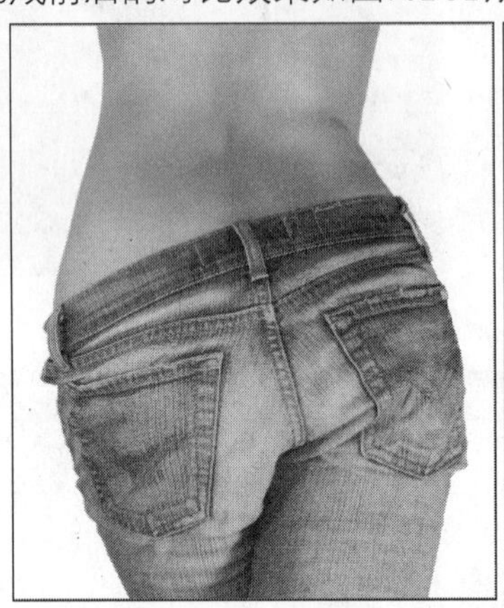
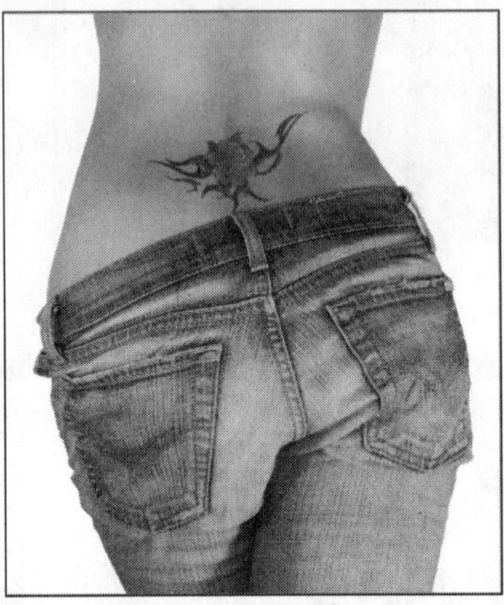

图7.161 前后对比效果

### 解题思路

利用魔棒工具、“变换”命令、图层混合模式和“色相/饱和度”命令等制作人物纹身效果。

### 操作提示

1 打开素材图片“28.jpg”和“29.jpg”（图片位置：\素材\第7章\28.jpg、29.jpg），如图7.162和图7.163所示。

2 在工具箱中单击“魔棒工具”按钮，在其属性栏中设置“容差”为10，然后在“29.jpg”图像窗口中创建选区，如图7.164所示。

图7.162 28.jpg

图7.163 29.jpg

图7.164 创建选区

3 在工具箱中单击“移动工具”按钮，然后按下“Shift+Ctrl+I”组合键反向选区，并将选区内的图像移动到“28.jpg”图像窗口中，这时“图层”调板中将自动生成“图层1”，如图7.165所示。

4 在菜单栏中选择“编辑”→“变换”→“水平翻转”命令，将图片进行水平翻转，如图7.166所示。

5 按下“Ctrl+T”组合键，在显示的控制框中旋转并移动图像，然后按“Enter”键确认，如图7.167所示。

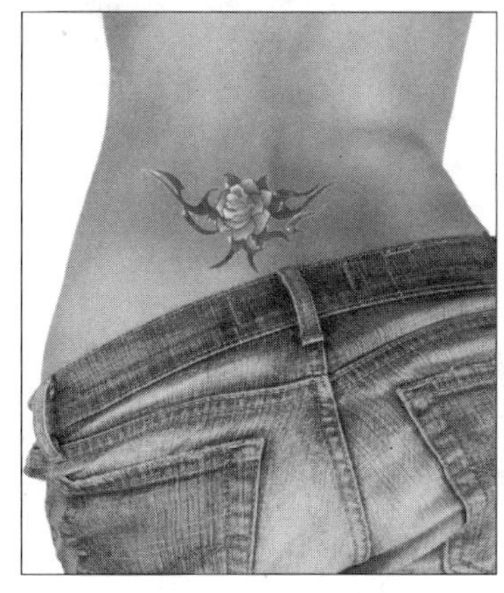

图7.165　移动图像

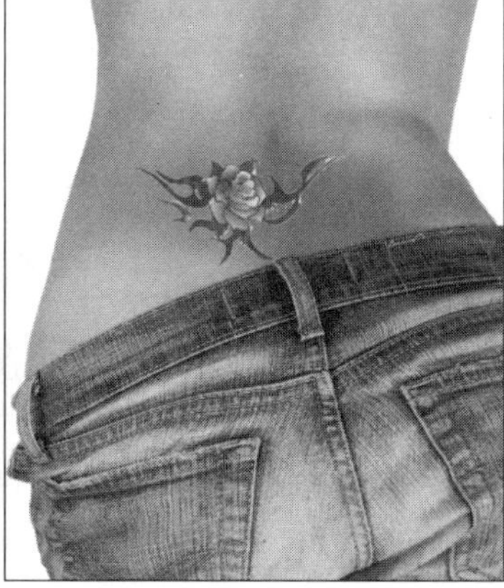

图7.166　水平翻转

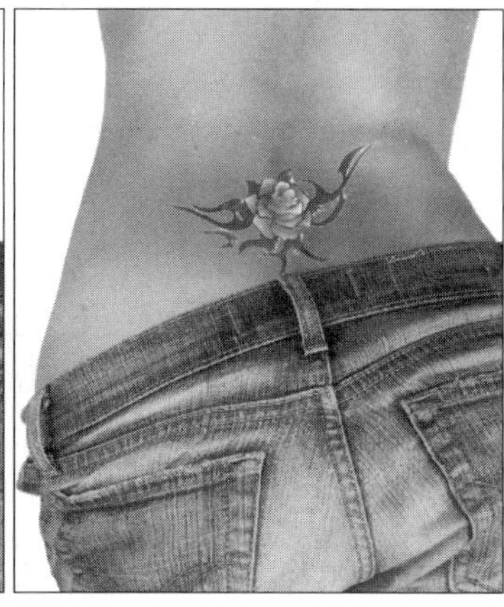

图7.167　变换对象

6 在“图层”调板中设置“图层1”的混合模式为“变暗”，如图7.168所示。

7 在菜单栏中选择“图像”→“调整”→“色相/饱和度”命令，在弹出的“色相/饱和度”对话框中设置“色相”为-6、“明度”为-33，如图7.169所示。

8 设置完成后，单击“确定”按钮，得到的最终效果如图7.170所示。

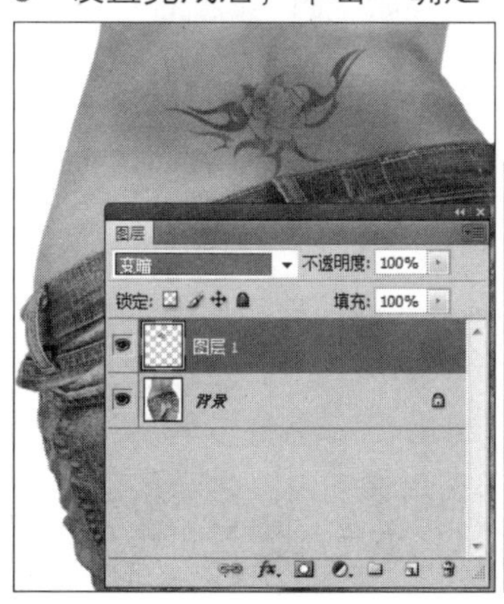


图7.168　调整混合模式

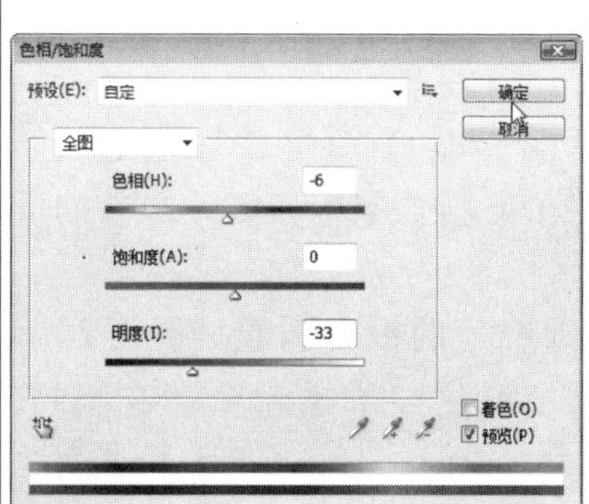


图7.169　“色相/饱和度”对话框

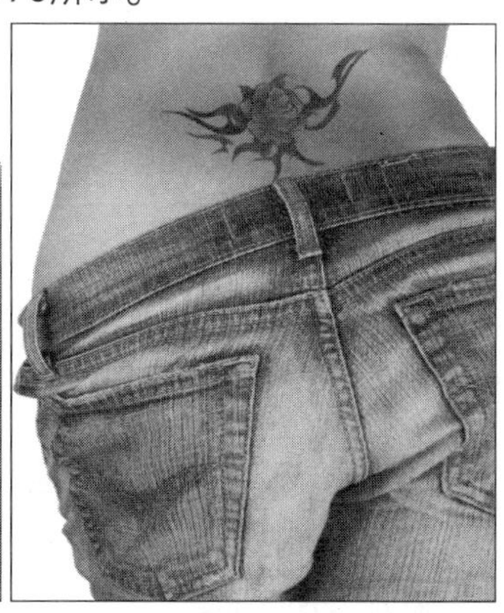

图7.170　最终效果图

## 7.3.5 水晶球中的美女

本例介绍水晶球中的美女的制作方法，帮助读者巩固选区工具、渐变工具和“高斯模糊”滤镜的使用方法和技巧。

### 最终效果

本例制作完成的最终效果如图7.171所示。

## 解题思路

利用椭圆选框工具、渐变工具、矩形选框工具、磁性套索工具和“高斯模糊”滤镜等制作水晶球中的美女。

图7.171　最终效果图

## 操作提示

1 在菜单栏中选择“文件”→“新建”命令，在弹出的“新建”对话框中设置名称为“水晶球中的美女”、宽度为“600像素”、高度为“800像素”、分辨率为“72像素/英寸”，然后单击“确定”按钮，如图7.172所示。

2 在“图层”调板中新建“图层1”，然后在工具箱中单击“椭圆选框工具”按钮，在图像中创建选区，如图7.173所示。

3 设置前景色为（R：166、G：0、B：0），设置背景色为黑色，在工具箱中单击“渐变工具”按钮，在显示的属性栏中单击渐变条右侧的小三角按钮，在弹出的下拉列表框中单击“前景到背景”渐变图标，然后单击“径向渐变”按钮，如图7.174所示。

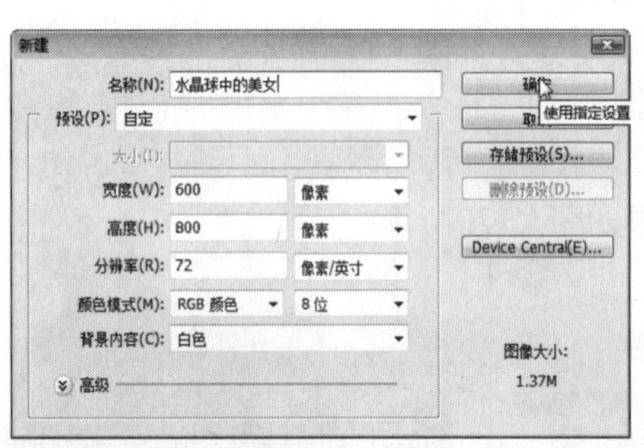


图7.172　“新建”对话框

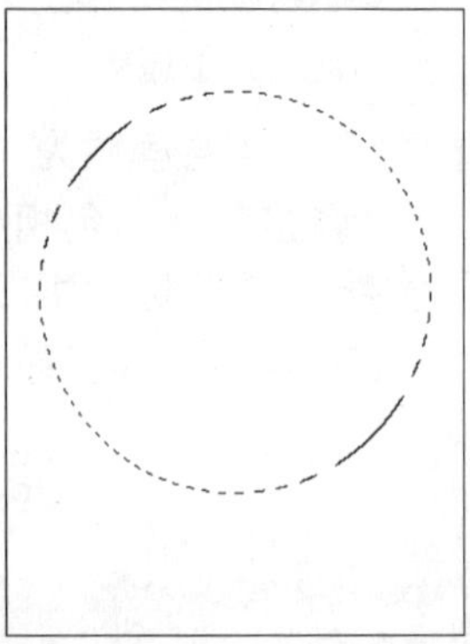

图7.173　创建选区

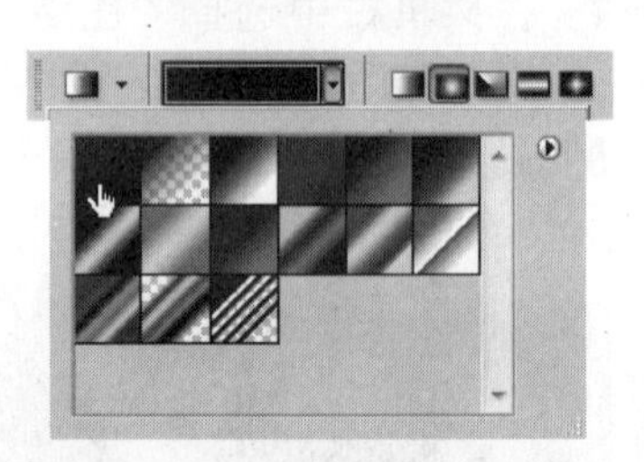

图7.174　渐变样式

4 将鼠标指针移动到选区的中心，按住鼠标左键不放并向下拖动，释放鼠标后得到的效果如图7.175所示。

5 设置前景色为白色，在“图层”调板中新建“图层2”，然后在工具箱中单击“渐变工具”按钮，在显示的属性栏中单击渐变条右侧的小三角按钮，在弹出的下拉列表框中单击“前景到透明”渐变图标，从上向下拖动鼠标进行线性渐变填充，如图7.176所示。

6 按“Ctrl+D”组合键取消选区。按“Ctrl+T”组合键，在显示的控制框中缩小图像区域并向上轻微移动，然后按下“Enter”键确认，如图7.177所示。

7 在“图层”调板中单击“背景”图层前的眼睛图标，隐藏背景图层，然后按下“Shift+Alt+Ctrl+E”组合键盖印可见图层，这时“图层”调板中自动生成“图层3”，如图7.178所示。

8 在之前眼睛图标显示的位置单击，显示出“背景”图层，在“图层”调板中新建“图层4”，然后使用椭圆选框工具在图像中绘制选区，如图7.179所示。

**9** 设置前景色为白色，设置背景色为（R：149、G：149、B：149），然后在选区内执行从前景色到背景色的线性渐变填充，如图7.180所示。

图7.175　渐变填充

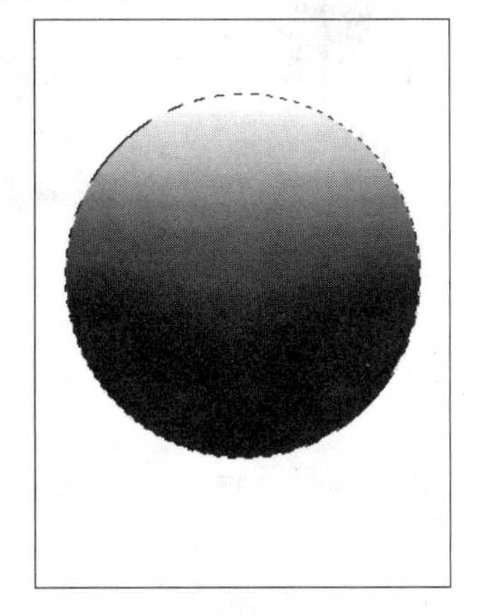

图7.176　渐变填充

图7.177　缩小图像

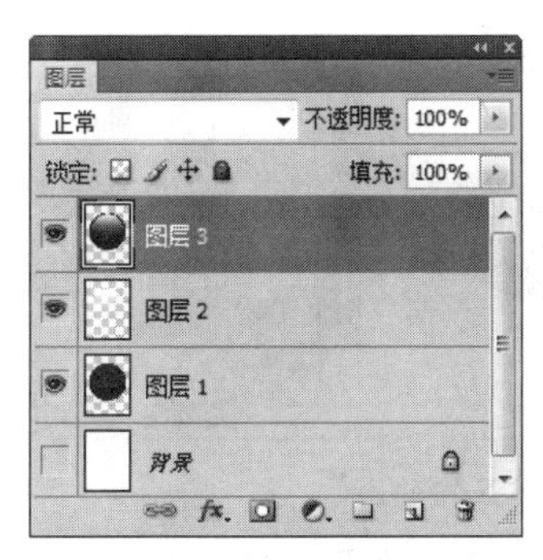


图7.178　盖印可见图层

图7.179　创建选区

图7.180　渐变填充

**10** 在工具箱中单击“椭圆选框工具”按钮，然后将鼠标指针移动到选区内，单击鼠标右键，在弹出的下拉菜单中选择“变换选区”命令，如图7.181所示，在显示的控制框中缩小选区。

**11** 在“图层”调板中新建“图层5”，在工具箱中单击“渐变工具”按钮，在显示的属性栏中单击渐变条，然后在弹出的“渐变编辑器”对话框中进行如图7.182所示的设置，完成后单击“确定”按钮。

**12** 在图像选区内填充从左到右的线性渐变，如图7.183所示。

**13** 利用前面同样的方法，新建“图层6”，然后缩小选区并填充为白色，按“Ctrl+D”组合键取消选区，如图7.184所示。

**14** 在工具箱中单击“矩形选框工具”按钮，在图像窗口中绘制选区，如图7.185所示。

**15** 在“图层”调板中单击“图层3”，按下“Delete”键删除选区内的图像，然后按下“Ctrl+D”组合键取消选区，如图7.186所示。

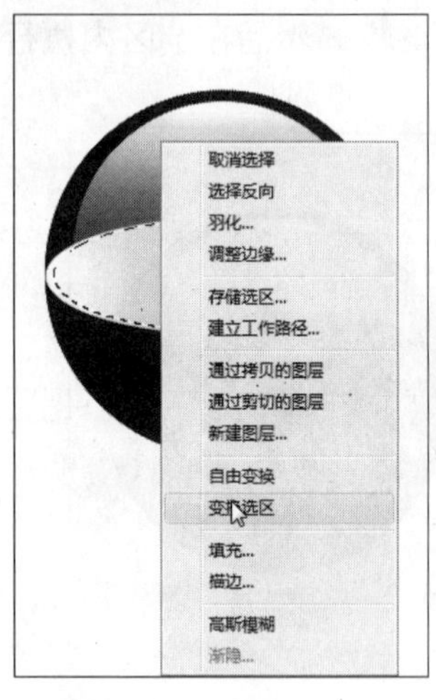


图7.181　变换选区

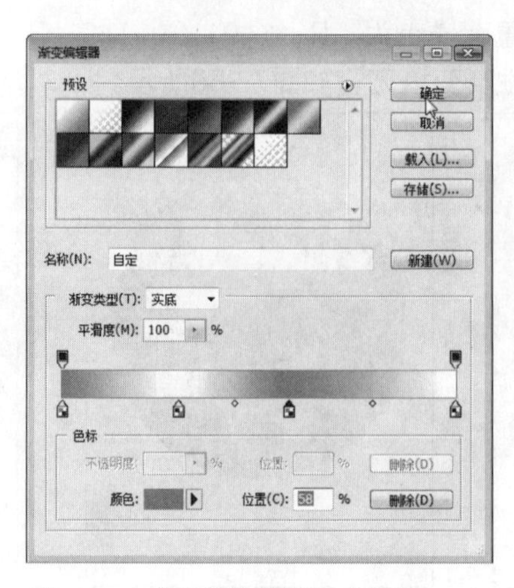


图7.182　“变换编辑器”对话框

图7.183　渐变填充

图7.184　填充颜色

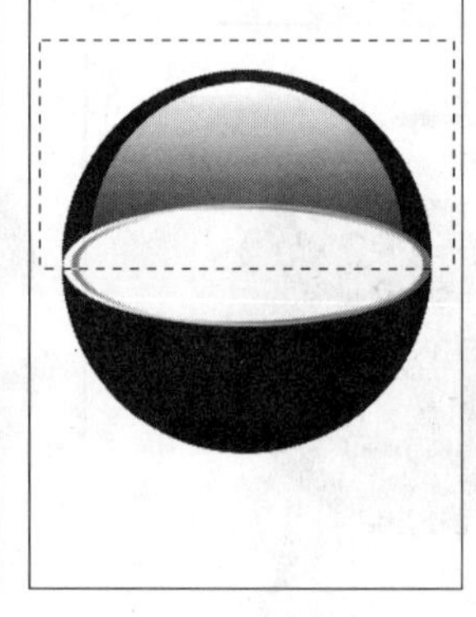

图7.185　创建选区

图7.186　删除选区内的图像

**16** 在“图层”调板中选择“图层1”，设置图层的“填充”为20%，如图7.187所示。

**17** 打开素材图片“30.jpg”（图片位置：\素材\第7章\30.jpg），然后在工具箱中单击“磁性套索工具”按钮，在图像中创建选区，如图7.188所示。

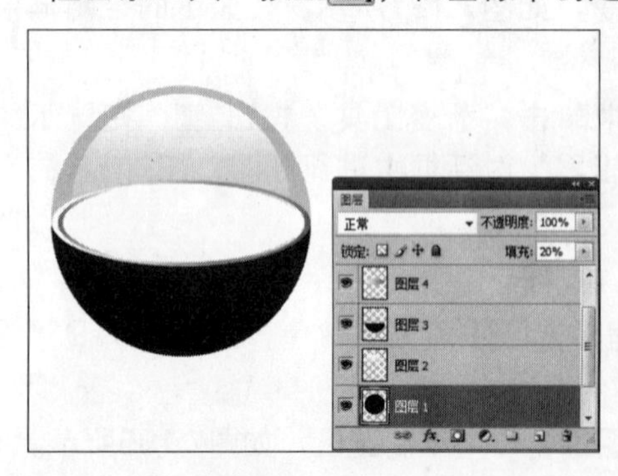


图7.187　设置填充

图7.188　30.jpg

**18** 使用移动工具将人物拖动到“水晶球中的美女”图像窗口中，然后按“Ctrl+T”组合键进行缩放和移动操作，完成后按“Enter”键确认，如图7.189所示。

**19** 将人物所在的图层拖动到“图层”调板最顶端，复制人物所在的图层，按下“Ctrl”键的同时单击该图层的缩略图，载入选区，如图7.190所示。

**20** 设置前景色为（R：149、G：149、B：149），然后按“Alt+Delete”组合键填充前景色，最后按“Ctrl+D”组合键取消选区，如图7.191所示。

图7.189　移动并变换图像

图7.190　载入选区

图7.191　填充颜色

**21** 在菜单栏中选择“滤镜”→“模糊”→“高斯模糊”命令，在弹出的“高斯模糊”对话框中设置“半径”为3像素，然后单击“确定”按钮，如图7.192所示。

**22** 在“图层”调板中将人物所在的图层拖动到最上方，在工具箱中单击“移动工具”按钮，将图像向下和向左移动，得到的最终效果如图7.193所示。

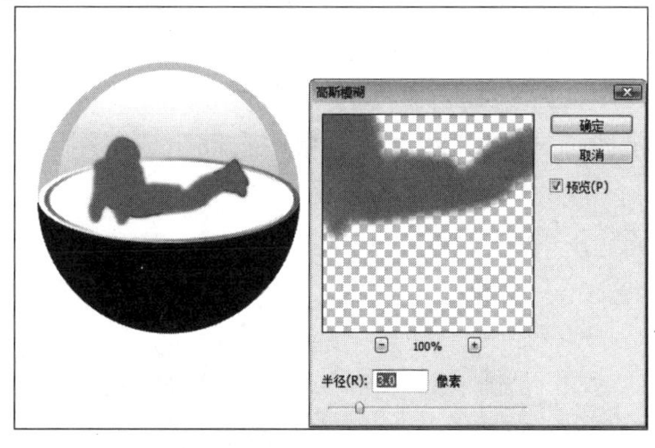


图7.192　高斯模糊效果

图7.193　最终效果图

## 7.3.6　鼠标汽车

本例介绍鼠标汽车的制作方法，帮助读者巩固钢笔工具、“调整”命令、“变换”命令、蒙版工具、画笔工具等的使用方法和技巧。

### 最终效果

本例制作完成的最终效果如图7.194所示。

图7.194　最终效果图

## 解题思路

利用钢笔工具、“调整”命令、“变换”命令、蒙版工具、画笔工具等制作鼠标汽车。

## 操作提示

1 打开素材图片“31.jpg”（图片位置：\素材\第7章\31.jpg），如图7.195所示。

2 在工具箱中单击“钢笔工具”按钮，在图像窗口中沿鼠标的边缘绘制路径，如图7.196所示。

图7.195 31.jpg

图7.196 绘制路径

3 在“路径”调板中单击底部的“将路径作为选区载入”按钮，载入选区，然后在菜单栏中选择“选择”→“修改”→“羽化”命令，在弹出的“羽化选区”对话框中设置“羽化半径”为1像素，然后单击“确定”按钮，如图7.197所示。

4 在菜单栏中选择“选择”→“修改”→“收缩”命令，在弹出的“收缩选区”对话框中设置“收缩量”为1像素，然后单击“确定”按钮，如图7.198所示。

5 按下“Ctrl+J”组合键复制选区内的图像，这时“图层”调板中自动生成“图层1”，如图7.199所示。

图7.197 羽化选区

图7.198 收缩选区

图7.199 复制选区内的图像

6 设置前景色为白色，在“图层”调板中单击“背景”图层，然后按下“Alt+Delete”组合键将“背景”图层填充为白色，如图7.200所示。

7 在“图层”调板中选择“图层1”，然后在调板底部单击“创建新的填充或调整图层”按钮，在弹出的下拉菜单中选择“色相/饱和度”命令，在弹出的“调整”调板中设置“色相”为26、“饱和度”为-60，如图7.201所示。

图7.200 填充背景图层

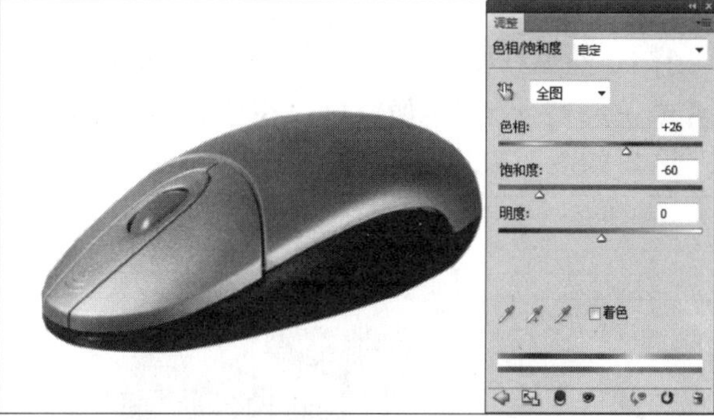


图7.201 调整色相和饱和度

**8** 在“图层”调板底部单击“创建新的填充或调整图层”按钮，在弹出的下拉菜单中选择“色彩平衡”命令，在弹出的“调整”调板中设置参数为“−60、−17、100”，如图7.202所示。

**9** 打开素材图片“32.jpg”（图片位置：\素材\第7章\32.jpg），如图7.203所示。

**10** 在工具箱中单击“钢笔工具”按钮，在图像窗口中绘制路径，并载入选区，如图7.204所示。

**11** 在菜单栏中选择“选择”→“修改”→“羽化”命令，在弹出的“羽化选区”对话框中设置“羽化半径”为1像素，然后单击“确定”按钮。

**12** 在工具箱中单击“移动工具”按钮，将“32.jpg”窗口中的图像拖动到“31.jpg”图像窗口中，这时“图层”调板中将自动生成“图层2”，然后按下“Ctrl+T”组合键进行水平翻转、缩放、旋转等操作，完成后按“Enter”键确认，如图7.205所示。

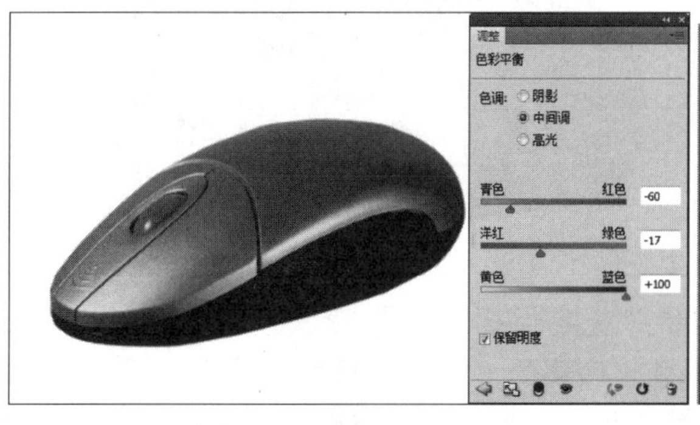


图7.202 调整色相平衡

图7.203 32.jpg

图7.204 创建选区

图7.205 变换图像

**13** 在橡皮擦工具属性栏中设置画笔大小为“柔角35像素”，在“图层”调板中单击“图层1”，然后在图像中不需要的区域涂抹，如图7.206所示。

**14** 单击“32.jpg”图像窗口，在工具箱中单击“套索工具”按钮，在图像窗口中绘制选区，如图7.207所示。

图7.206　擦除区域

图7.207　创建选区

**15** 使用“移动工具”将选区内的图像移动到“31.jpg”图像窗口中，这时“图层”调板中自动生成“图层3”，将“图层3”移动到“图层2”的上方，如图7.208所示。

**16** 按“Ctrl+T”组合键进行水平翻转、旋转和移动操作，完成后按“Enter”键确认，如图7.209所示。

图7.208　调整图层顺序

图7.209　变换图像

**17** 设置前景色为黑色，在“图层”调板中单击底部的“添加图层蒙版”按钮，在工具箱中单击“画笔工具”按钮，在其显示的属性栏中设置画笔样式为“柔角17像素”，然后在图像窗口中进行涂抹，如图7.210所示。

**18** 在按下“Alt”键的同时拖动图像，复制生成“图层3副本”，然后按下“Ctrl+T”组合键进行旋转、水平翻转操作，完成后按“Enter”键确认，如图7.211所示。

**19** 在“图层”调板中按下“Ctrl”键的同时单击“图层1”的缩略图，然后按“Shift+Ctrl+I”组合键进行反向，按“Delete”键删除选区内的图像，如图7.212所示。

**20** 按下“Ctrl+D”组合键取消选区，然后使用套索工具在“32.jpg”窗口中绘制选区，如图7.213所示。

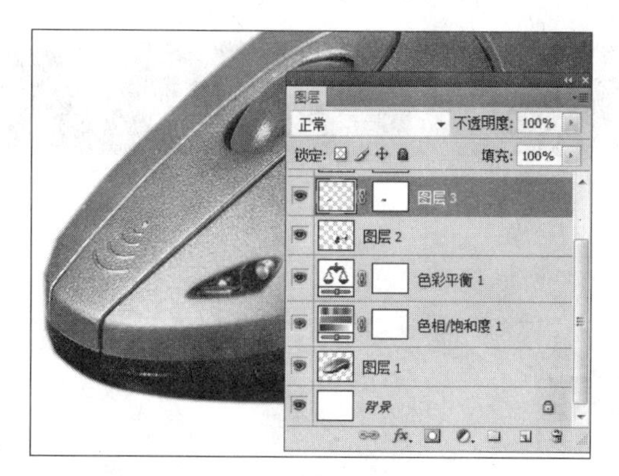


图7.210　隐藏图像

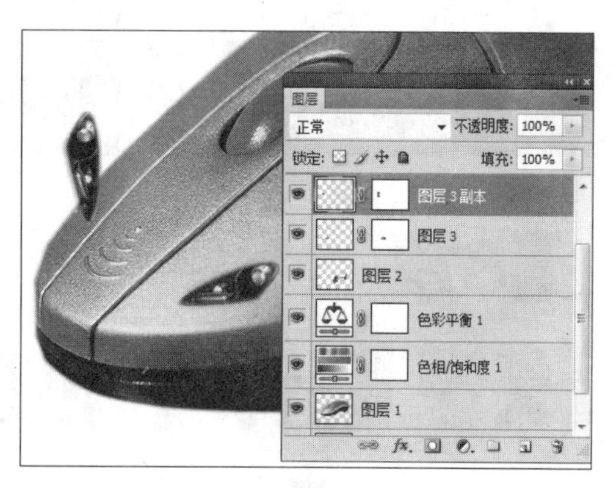


图7.211　复制并变换图像

图7.212　删除选区内的图像

图7.213　创建选区

**21** 使用移动工具将选区内的图像拖动到“31.jpg”图像窗口中，这时“图层”调板中自动生成“图层4”，如图7.214所示。

**22** 在菜单栏中选择“编辑”→“变换”→“水平翻转”命令，然后在“图层”调板中为“图层4”添加图层蒙版，再使用画笔工具进行涂抹，得到的最终效果如图7.215所示。

图7.214　移动图像

图7.215　最终效果图

## 结束语

本章介绍了图层的混合模式、画笔工具组和画笔笔尖设置的相关知识，并讲解了如何给照片中的人物更换头像、如何修正闭眼的照片以及如何将照片合成特殊效果的方法。希望读者收集利用不同的素材图片，反复练习，从而达到熟悉操作技术的目的。

Chapter 8

# 第8章 快速制作个性照片

## 本章要点

**入门——基本概念与基本操作**

- 文字工具组
- 图层样式

**进阶——典型实例**

- 杂志封面设计
- 光盘封面设计
- 个性壁纸设计
- 照片信笺制作
- 制作个人证件
- 电影海报设计
- 邮票边框

**提高——自己动手练**

- 制作画卷
- 制作个性化月历
- 制作大头贴
- 水晶边框
- 浪漫婚纱设计

## 本章导读

现代生活中，拍摄数码照片后，人们常常需要对其进行修饰，以便更好地保存美丽的照片和丰富的生活。本章着重介绍用照片制作光盘封面、杂志封面、壁纸、大头贴等方法，使读者学会如何将普通的数码照片制作成个性化的照片。

# 8.1 入门——基本概念与基本操作

在制作本章实例之前，首先介绍一下文字工具组和图层样式的使用。

## 8.1.1 文字工具组

在Photoshop中可以使用文字工具为图像添加各式各样的文字。文字工具组包括横排文字工具、直排文字工具、横排文字蒙版工具和直排文字蒙版工具。在工具箱中单击“横排文字工具”按钮，将显示其工具属性栏，如图8.1所示。

图8.1　横排文字工具属性栏

在显示的横排文字工具属性栏中，各参数选项的含义如下。

- ：单击该按钮，可以更改文字的方向，即在横排文字和直排文字之间进行切换。
- **字体**：在该下拉列表框中选择一种字体。
- **字号**：在该下拉列表框中选择字号或直接输入字号的数值。
- **对齐方式**：该组按钮用于设置文字的对齐方式，从左到右依次是左对齐、中心对齐和右对齐。
- **颜色**：单击该颜色块，在弹出的“选择文本颜色”对话框中设置字体的颜色。
- **文字变形**：单击该按钮，在弹出的“文字变形”对话框中设置字体扭曲变形的效果。
- **显示/隐藏字符和段落调板**：单击该按钮，在弹出的字符和段落调板中设置格式。
- **取消所有当前编辑**：单击该按钮，可以取消正在编辑的文字操作。
- **提交所有当前编辑**：单击该按钮，可以完成当前文本的编辑操作。

**提示**　在Photoshop CS4中，其他文字工具的属性栏与横排文字工具的属性栏一致，这里就不再详细介绍了。文字工具组中“直排文字工具”用于输入纵向排列的文本，“横排文字蒙版工具”用于输入横向排列的文字选区，“直排文字蒙版工具”用于输入纵向排列的文字选区。

在工具箱中单击“横排文字工具”按钮后，在图像窗口中单击鼠标左键，这时图像窗口中将出现一个闪烁的光标，输入文字，完成后单击属性栏中的“提交所有当前编辑”按钮即可完成当前的文本编辑操作。

## 8.1.2 图层样式

在Photoshop CS4中，如果要制作出特殊的效果，可在“图层样式”对话框中完成。在“图层”调板中单击当前图层的空白处，或在菜单栏中选择“图层”→“图层样式”子菜单中相应的命令，即可弹出“图层样式”对话框，如图8.2所示。

- **投影**：在“图层样式”对话框中勾选该复选框，可以对图像或文字添加阴影，使平面的图像看起来有立体效果，如图8.3所示。

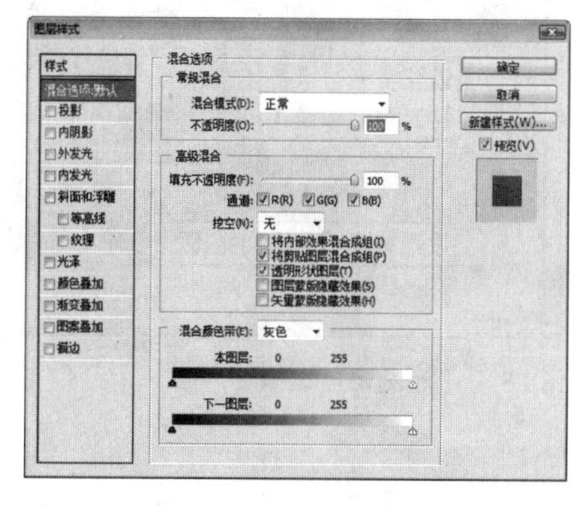


图8.2　“图层样式”对话框

- **内阴影**：在“图层样式”对话框中勾选该复选框，可以在图像的内侧边缘添加阴影，如图8.4所示。

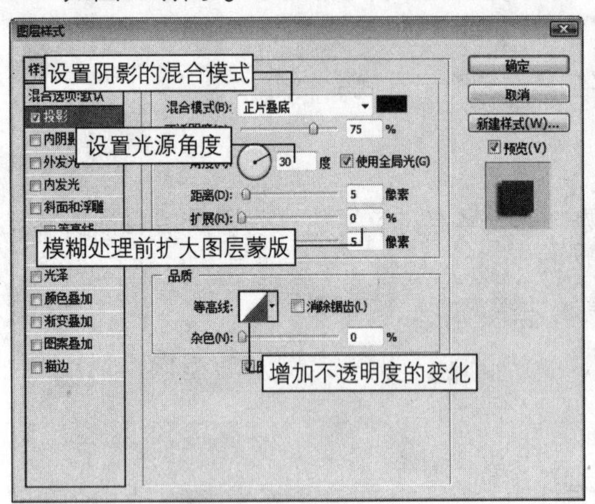


图8.3 “投影”选项

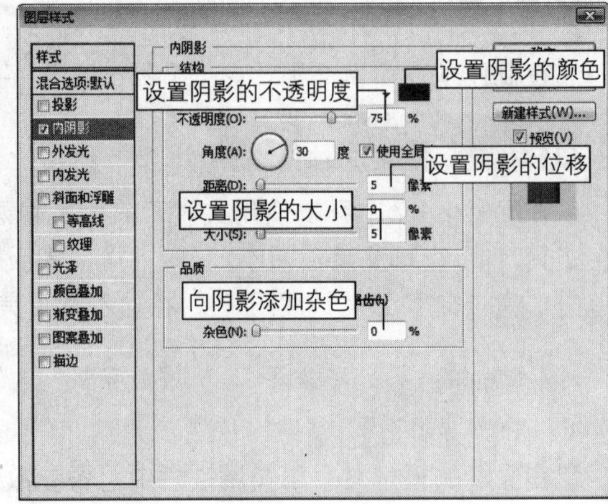


图8.4 “内阴影”选项

- **外发光**：在“图层样式”对话框中勾选该复选框，可以在图像或文字的外侧边缘添加发光效果，如图8.5所示。
- **内发光**：在“图层样式”对话框中勾选该复选框，可以在图像或文字的内侧边缘添加发光效果，如图8.6所示。
- **斜面和浮雕**：在“图层样式”对话框中勾选该复选框，可以为图像添加高光与阴影的组合效果，如图8.7所示。

**提示** 在“图层样式”对话框中，“斜面和浮雕”选项下还有“等高线”和“纹理”两个选项。勾选“等高线”复选框，可以在右侧的参数面板中进行相关设置；勾选“纹理”复选框，可以在右侧的参数面板中选择各种材质。

- **光泽**：在“图层样式”对话框中勾选该复选框，可以在图像上填充颜色并在边缘部分产生柔化的效果，如图8.8所示。

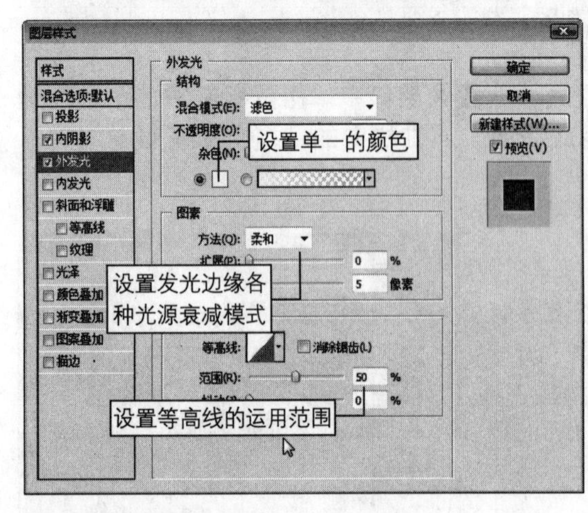


图8.5 “外发光”选项

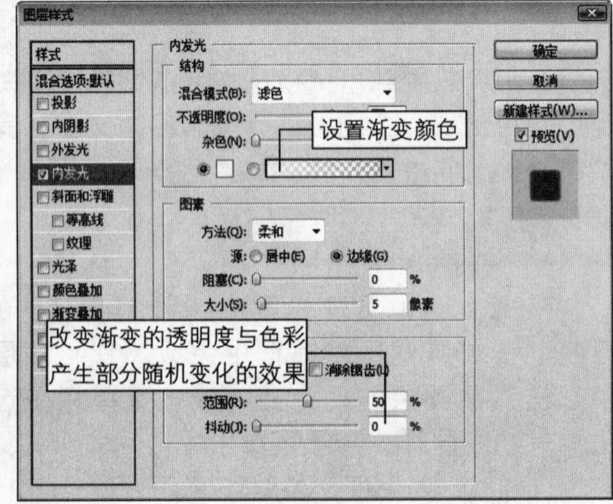


图8.6 “内发光”选项

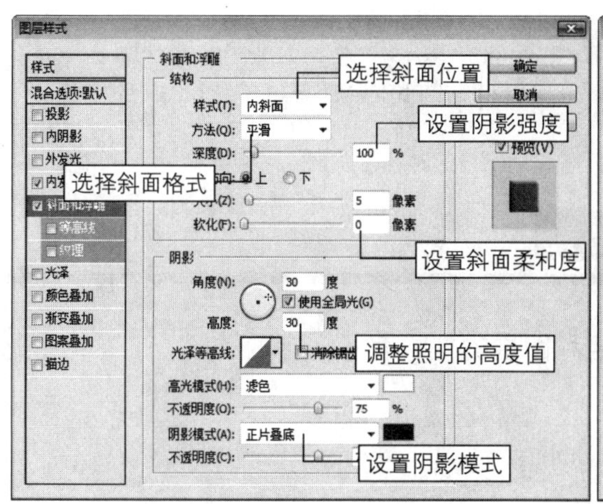


图8.7　“斜面和浮雕”选项

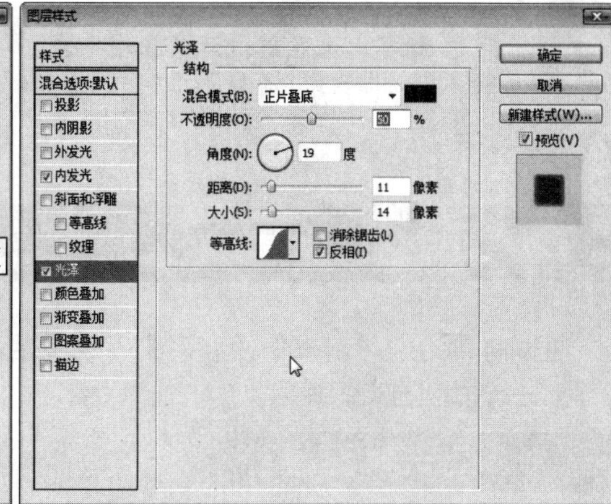

图8.8　“光泽”选项

- **颜色叠加：**在“图层样式”对话框中勾选该复选框，可以直接在图像中填充纯色，如图8.9所示。
- **渐变叠加：**在“图层样式”对话框中勾选该复选框，可以直接在图像中填充渐变颜色，如图8.10所示。
- **图案叠加：**在“图层样式”对话框中勾选该复选框，可以直接在图像中填充图案，如图8.11所示。
- **描边：**在“图层样式”对话框中勾选该复选框，可以为图像或文字添加描边效果，如图8.12所示。

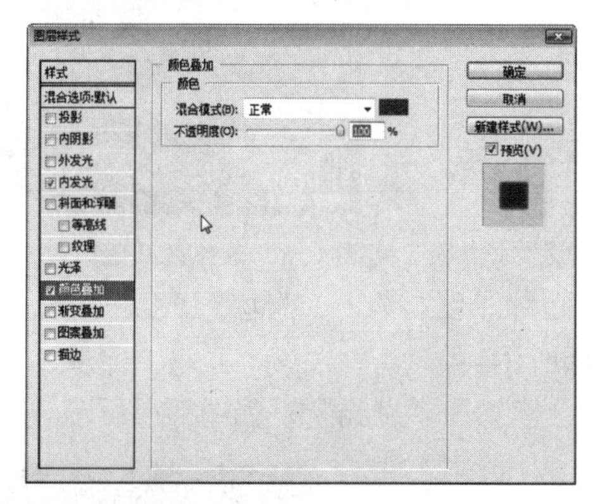

图8.9　“颜色叠加”选项

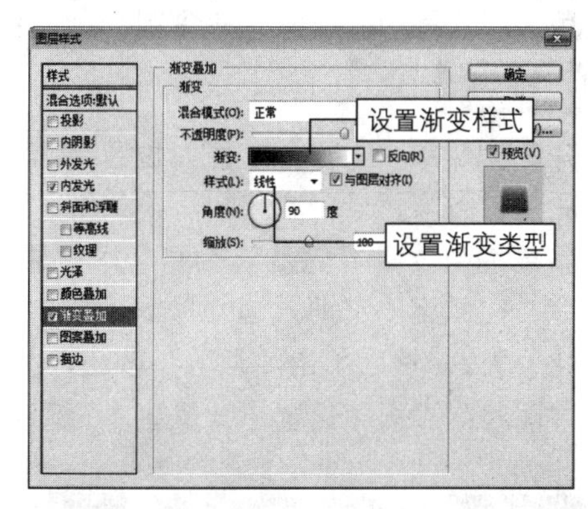


图8.10　“渐变叠加”选项

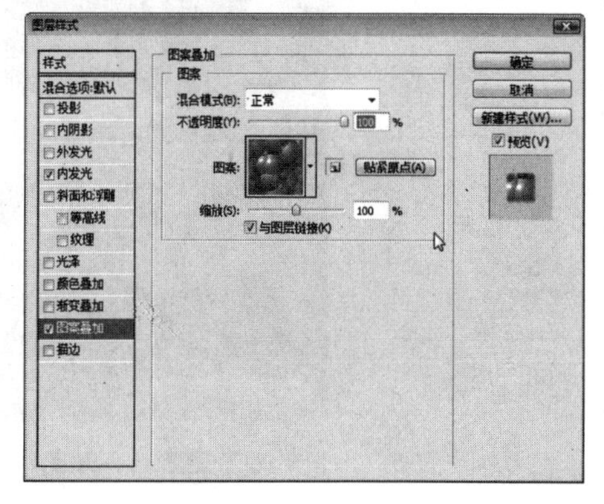

图8.11　“图案叠加”选项

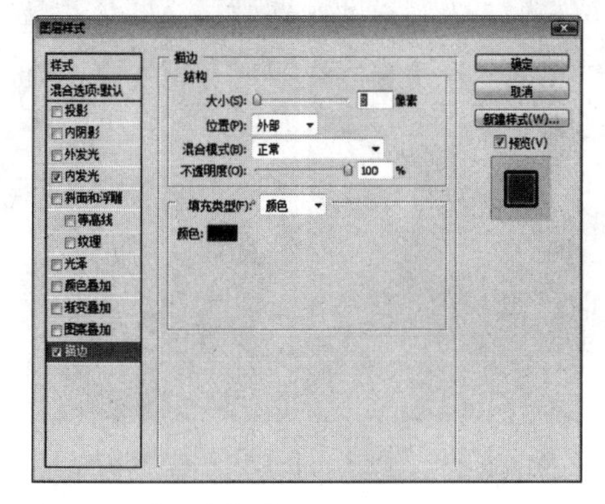

图8.12　“描边”选项

**提示** 除了以上两种打开“图层样式”对话框的方法外，还可以在“图层”调板中单击底部的“添加图层样式”按钮 fx. ，在弹出的下拉菜单中选择相应的命令，也可以打开“图层样式”对话框。

# 8.2 进阶——典型实例

通过前面的学习，相信读者对文字工具组和图层的样式有了一定的了解。下面将在此基础上进行相应的实例练习。

## 8.2.1 杂志封面设计

本例介绍杂志封面的设计方法，帮助读者巩固“海报边缘”滤镜、文字工具和图层样式的使用方法和技巧。

### 最终效果

本例制作完成后的最终效果如图8.13所示。

图8.13 最终效果图

### 解题思路

1 打开素材图片。
2 使用“海报边缘”滤镜制作图像特效。
3 使用文字工具和图层样式命令制作杂志封面。

### 操作提示

1 打开素材图片“01.jpg”（图片位置：\素材\第8章\01.jpg），然后复制出“背景副本”图层，如图8.14所示。
2 在菜单栏中选择“滤镜”→“艺术效果”→“海报边缘”命令，在弹出的“海报边缘”对话框中设置“边缘厚度”为2、“边缘强度”为1、“海报化”为2，然后单击“确定”按钮，如图8.15所示。
3 在“图层”调板中设置“背景副本”图层的混合模式为“点光”，如图8.16所示。

图8.14 01.jpg

图8.15 海报边缘

图8.16 设置混合模式

4 设置前景色为白色，在工具箱中单击“横排文字工具”按钮T，在其属性栏中设置字体为“经典粗黑简”、字号为“72点”，然后在图像窗口中单击并输入文字，完成后单击属性栏中的✓按钮，如图8.17所示。

5 设置前景色为（R：255、G：241、B：0），背景色选择白色，在“图层”调板中双击该文字图层，弹出“图层样式”对话框，单击“渐变叠加”选项，在右侧的参数面板中单击渐变条，如图8.18所示。

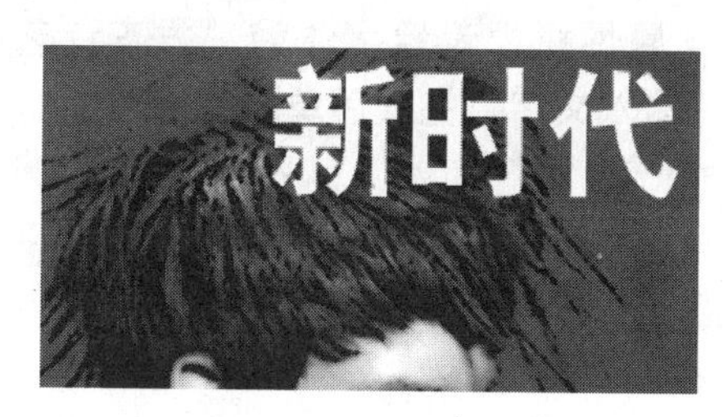


图8.17 输入文字

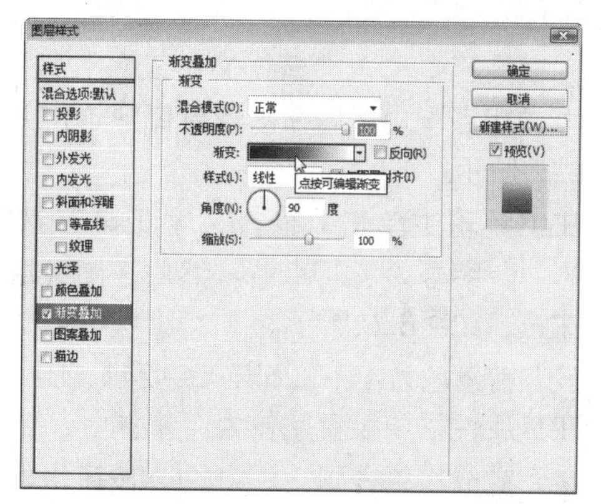

图8.18 “图层样式”对话框

6 在弹出的“渐变编辑器”对话框中单击“前景到背景”渐变图标，然后调整渐变条，单击“确定”按钮后返回到“图层样式”对话框中，如图8.19所示。

7 单击“描边”选项，在右侧的参数面板中设置“大小”为5像素，颜色选择黑色，其余为默认值，然后单击“确定”按钮，如图8.20所示。

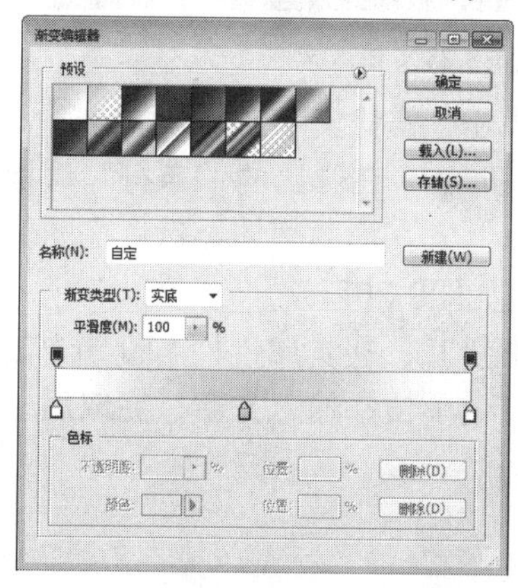

图8.19 “渐变编辑器”对话框

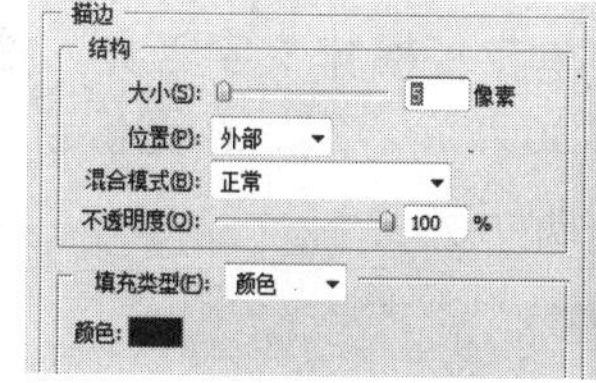

图8.20 描边

8 设置前景色为白色，在工具箱中单击“横排文字工具”按钮T，在其属性栏中设置字体为“Arial”、字号为“48点”，然后在图像窗口中单击并输入文字，完成后单击属性栏中的✓按钮，如图8.21所示。

9 在“图层”调板中双击该文字图层，弹出“图层样式”对话框，勾选“颜色叠加”复选框，在右侧的参数面板中设置颜色为黑色；单击“描边”选项，在右侧的参数面板中设置“大小”为5像素，颜色设置为（R：230、G：0、B：18），完成后单击“确定”按钮，如图8.22所示。

图8.21 输入文字

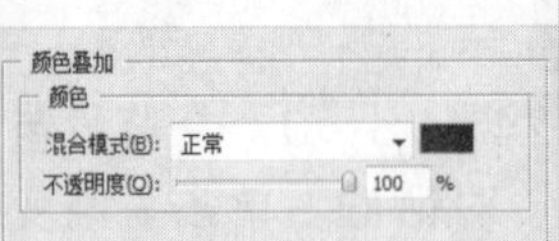

图8.22 颜色叠加并描边

**10** 在工具箱中单击“横排文字工具”按钮T，在其属性栏中设置字体为“隶书”、字号为“18点”，然后在图像窗口中单击并输入文字，完成后单击属性栏中的✓按钮，如图8.23所示。

**11** 在工具箱中单击“横排文字工具”按钮T，在其属性栏中设置字体为“方正综艺简体”、字号为“30点”，然后在图像窗口中单击并输入文字，完成后单击属性栏中的✓按钮，如图8.24所示。

**12** 设置前景色为（R：255、G：241、B：0），在工具箱中单击“横排文字工具”按钮T，在其属性栏中设置字体为“黑体”、字号为“60点”，然后在图像窗口中单击并输入文字，完成后单击属性栏中的✓按钮，如图8.25所示。

图8.23 输入文字

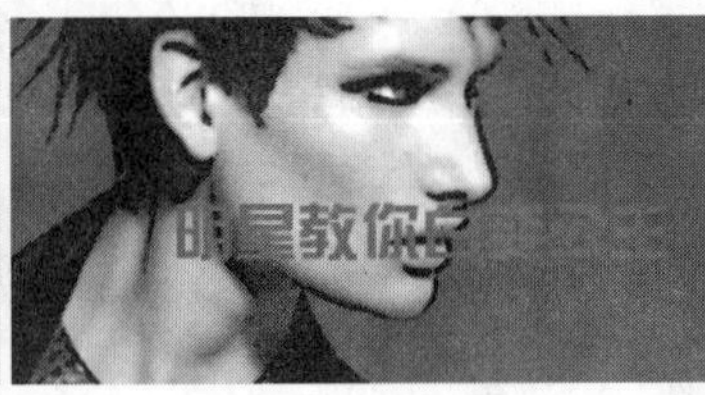

图8.24 输入文字

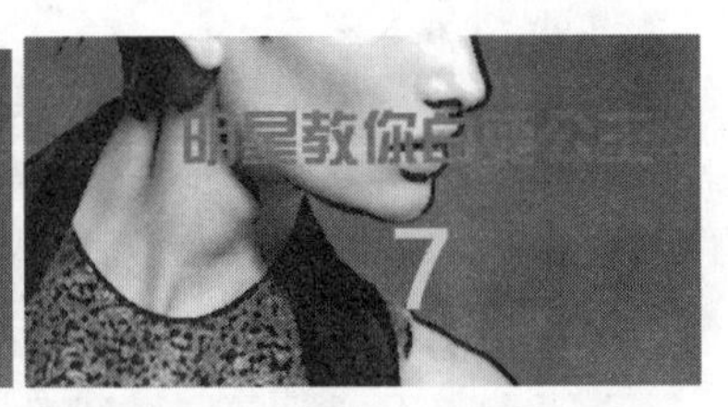


图8.25 输入文

**13** 设置前景色为（R：0、G：183、B：238），在工具箱中单击“横排文字工具”按钮T，在显示的属性栏中单击“显示/隐藏字符和段落调板”按钮，在弹出的“字符”调板中设置字体为“宋体”、字号为“24点”、行距为“24点”、字形为粗体，然后在图像窗口中单击并输入文字，完成后单击属性栏中的✓按钮，如图8.26所示。

**14** 设置前景色为白色，在工具箱中单击“横排文字工具”按钮T，在其属性栏中设置字体为“经典综艺体简”、字号为“36点”，然后在图像窗口中单击并输入文字，完成后单击属性栏中的✓按钮，如图8.27所示。

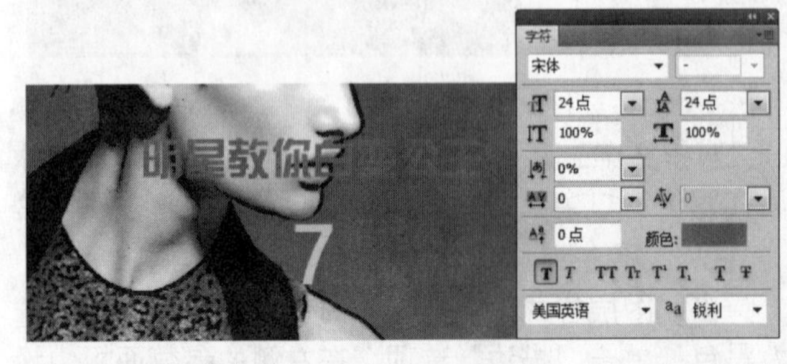


图8.26 设置文字属性

图8.27 输入文字

**15** 在“图层”调板中双击该文字图层，弹出“图层样式”对话框，单击“投影”选项，在右侧的参数面板中设置“角度”为135度，其余保持默认值，然后单击“确定”按钮，如图8.28所示。

**16** 在“图层”调板中新建“图层1”，设置前景色为（R：0、G：183、B：238），在工具箱中单击“矩形工具”按钮，在其属性栏中单击“像素”按钮，然后在图像窗口中绘制矩形形状，如图8.29所示。

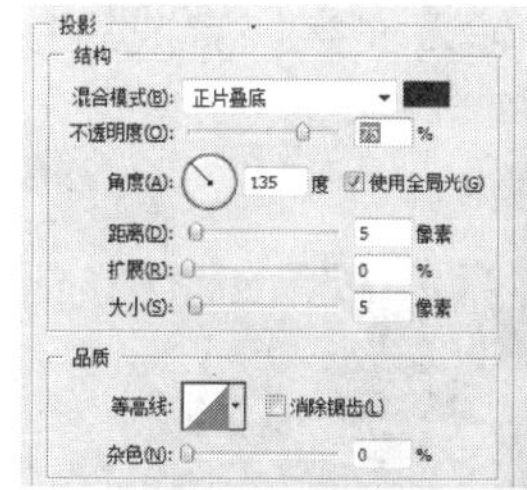


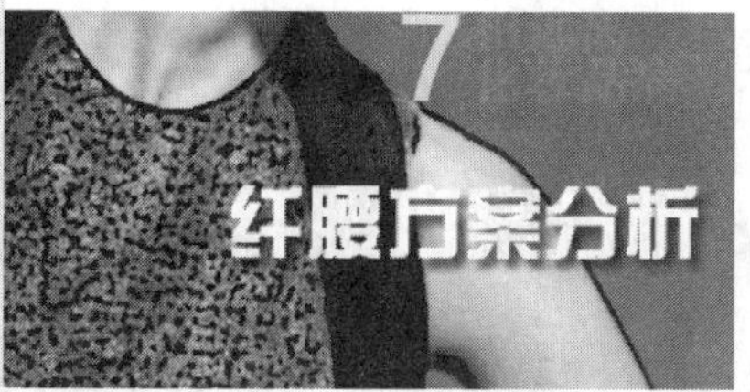


图8.28　设置投影

图8.29　绘制形状

**17** 设置前景色为白色，在工具箱中单击“横排文字工具”按钮，在其属性栏中设置字体为“方正姚体”、字号为“36点”，然后在图像窗口中单击并输入文字，完成后单击属性栏中的按钮，如图8.30所示。

**18** 将鼠标指针移动到文本“14”的后面，按住鼠标左键不放并向前移动至“1”的前面，释放鼠标后选择“14”文本，然后在文字工具属性栏中设置字号为“48点”，颜色设置为（R：230、G：0、B：18），如图8.31所示。

**19** 设置前景色为（R：255、G：241、B：0），在工具箱中单击“横排文字工具”按钮，在其属性栏中设置字体为“汉仪大黑简”、字号为“36点”，然后在图像窗口中单击并输入文字，完成后单击属性栏中的按钮，如图8.32所示。

图8.30　输入文字

图8.31　设置属性

图8.32　输入文字

**20** 打开素材“02.jpg”（图片位置：\素材\第8章\02.jpg），如图8.33所示。

**21** 在工具箱中单击“移动工具”按钮，将“02.jpg”窗口中的图像拖动到“01.jpg”图像窗口中，这时“图层”调板中自动生成“图层2”，然后按“Ctrl+T”组合键，在显示的控制框中缩小图像，并拖动到适当的位置，如图8.34所示。

**22** 在“图层”调板中新建“图层3”，设置前景色为R：230、G：0、B：18，在工具箱中单击“椭圆工具”按钮，在其属性栏中单击“填充像素”按钮，然后在图像窗口中绘制形状，如图8.35所示。

图8.33　02.jpg

图8.34　移动图像

图8.35　绘制形状

**23** 在“图层”调板中双击“图层3”的空白处，弹出“图层样式”对话框，单击“投影”选项，在右侧的参数面板中设置“角度”为135度、“距离”为2像素、“大小”为3像素，然后单击“确定”按钮，如图8.36所示。

**24** 设置前景色为白色，在工具箱中单击“横排文字工具”按钮T，在其属性栏中设置字体为“华文新魏”、字号为“20点”，然后在图像窗口中单击并输入文字，完成后按“Ctrl+T”组合键旋转文字，如图8.37所示。

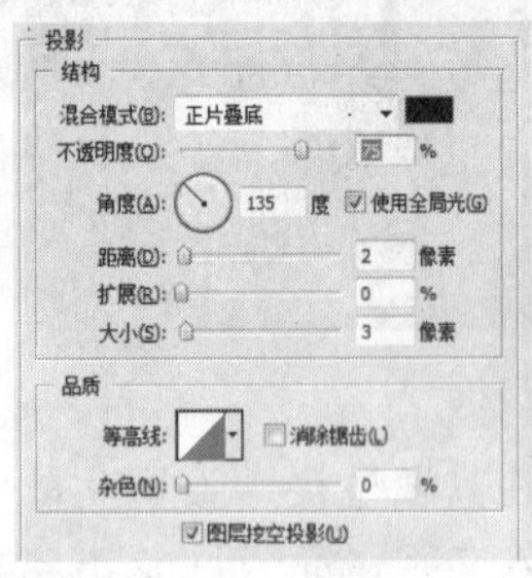


图8.36 设置投影

图8.37 输入文字

**25** 设置前景色为（R：48、G：43、B：40），在工具箱中单击“横排文字工具”按钮T，在其属性栏中设置字体为“方正小标宋简体”、字号为“14点”，然后在图像窗口中单击并输入文字，完成后单击属性栏中的✓按钮，如图8.38所示。

**26** 设置前景色为白色，在工具箱中单击“横排文字工具”按钮T，在其属性栏中设置字体为“方正小标宋简体”、字号为“24点”，然后在图像窗口中单击并输入文字，完成后单击属性栏中的✓按钮，如图8.39所示。

**27** 设置前景色为黑色，在“图层”调板中新建“图层4”，在工具箱中单击“直线工具”按钮＼，在图像窗口中绘制直线，如图8.40所示。得到的最终效果如图8.13所示。

图8.38 输入文字

图8.39 输入文字

图8.40 绘制直线

## 8.2.2 光盘封面设计

本例介绍光盘封面的设计方法，帮助读者巩固选区工具、文字工具和“图层样式”命令的使用方法和技巧。

图8.41 最终效果图

### 最终效果

本例制作完成后的最终效果如图8.41所示。

### 解题思路

1 打开素材图片。

2 使用椭圆选框工具、填充命令等制作光盘形状。

3 使用文字工具和"图层样式"命令等制作光盘上的文字。

**操作提示**

1 打开素材图片"03.jpg"（图片位置：\素材\第8章\03.jpg），然后双击"背景"图层，将"背景"图层转换为普通的"图层0"，如图8.42所示。

2 按下"Ctrl+R"组合键显示标尺，单击工具箱中的"移动工具"按钮，将鼠标移动到水平标尺上单击并向下拖出一条水平参考线，在垂直标尺上单击并向右拖出一条垂直参考线，然后释放鼠标，如图8.43所示。

3 在工具箱中单击"椭圆选框工具"按钮，将鼠标指针移动到两条参考线的交点处，按下鼠标左键不放，然后按下"Shift+Alt"组合键的同时单击并拖动鼠标，绘制一个圆形选区，如图8.44所示。

图8.42 03.jpg

图8.43 拖绘参考线

图8.44 绘制选区

4 按"Shift+Ctrl+I"组合键反向选区，按"Delete"键删除选区内的图像，然后再按下"Shift+Ctrl+I"组合键反向选区，如图8.45所示。

5 在"图层"调板中新建"图层1"，在菜单栏中选择"选择"→"修改"→"扩展"命令，在弹出的"扩展选区"对话框中设置"扩展量"为3像素，然后单击"确定"按钮，如图8.46所示。

图8.45 删除选区内的图像

图8.46 扩展选区

6 设置前景色为黑色，在菜单栏中选择"编辑"→"描边"命令，在弹出的"描边"对话框中设置"宽度"为3像素，位置选择"居外"，然后单击"确定"按钮，如图8.47所示。

7 按下“Ctrl+D”组合键取消选区。设置前景色为白色，然后在“图层”调板中新建“图层2”，将“图层2”拖动到“图层0”的下方，按“Alt+Delete”组合键填充前景色，如图8.48所示。

图8.47 描边

图8.48 填充颜色

8 在“图层”调板中选择“图层1”，然后新建“图层3”，在工具箱中单击“椭圆选框工具”按钮，在图像窗口中绘制圆形选区，如图8.49所示。

9 按下“Alt+Delete”组合键填充前景色，按下“Ctrl+D”组合键取消选区，然后使用椭圆选框工具在图像窗口中绘制圆形选区，如图8.50所示。

10 在“图层”调板中新建“图层4”，在菜单栏中选择“编辑”→“描边”命令，在弹出的“描边”对话框中设置“宽度”为3像素，位置选择“居外”，单击“确定”按钮后按下“Ctrl+D”组合键取消选区，如图8.51所示。

图8.49 绘制选区

图8.50 填充并绘制选区

图8.51 描边

11 在“图层”调板中新建“图层5”，在工具箱中单击“矩形选框工具”按钮，在图像窗口中绘制选区，然后填充为白色，如图8.52所示。

12 按下“Ctrl+D”组合键取消选区，然后按下“Ctrl”键的同时单击“图层0”，载入选区，按下“Shift+Ctrl+I”组合键反向选区，如图8.53所示。

13 按“Delete”组合键删除选区内的图像，然后按“Ctrl+D”组合键取消选区，最后设置“图层5”的不透明度为14%，如图8.54所示。

图8.52 绘制选区并填充

图8.53 载入选区

图8.54 设置图层不透明度

14 按“Ctrl+T”组合键，在显示的控制框中变换图像，然后按“Enter”键确认操作，如图8.55所示。

15 设置前景色为白色，在工具箱中单击“横排文字工具”按钮T，在其属性栏中设置字体为“方正小标宋简体”、字号为“30点”，然后在图像窗口中单击并输入文字，完成后单击属性栏中的✓按钮，如图8.56所示。

16 设置前景色为（R：255、G：241、B：0），在工具箱中单击“横排文字工具”按钮T，在其属性栏中设置字体为“Arial”、字号为“30点”，然后在图像窗口中单击并输入文字，完成后单击属性栏中的✓按钮，如图8.57所示。

图8.55 变换对象

图8.56 输入文字

图8.57 输入文字

17 在横排文字工具属性栏中设置字体为“方正大黑简体”、字号为“36点”，然后在图像窗口中单击并输入文字，完成后单击属性栏中的✓按钮，如图8.58所示。

18 在“图层”调板中双击该文字图层，弹出“图层样式”对话框，单击“描边”选项，在右侧的参数面板中设置“大小”为3像素，颜色设置为黑色，其余保持默认值，然后单击“确定”按钮，如图8.59所示。

19 设置前景色为白色，在工具箱中单击“横排文字工具”按钮T，在其属性栏中设置字体为“华文行楷”、字号为“30点”，然后在图像窗口中单击并输入文字，完成后单击属性栏中的✓按钮，如图8.60所示。

20 设置前景色为白色，在工具箱中单击“横排文字工具”按钮T，在其属性栏中设置字体为“Arial”、字号为“36点”、字形为粗体，然后在图像窗口中单击并输入文字，完成后单击属性栏中的✓按钮，如图8.61所示。

图8.58　输入文字

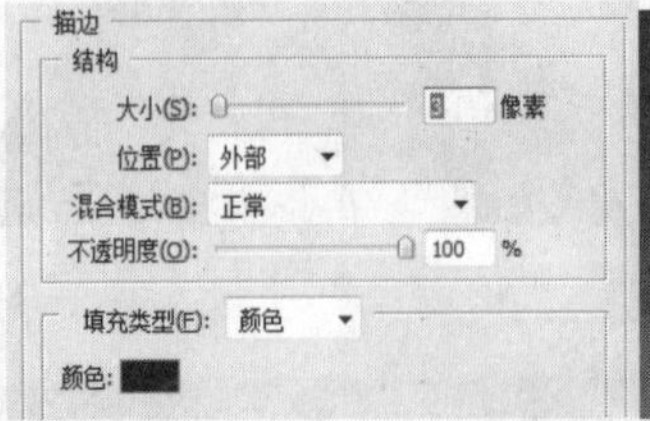

图8.59　文字描边

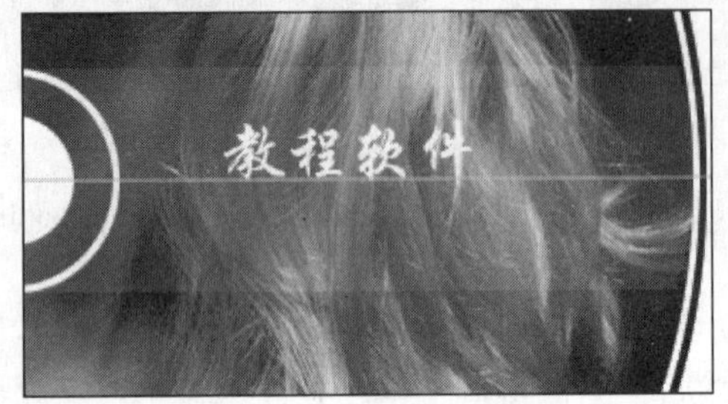

图8.60　输入文字

图8.61　输入文字

**21** 设置前景色为白色，在工具箱中单击“横排文字工具”按钮T，在其属性栏中设置字体为“Arial”、字号为“24点”，然后在图像窗口中单击并输入文字，完成后单击属性栏中的✓按钮，如图8.62所示。

**22** 设置前景色为白色，在工具箱中单击“横排文字工具”按钮T，在其属性栏中设置字体为“华文行楷”、字号为“30点”，然后在图像窗口中单击并输入文字，完成后单击属性栏中的✓按钮，如图8.63所示。得到的最终效果如图8.41所示。

图8.62　输入文字

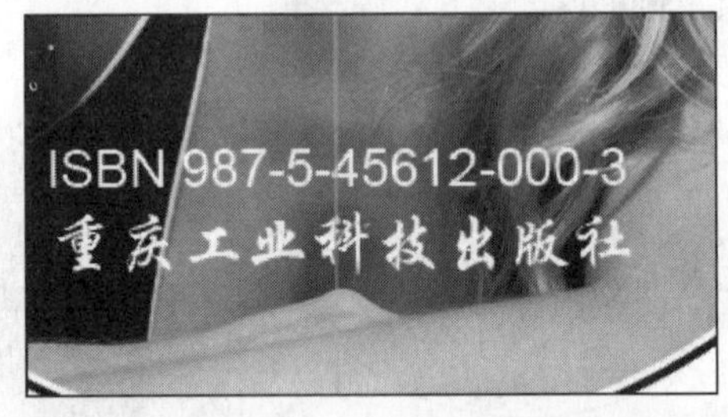


图8.63　输入文字

## 8.2.3　个性壁纸设计

本例介绍制作个性壁纸的方法，帮助读者巩固渐变工具、图层混合模式、蒙版工具、画笔工具、“变换”命令、文字工具和“图层样式”的使用方法和技巧。

**最终效果**

本例制作完成后的最终效果如图8.64所示。

图8.64　最终效果图

**解题思路**

利用渐变工具、图层混合模式、蒙版工具、画笔工具、“变换”命令、文字工具和“图层样式”命令等制作个性壁纸。

**操作提示**

1 在菜单栏中选择“文件”→“新建”命令，在弹出的“新建”对话框中设置名称为“个性壁纸”、宽度为“1024像素”、高度为“768像素”、分辨率为“72像素/英寸”，然后单击“确定”按钮，如图8.65所示。

2 新建“图层1”，设置前景色为（R：178、G：136、B：80）、背景色为（R：106、G：57、B：6），在工具箱中单击“渐变工具”按钮，在显示的属性栏中单击渐变条右侧的小三角按钮，在弹出的下拉列表框中单击“前景到背景”渐变图标，然后单击“径向渐变”按钮，如图8.66所示。

3 将鼠标指针移动到图像窗口中，单击并拖动鼠标左键，释放鼠标键后可在图像窗口中执行渐变操作，如图8.67所示。

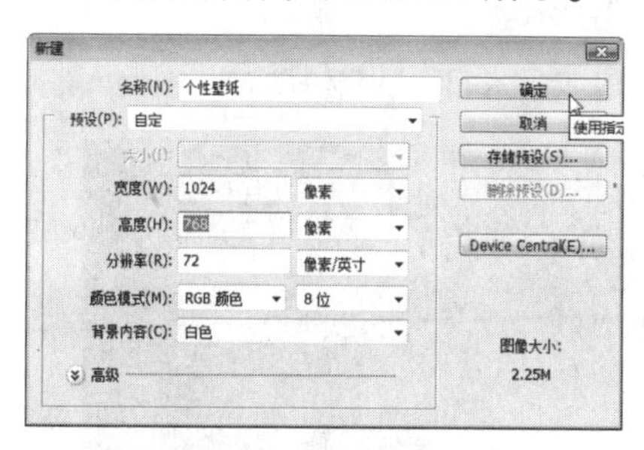


图8.65　“新建”对话框

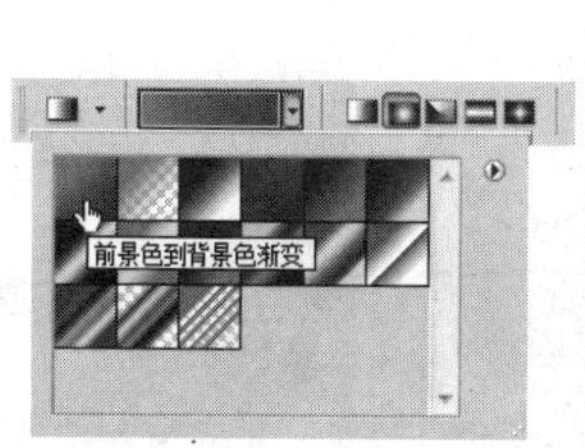


图8.66　选择渐变样式

图8.67　渐变填充

4 打开素材图片“04.jpg”和“05.jpg”（图片位置：\素材\第8章\04.jpg、05.jpg），如图8.68和图8.69所示。

5 在工具箱中单击“移动工具”按钮，将“04.jpg”窗口中的图像拖动到“个性壁纸”图像窗口中，这时“图层”调板中自动生成“图层2”，如图8.70所示。

图8.68　04.jpg

图8.69　05.jpg

图8.70　移动图像

6 在“图层”调板中设置“图层2”的混合模式为“正片叠底”，如图8.71所示。

7 在工具箱中单击“移动工具”按钮，将“05.jpg”窗口中的图像拖动到“个性壁纸”图像窗口中，这时“图层”调板中自动生成“图层3”，如图8.72所示。

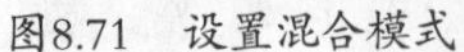

图8.71　设置混合模式

图8.72　移动图像

8 按“Ctrl+T”组合键，在显示的控制框中适当缩小图像，然后在菜单栏中选择“编辑”→“变换”→“旋转90度（逆时针）”，如图8.73所示。

9 在“图层”调板中设置“图层3”的混合模式为“正片叠底”，如图8.74所示。

图8.73　变换对象

图8.74　设置混合模式

10 设置前景色为黑色，在“图层”调板中单击底部的“添加图层蒙版”按钮，为“图层3”添加蒙版，在工具箱中单击“画笔工具”按钮，在显示的属性栏中设置画笔大小为“柔角100像素”、不透明度为100%，然后在图像窗口中涂抹，如图8.75所示。

11 打开素材图片“06.jpg”（图片位置：\素材\第8章\06.jpg），如图8.76所示。

图8.75　隐藏部分区域

图8.76　06.jpg

12 在工具箱中单击“移动工具”按钮，将“06.jpg”窗口中的图像拖动到“个性壁纸”图像窗口中，这时“图层”调板中自动生成“图层4”，然后按“Ctrl+T”组合键进行变换操作，如图8.77所示。

13 设置前景色为黑色，在“图层”调板中单击底部的“添加图层蒙版”按钮，为“图层4”添加蒙版，在工具箱中单击“画笔工具”按钮，在显示的属性栏中设置画笔大小为“柔角65像素”、不透明度为100%，然后在图像窗口中涂抹，如图8.78所示。

图8.77　移动图像

图8.78　隐藏部分区域

14 在“图层”调板中将“图层4”拖动到调板底部的“创建新图层”按钮上，复制出“图层4副本”，然后按“Ctrl+T”组合键，在显示的控制框中放大图像并移动到适当的位置，如图8.79所示。

15 在“图层”调板中设置“图层4副本”的不透明度为27%，如图8.80所示。

图8.79　复制并放大图像

图8.80　设置图层不透明度

16 在“图层”调板中单击选择“图层4”，然后在菜单栏中选择“编辑”→“变换”→“水平翻转”命令，将图像进行翻转，如图8.81所示。

17 设置前景色为白色，在工具箱中单击“横排文字工具”按钮，在显示的属性栏中设置字体为“迷你简菱心”、字号为“72点”，然后在图像窗口中输入文字“唯美”，完成后单击属性栏中的按钮，如图8.82所示。

18 设置前景色为（R：113、G：65、B：14）、背景色为白色，在“图层”调板中双击该文字图层，弹出“图层样式”对话框，单击“投影”选项，在右侧的参数面板中设置“角度”为0度、“距离”为1像素、“大小”为10像素，如图8.83所示。

19 在“图层样式”对话框中单击“斜面和浮雕”选项，在右侧的参数面板中设置“深度”

为100%、“大小”为1像素、“角度”为0度，如图8.84所示。

图8.81 水平翻转

图8.82 输入文字

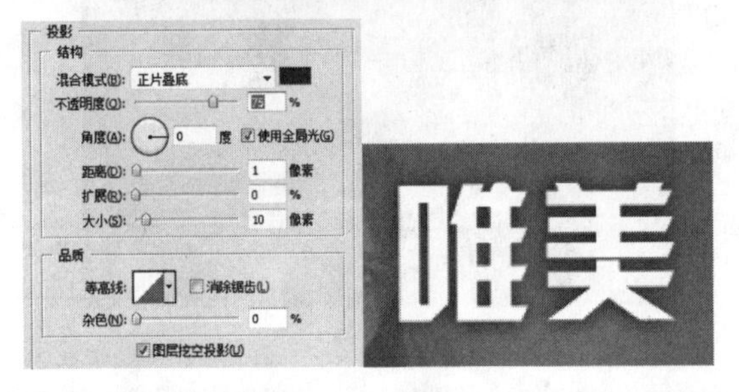


图8.83 设置投影

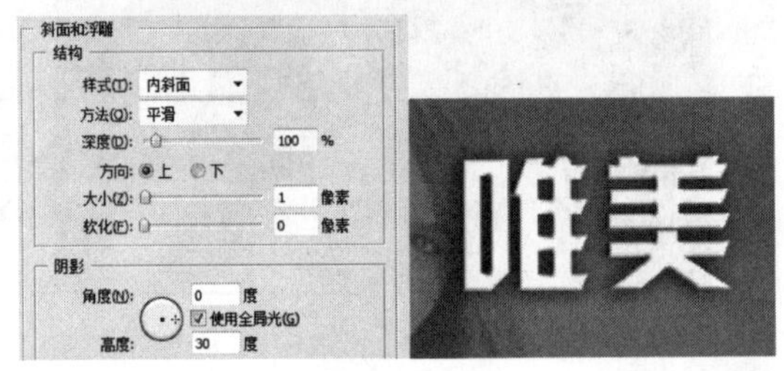


图8.84 设置斜面和浮雕

**20** 在“图层样式”对话框中单击“渐变叠加”选项，在右侧的参数面板中选择渐变样式为“前景到背景”，然后单击“确定”按钮，如图8.85所示。

**21** 设置前景色为白色，在工具箱中单击“横排文字工具”按钮T，在显示的属性栏中设置字体为“迷你简菱心”、字号为“72点”，然后在图像窗口中输入文字“之梦”，完成后单击属性栏中的✓按钮，如图8.86所示。

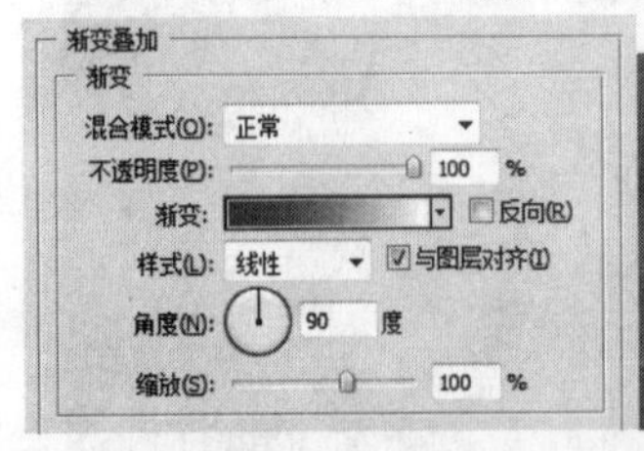

图8.85 设置渐变叠加

图8.86 输入文字

**22** 在“图层”调板中选择“唯美”文字图层，然后按“Alt”键的同时单击并拖动fx图标至“之梦”文字图层，释放鼠标后得到的最终效果如图8.87所示。

图8.87 最终效果图

## 8.2.4　照片信笺制作

本例介绍照片信笺的制作方法，帮助读者巩固直线工具、蒙版工具、画笔工具和橡皮擦工具的使用方法和技巧。

### 最终效果

本例制作完成后的最终效果如图8.88所示。

### 解题思路

利用直线工具、蒙版工具、画笔工具和橡皮擦工具等制作照片信笺。

### 操作提示

图8.88　最终效果图

1 打开素材图片“07.jpg”（图片位置：\素材\第8章\07.jpg），如图8.89所示。

2 设置前景色为（R：224、G：0、B：77），在“图层”调板中新建“图层1”，如图8.90所示。

3 按下“Ctrl+R”组合键显示标尺。单击工具箱中的“移动工具”按钮，将鼠标指针移动到水平标尺上单击并向下拖出一条水平参考线，在垂直标尺上单击并向右拖出一条垂直参考线，然后释放鼠标，如图8.91所示。

图8.89　07.jpg

图8.90　新建图层1

图8.91　拖移参考线

4 在工具箱中单击“直线工具”按钮，在显示的属性栏中单击“填充像素”按钮，然后在图像窗口中按住“Shift”键不放，在图像窗口中绘制一条水平直线，如图8.92所示。

5 在工具箱中单击“移动工具”按钮，在图像窗口中按“Alt”键的同时单击并向上拖动鼠标，复制直线，这时“图层”调板中自动生成“图层1副本”，如图8.93所示。

6 按“Ctrl+E”组合键合并“图层1副本”和“图层1”，然后用步骤5的方法，复制并拖动直线，合并图层，如图8.94所示。

7 在工具箱中单击“橡皮擦工具”按钮，在显示的属性栏中设置画笔大小为“柔角45像素”，然后在图像窗口中擦除多余的直线，如图8.95所示。

8 打开素材图片“08.jpg”（图片位置：\素材\第8章\08.jpg），如图8.96所示。

9 在工具箱中单击“移动工具”按钮，将“08.jpg”窗口中的图像移动到“07.jpg”图像窗口中，这时“图层”调板中自动生成“图层2”，然后按“Ctrl+T”组合键变换对象，如图8.97所示。

图8.92　绘制直线

图8.93　复制直线

图8.94　复制并拖动直线

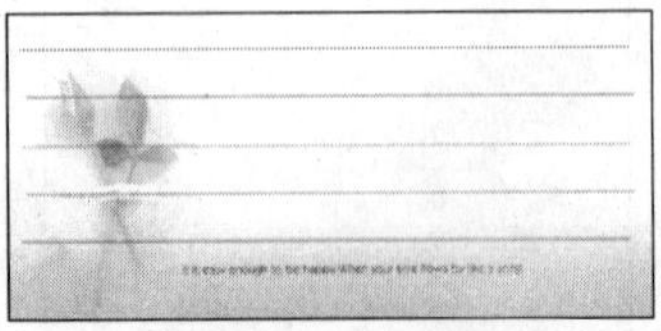

图8.95　擦除多余直线

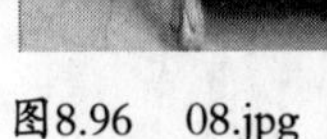

图8.96　08.jpg

图8.97　移动图像

10 设置前景色为黑色，在“图层”调板中单击底部的“添加图层蒙版”按钮，为“图层4”添加蒙版，在工具箱中单击“画笔工具”按钮，在显示的属性栏中设置画笔大小为“柔角65像素”、不透明度为100%，然后在图像窗口中涂抹，如图8.98所示。

11 在“图层”调板中设置“图层2”的混合模式为“正片叠底”、不透明度为57%，如图8.99所示。

12 在“图层”调板中选择“图层1”，在工具箱中单击“橡皮擦工具”按钮，在显示的属性栏中设置画笔大小为“柔角45像素”，然后在图像窗口中擦除人物上显示的直线，得到的最终效果如图8.100所示。

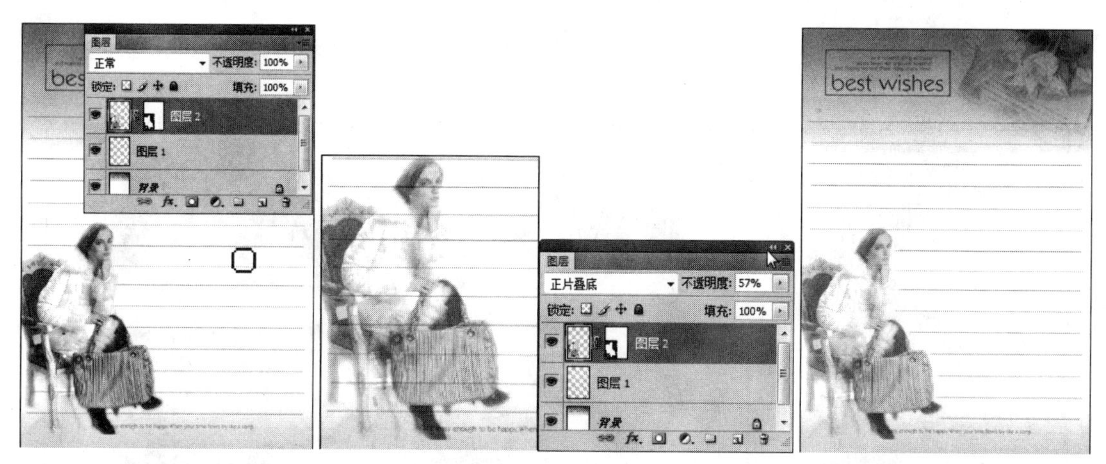


图8.98　隐藏部分区域　　图8.99　设置混合模式和不透明度　　图8.100　最终效果图

## 8.2.5　制作个人证件

本例介绍制作个人证件的方法，帮助读者巩固钢笔工具、“修改”命令、“画布大小”命令和自定义图案的使用方法和技巧。

### 最终效果

本例制作完成后的最终效果如图8.101所示。

### 解题思路

1 打开素材图片。
2 使用钢笔工具绘制路径并载入选区。
3 填充图层，然后使用“画布大小”命令。
4 定义图案，然后新建文档并填充图案。

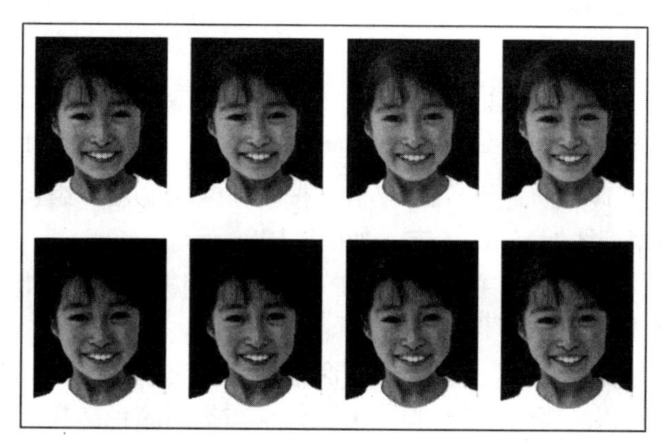

图8.101　最终效果图

### 操作提示

1 打开素材图片“09.jpg”（图片位置：\素材\第8章\09.jpg），如图8.102所示。
2 在工具箱中单击“钢笔工具”按钮，在显示的属性栏中单击“路径”按钮，然后在图像窗口中沿着人物的边缘绘制路径，如图8.103所示。

3 在“路径”调板中单击底部的“将路径作为选区载入”按钮，载入选区，如图8.104所示。

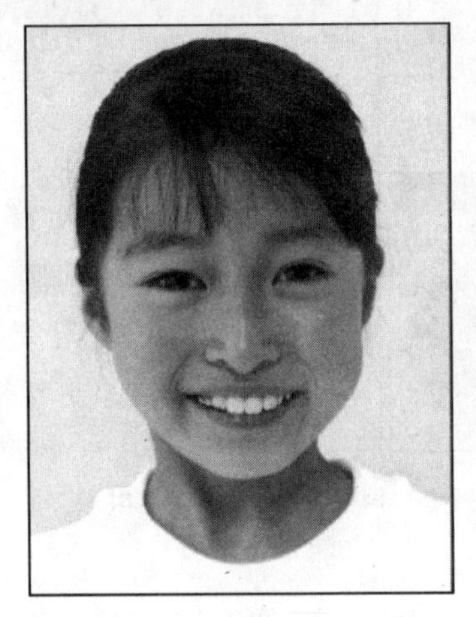

图8.102　09.jpg

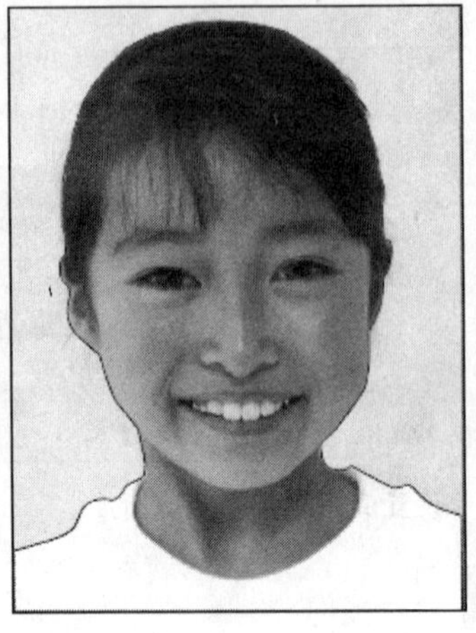

图8.103　绘制路径

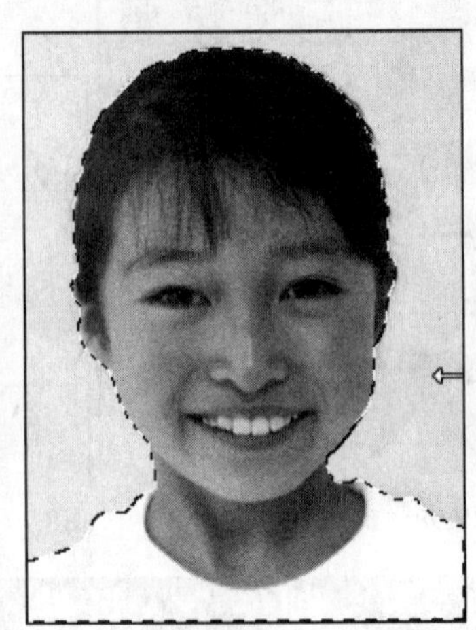

图8.104　载入选区

4 在菜单栏中选择“选择”→“修改”→“收缩”命令，在弹出的“收缩选区”对话框中设置“收缩量”为2像素，然后单击“确定”按钮，如图8.105所示。

5 在菜单栏中选择“选择”→“修改”→“羽化”命令，在弹出的“羽化选区”对话框中设置“羽化半径”为1像素，然后单击“确定”按钮，如图8.106所示。

6 按下“Ctrl+J”组合键复制选区中的图像，这时“图层”调板中自动生成“图层1”，然后在“图层”调板中新建“图层2”，如图8.107所示。

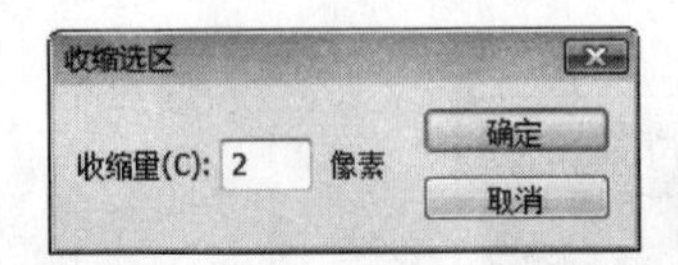


图8.105　收缩选区

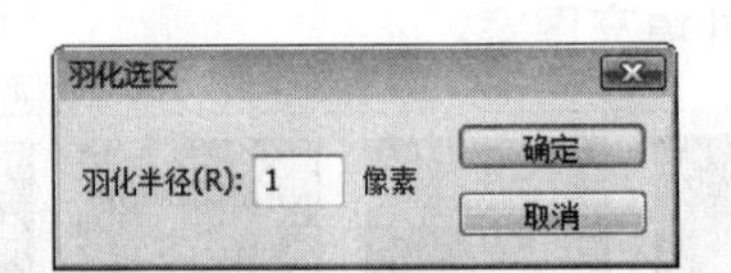


图8.106　羽化选区

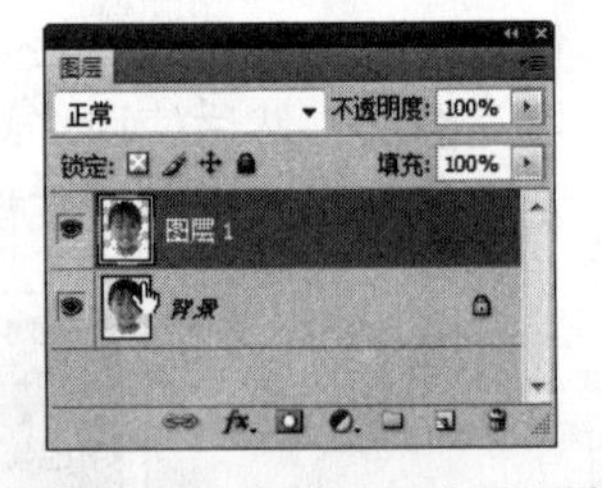


图8.107　复选选区内的图像

7 设置前景色为（R：175、G：7、B：7），按“Alt+Delete”组合键填充前景色，然后将“图层2”拖动到“图层1”的下方，如图8.108所示。

8 在工具箱中单击“移动工具”按钮，在“图层”调板中选择“图层1”，然后按下键盘上的“↓”键，将图像向下移动1个像素。

9 在菜单栏中选择“图像”→“画布大小”命令，在弹出的“画布大小”对话框中设置宽度为“19.65厘米”、高度为“24.69厘米”，画布扩展颜色选择“背景”（白色），然后单击“确定”按钮，如图8.109所示。

10 在“图层”调板中按下“Shift+Ctrl+Alt+E”组合键盖印可见图层，这时调板中自动生成“图层3”，然后在菜单栏中选择“编辑”→“定义图案”命令，在弹出的“图案名称”对话框中设置名称为“证件”，然后单击“确定”按钮，如图8.110所示。

11 在菜单栏中选择“文件”→“新建”命令，在弹出的“新建”对话框中设置名称为“个人证件”、宽度为“78.6厘米”、高度为“49.38厘米”、分辨率为“72像素/英寸”，然后单击“确定”按钮，如图8.111所示。

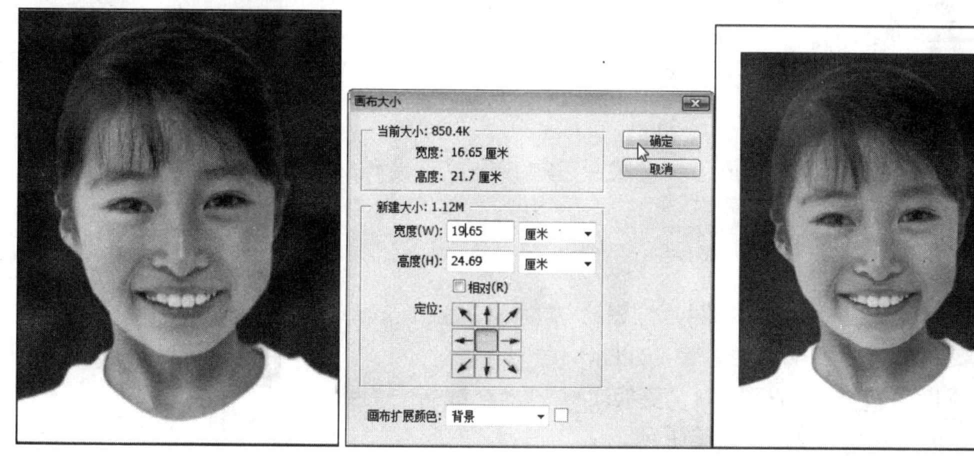


图8.108　填充颜色　　　　图8.109　设置画布大小

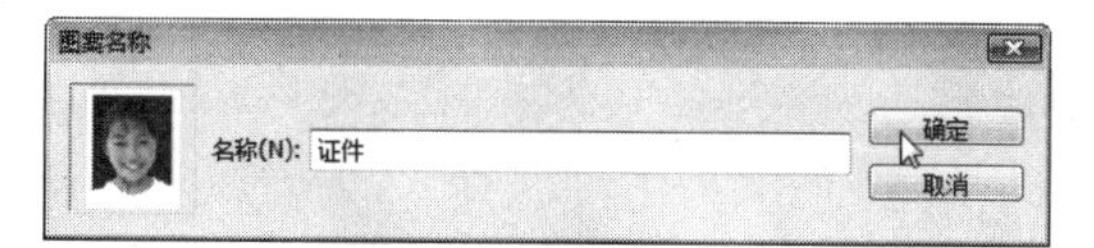


图8.110　定义图案

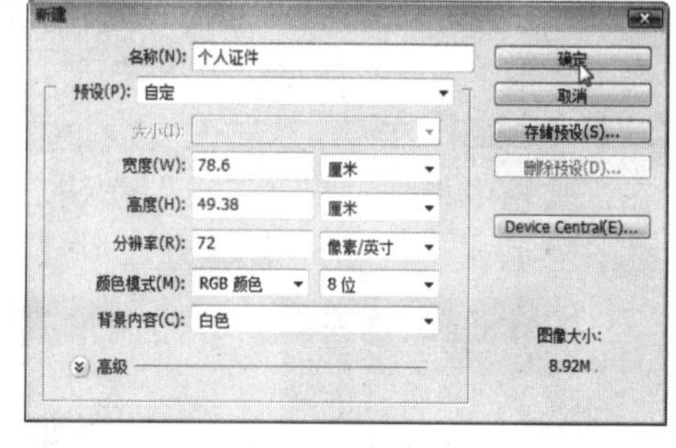


图8.111　“新建”对话框

12 在菜单栏中选择“编辑”→“填充”命令，在弹出的“填充”对话框中设置“使用”为“图案”、“自定图案”为“证件”，如图8.112所示。

13 设置完成后单击“确定”按钮，得到的最终效果如图8.113所示。

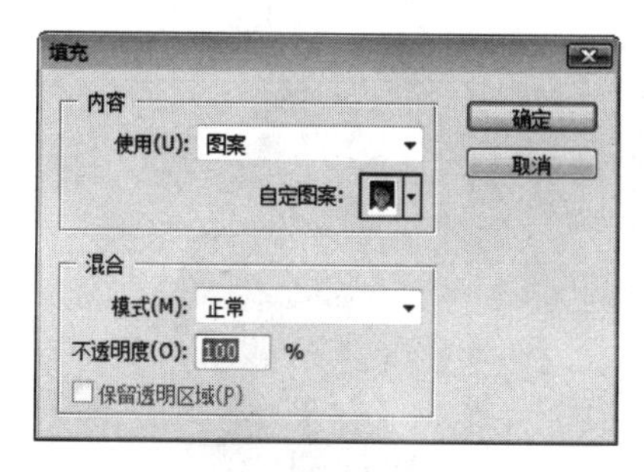


图8.112　“填充”对话框

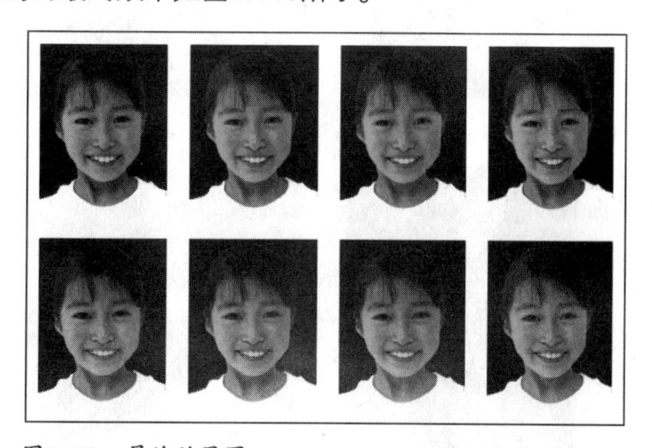

图8.113　最终效果图

## 8.2.6　电影海报设计

本例介绍电影海报的设计方法，帮助读者巩固“变换”命令、魔棒工具、蒙版工具、画笔工具、文字工具的使用方法和技巧。

图8.114　最终效果图

## 最终效果

本例制作完成后的最终效果如图8.114所示。

## 解题思路

利用“变换”命令、魔棒工具、蒙版工具、画笔工具和文字工具等制作电影海报。

## 操作提示

1 打开素材图片“10.jpg”（图片位置：\素材\第8章\10.jpg），然后复制出“背景副本”图层，如图8.115所示。

2 在菜单栏中选择“编辑”→“变换”→“水平翻转”命令，将图片进行翻转，如图8.116所示。

3 打开素材图片“11.jpg”和“12.jpg”（图片位置：\素材\第8章\11.jpg、12.jpg），如图8.117和图8.118所示。

4 在工具箱中单击“魔棒工具”按钮，在显示的属性栏中单击“添加到选区”按钮，设置“容差”为20，然后在“11.jpg”图像窗口中创建选区，如图8.119所示。

5 在工具箱中单击“矩形工具”按钮，在显示的属性栏中单击“从选区中减去”按钮，然后在“11.jpg”图像窗口中减去部分选区，如图8.120所示。

图8.115　10.jpg

图8.116　水平翻转

图8.117　11.jpg

图8.118　12.jpg

图8.119　绘制选区

图8.120　从选区中减去

6 按下“Shift+Ctrl+I”组合键反向选区，然后在菜单栏中选择“选择”→“修改”→“羽化”命令，在弹出的“羽化”对话框中设置“羽化半径”为2像素，完成后单击“确定”按钮，如图8.121所示。

7 在工具箱中单击“移动工具”按钮，将“11.jpg”选区内的图像移动到“10.jpg”图像窗口中，这时“图层”调板中自动生成“图层1”，然后按下“Ctrl+T”组合键变换对象，如图8.122所示。

8 在“12.jpg”窗口中使用移动工具将图像移动到“10.jpg”图像窗口中，这时“图层”调板中自动生成“图层2”，然后按下“Ctrl+T”组合键进行变换对象，如图8.123所示。

羽化选区
羽化半径(R): 2 像素
确定
取消

图8.121　羽化选区

图8.122　移动图像

图8.123　移动图像

9 设置前景色为黑色，在“图层”调板中单击底部的“添加图层蒙版”按钮，然后在工具箱中单击“画笔工具”按钮，在显示的属性栏中设置画笔大小为“柔角65像素”，在图像中涂抹，如图8.124所示。

10 在工具箱中单击“横排文字工具”按钮，在显示的属性栏中设置字体为“华文行楷”、字号为“36点”，颜色设置为（R：123、G：96、B：67），然后在图像窗口中输入文字，完成后单击属性栏中的按钮，如图8.125所示。

11 在菜单栏中选择“窗口”→“样式”命令，在弹出的“样式”调板中单击“双环发光”按钮，为文字添加图层样式，如图8.126所示。

图8.124　隐藏部分区域

图8.125　输入文字

图8.126　添加样式

12 在工具箱中单击“文字工具”按钮T，在显示的属性栏中设置字体为“华文行楷”、字号为“18点”，颜色设置为R：44、G：40、B：31，然后在图像窗口中输入文字，完成后单击属性栏中的✓按钮，如图8.127所示。

13 在工具箱中单击“横排文字工具”按钮T，在显示的属性栏中设置字体为“隶书”、字号为“14点”，颜色设置为（R：72、G：68、B：70），然后在图像窗口中输入文字，完成后单击属性栏中的✓按钮，得到的最终效果如图8.128所示。

图8.127 输入文字

图8.128 最终效果

## 8.2.7 邮票边框

本例介绍邮票边框效果的制作方法，帮助读者巩固矩形工具、“变换”命令和文字工具的使用方法和技巧。

### 最终效果

本例制作完成的最终效果如图8.129所示。

图8.129 最终效果图

### 解题思路

1 新建文档，然后使用矩形工具绘制路径。

2 设置画笔样式，描边路径。

3 载入选区，删除选区内的图像。

4 移动图像并进行变换，然后使用文字工具输入文字。

### 操作提示

1 在菜单栏中选择“文件”→“新建”命令，在弹出的“新建”对话框中设置名称为“邮票边框”、宽度为“480像素”、高度为“394像素”、分辨率为“300像素/英寸”，然后单击“确定”按钮，如图8.130所示。

2 在“图层”调板中新建“图层1”，在工具箱中单击“矩形工具”按钮，在显示的属性栏中单击“路径”按钮，然后在图像窗口中绘制路径，如图8.131所示。

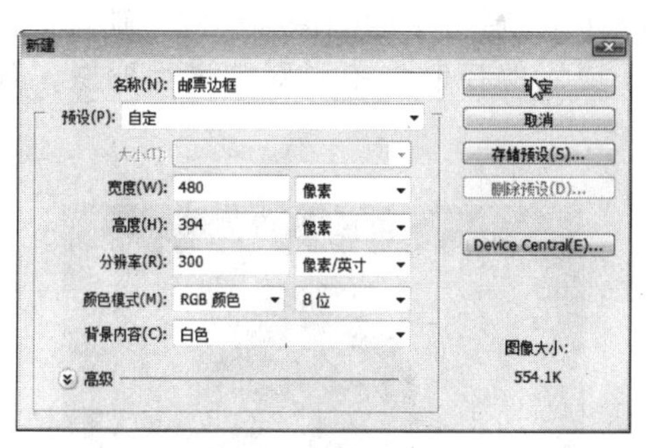


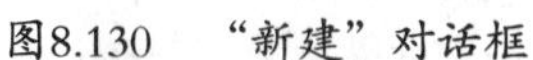

图8.130 “新建”对话框

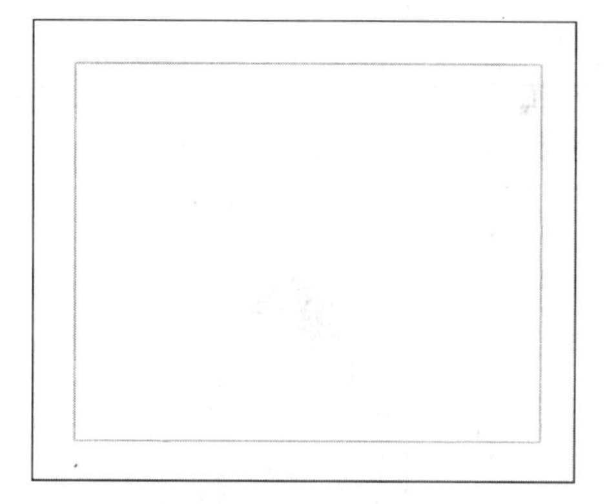

图8.131 绘制路径

3 设置前景色为黑色，在工具箱中单击“画笔工具”按钮，在显示的属性栏中单击“切换画笔调板”按钮，然后在弹出的“画笔”调板中进行如图8.132所示的设置。

4 在“路径”调板中选择“工作路径”，然后单击调板底部的“用画笔描边路径”按钮，描边路径的效果如图8.133所示。

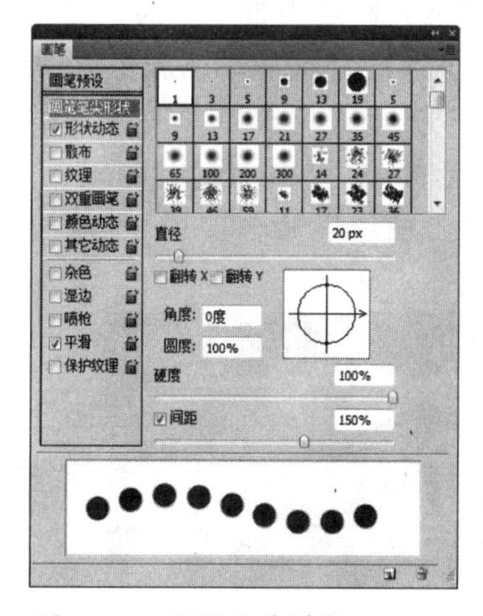


图8.132 设置画笔样式

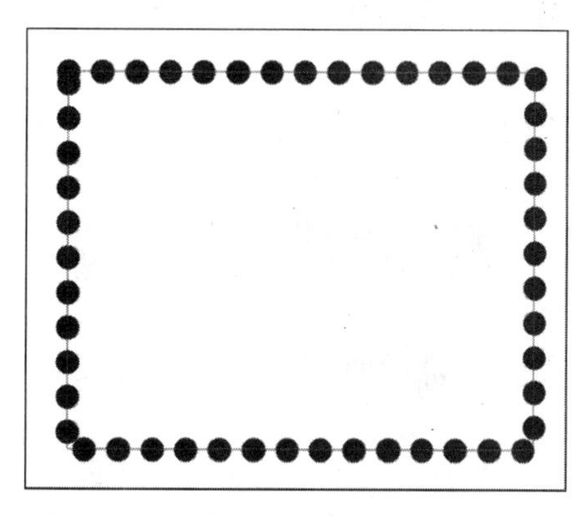

图8.133 画笔描边路径

5 在“图层”调板中新建“图层2”，按“Alt+Delete”组合键填充前景色，然后在“路径”调板中选择“工作路径”，单击“将路径作为选区载入”按钮，载入选区，如图8.134所示。

6 按“Delete”键删除选区内的图像，然后按“Ctrl+D”组合键取消选区，如图8.135所示。

图8.134 载入选区

图8.135 删除选区内的图像

7 打开素材图片“13.jpg”（图片位置：\素材\第8章\13.jpg），如图8.136所示。

8 在工具箱中单击“移动工具”按钮，将“13.jpg”窗口中的图像移动到“邮票边框”图像窗口中，然后按下“Ctrl+T”组合键，在显示的控制框中对对象进行变换，如图8.137所示。

图8.136 13.jpg

图8.137 移动图像

9 在工具箱中单击“横排文字工具”按钮，在显示的属性栏中设置字体为“黑体”、字号为“9点”、颜色为黑色，然后在图像窗口中输入文字，完成后单击属性栏中的按钮，如图8.138所示。

10 在工具箱中单击“横排文字工具”按钮，在显示的属性栏中设置字体为“楷体_GB2312”、字号为“9点”、颜色为黑色，然后在图像窗口中输入文字，完成后单击属性栏中的按钮，如图8.139所示。

图8.138 输入文字

图8.139 输入文字

11 在工具箱中单击“横排文字工具”按钮，在显示的属性栏中设置字体为“楷体_GB2312”、字号为“4点”、颜色为黑色，然后在图像窗口中输入文字，完成后单击属性栏中的按钮，如图8.140所示。

12 在工具箱中单击“横排文字工具”按钮，在显示的属性栏中设置字体为“楷体_GB2312”、字号为“4点”、颜色为黑色，然后在图像窗口中输入文字，完成后单击属性栏中的按钮，得到的最终效果如图8.141所示。

图8.140 输入文字

图8.141 输入文字

# 8.3 提高——自己动手练

在了解了文字工具组和图层样式的基本操作并制作了相关实例后，下面将进一步巩固本章所学的知识并进行相关实例的演练，以达到提高动手能力的目的。

## 8.3.1 制作画卷

本例介绍制作画卷的方法，帮助读者巩固“杂色”滤镜、“图层样式”命令、矩形选框工具、“玻璃”滤镜、蒙版工具和自定形状工具的使用方法和技巧。

### 最终效果

本例制作完成后的最终效果如图8.142所示。

图8.142　最终效果图

### 解题思路

利用“填充”命令、“杂色”滤镜、“图层样式”命令、矩形选框工具、快速蒙版工具、“玻璃”滤镜、蒙版工具和自定形状工具等制作画卷。

### 操作提示

1 在菜单栏中选择“文件”→“新建”命令，在弹出的“新建”对话框中设置名称为“画卷”、宽度为“500像素”、高度为“700像素”、分辨率为“300像素/英寸”，然后单击“确定”按钮，如图8.143所示。

2 在“图层”调板中新建“图层1”，设置前景色为（R：207、G：169、B：114），然后按“Alt+Delete”组合键填充前景色，如图8.144所示。

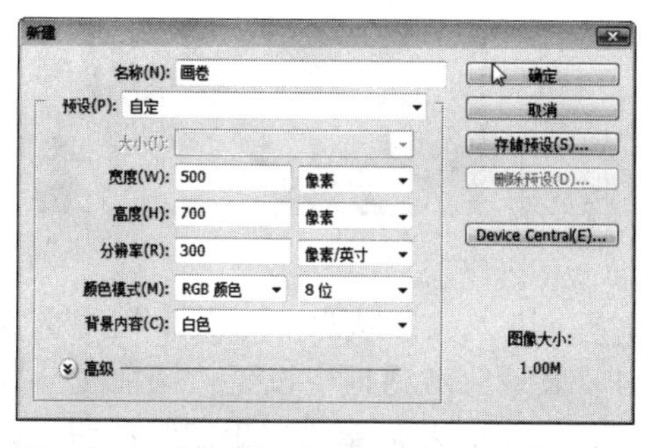


图8.143　“新建”对话框

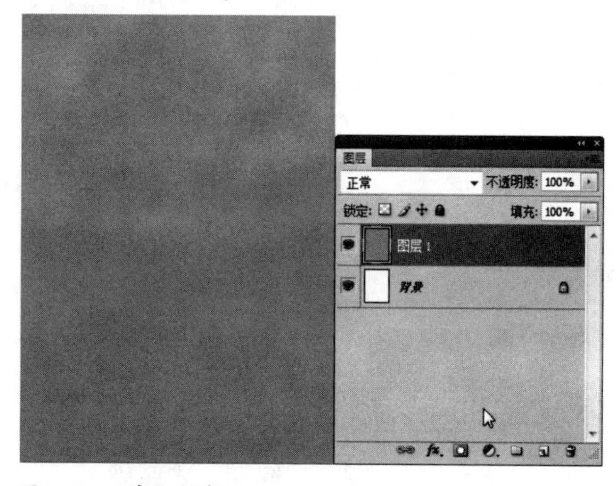


图8.144　填充颜色

3 在菜单栏中选择“滤镜”→“杂色”→“添加杂色”命令，在弹出的“添加杂色”对话框中勾选“单色”复选框，设置“数量”为10%，选择“平均分布”单选项，然后单击“确定”按钮，如图8.145所示。

4 在“图层”调板中双击“图层1”的空白处，在弹出的“图层样式”对话框中单击“内发光”选项，在右侧显示的参数面板中选择混合模式为“正常”，颜色设置为（R：153、G：98、B：13），“大小”设置为100像素，然后单击“确定”按钮，如图8.146所示。

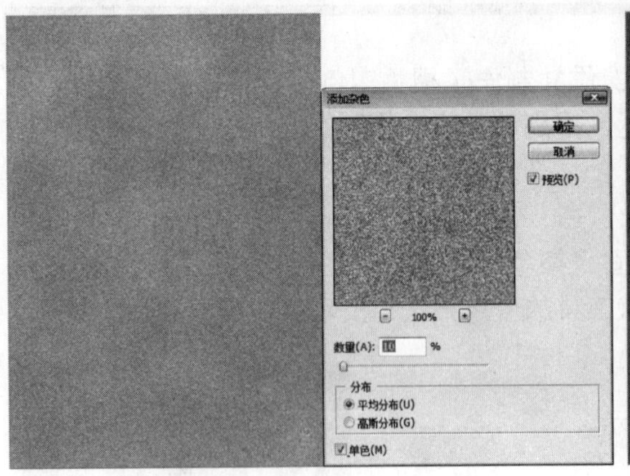


图8.145　添加杂色

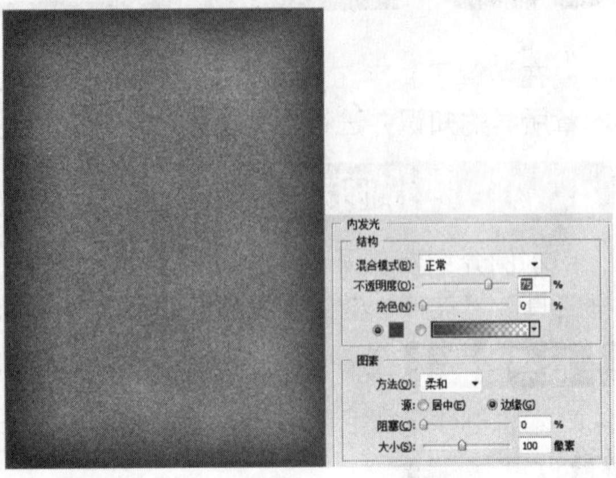


图8.146　设置内发光

5　设置前景色为白色，在“图层”调板中新建“图层2”，在工具箱中单击“矩形选框工具”按钮，在图像窗口中创建选区，如图8.147所示。

6　按“Alt+Delete”组合键填充前景色，然后在“图层”调板中设置不透明度为50%，如图8.148所示。

7　在菜单栏中选择“选择”→“修改”→“收缩”命令，在弹出的“收缩选区”对话框中设置“收缩量”为30像素，然后单击“确定”按钮，如图8.149所示。

图8.147　绘制选区

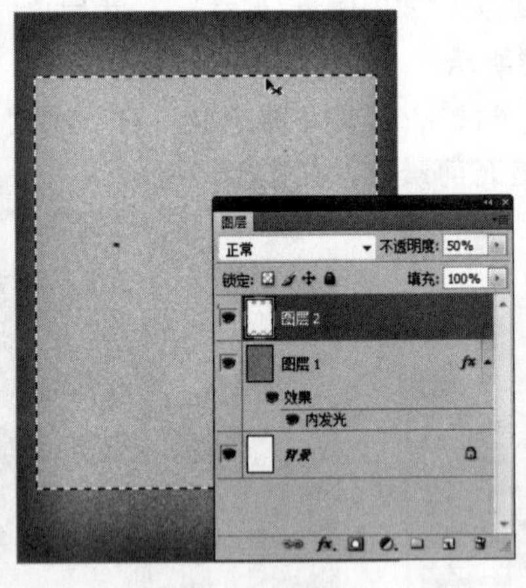


图8.148　设置不透明度

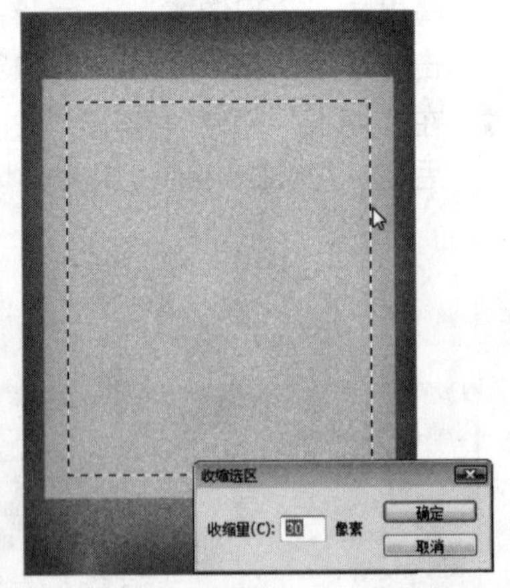


图8.149　收缩选区

8　在工具箱中单击“以快速蒙版模式编辑”按钮，进入蒙版状态。在菜单栏中选择“滤镜”→“扭曲”→“玻璃”命令，在弹出的“玻璃”对话框中设置“扭曲度”为5、“平滑度”为2、“纹理”为磨砂、“缩放”为100%，然后单击“确定”按钮，如图8.150所示。

9　在工具箱中单击“以标准模式编辑”按钮，退出蒙版状态，这时图像窗口中将显示选区。按下“Shift+Ctrl+I”组合键反向选区，然后按“Delete”键删除选区内的图像，按下“Ctrl+D”组合键取消选区，如图8.151所示。

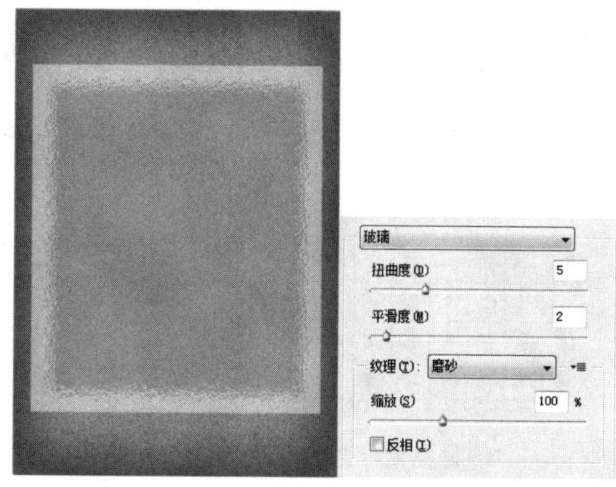


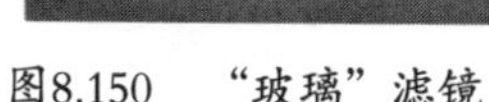
图8.150　“玻璃”滤镜

图8.151　退出蒙版

**10** 打开素材图片“14.jpg”（图片位置：\素材\第8章\14.jpg），如图8.152所示。

**11** 在工具箱中单击“移动工具”按钮，将“14.jpg”窗口中的图像移动到“画卷”图像窗口中，这时“图层”调板中自动生成“图层3”，然后按“Ctrl+T”组合键，在显示的控制框中进行变换操作，完成后按下“Enter”键确认，如图8.153所示。

**12** 在“图层”调板中设置“图层3”的混合模式为“强光”、不透明度为50%，如图8.154所示。

图8.152　14.jpg

图8.153　移动图像

图8.154　设置混合模式和不透明度

**13** 设置前景色为黑色，在“图层”调板中单击底部的“添加图层蒙版”按钮，在工具箱中单击“画笔工具”按钮，在显示的属性栏中设置画笔大小为“柔角65像素”，然后在图像中进行涂抹，如图8.155所示。

**14** 在“图层”调板中新建“图层4”，设置前景色为（R：209、G：192、B：165），在工具箱中单击“自定形状工具”按钮，在显示的属性栏中单击“填充像素”按钮，在“形状”的下拉列表框中选择“花1”，如图8.156所示。

**15** 在图像窗口中绘制形状，然后设置“图层4”的混合模式为“正片叠底”，得到的最终效果如图8.157所示。

图8.155 隐藏部分区域

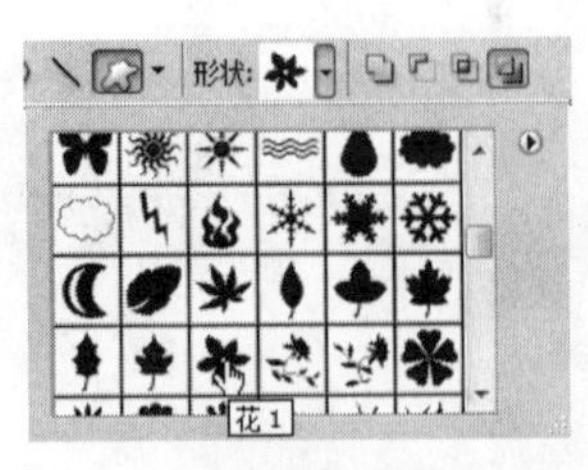

图8.156 选择画笔样式

图8.157 绘制形状

## 8.3.2 制作个性化月历

本例介绍个性化月历的制作方法，帮助读者巩固文字工具、椭圆工具和“图层样式”命令的使用方法和技巧。

### 最终效果

本例制作完成后的最终效果如图8.158所示。

图8.158 最终效果图

### 解题思路

1 打开素材图片，使用文字工具输入文字。

2 设置文字的属性和描边。

### 操作提示

1 打开素材图片“15.jpg”（图片位置：\素材\第8章\15.jpg），如图8.159所示。

2 在工具箱中单击“横排文字工具”按钮T，在显示的属性栏中设置字体为“黑体”、字号为“24点”、颜色为白色，然后在图像窗口中输入文字，完成后单击属性栏上的✓按钮，如图8.160所示。

3 在“图层”调板中新建“图层1”，设置前景色为（R：230、G：0、B：18），在工具箱中单击“椭圆工具”按钮，然后在图像窗口中按下“Shift+Alt”组合键的同时绘制圆形，并将“图层1”移动到文字图层的下方，如图8.161所示。

图8.159 15.jpg

图8.160 输入文字

图8.161 绘制圆形

4 在“图层”调板中新建“图层2”，设置前景色为（R：0、G：183、B：238），然后使用椭圆工具绘制圆形，如图8.162所示。

5 在“图层”调板中选择文字图层，在工具箱中单击“横排文字工具”按钮T，选中数字，在其属性栏中单击“显示/隐藏字符和段落调板”按钮，在弹出的“字符”调板中设置字体为“楷体_GB2312”，如图8.163所示。

6 在图像窗口中，设置“日”和“六”下的数字分别为红色和蓝色，如图8.164所示。

图8.162 绘制圆形

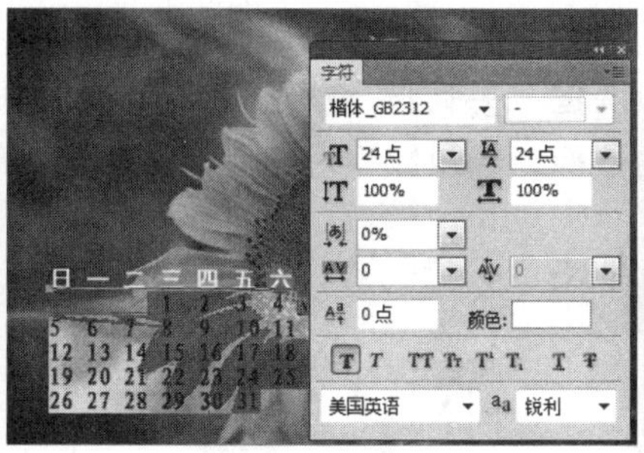


图8.163 设置文字属性

图8.164 设置文字颜色

7 在工具箱中单击“横排文字工具”按钮T，在显示的属性栏中设置字体为“黑体”、字号为“36点”、颜色为白色，然后在图像窗口中输入文字，完成后单击属性栏上的✓按钮，如图8.165所示。

8 在文本中选择“1”数字，在“字符”调板中设置字号为“48”，然后单击属性栏上的✓按钮，如图8.166所示。

9 双击该文字图层，在弹出的“图层样式”对话框中单击“描边”选项，在右侧的参数面板中保持默认值，然后单击“确定”按钮，如图8.167所示。得到的最终效果如图8.158所示。

图8.165 输入文字

图8.166 设置文字属性

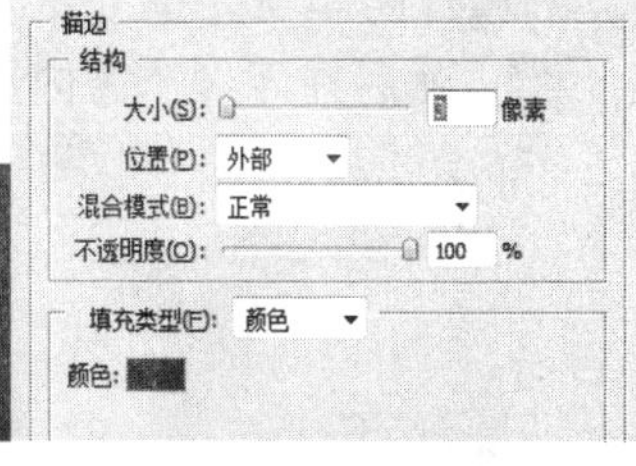


图8.167 文字描边

## 8.3.3 制作大头贴

本例介绍制作大头贴的方法，帮助读者巩固自定形状工具、渐变工具、画笔工具、文字工具和“图层样式”命令的使用方法和技巧。

### 最终效果

本例制作完成后的最终效果如图8.168所示。

图8.168 最终效果图

### 解题思路

1 打开素材图片，使用自定形状工具绘制路径并载入选区。

2 渐变填充选区，然后使用画笔工具绘制星星。

3 使用文字工具输入文字并添加图层样式。

## 操作提示

1 打开素材图片“16.jpg”（图片位置：\素材\第8章\16.jpg），然后复制出“背景副本”图层，如图8.169所示。

2 在工具箱中单击“自定形状工具”按钮，在显示的属性栏中单击“路径”按钮，在“形状”下拉列表框中选择“云彩1”，如图8.170所示。

3 在图像窗口中单击并拖动鼠标，释放鼠标后绘制路径，如图8.171所示。

图8.169　16.jpg

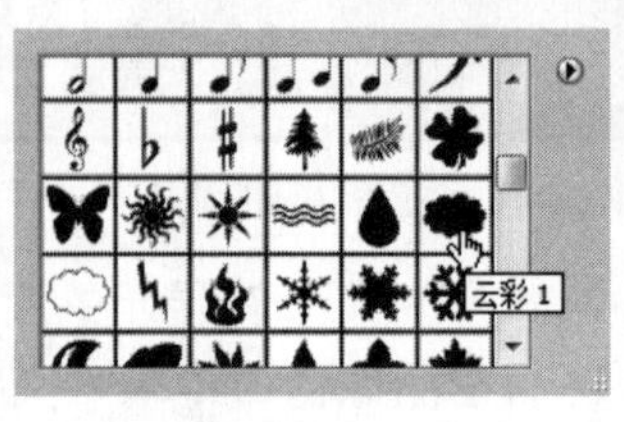


图8.170　选择形状

图8.171　绘制路径

4 在“路径”调板中单击底部的“将路径作为选区载入”按钮，载入选区，如图8.172所示。

5 在菜单栏中选择“选择”→“修改”→“羽化”命令，在弹出的“羽化选区”对话框中设置“羽化半径”为5像素，然后单击“确定”按钮，如图8.173所示。

6 按下“Shift+Ctrl+I”组合键反向选区，在工具箱中单击“渐变工具”按钮，在显示的属性栏中单击渐变条右侧的小三角按钮，在弹出的下拉列表框中单击“色谱”图标，然后在图像选区内进行渐变填充，如图8.174所示。

图8.172　载入选区

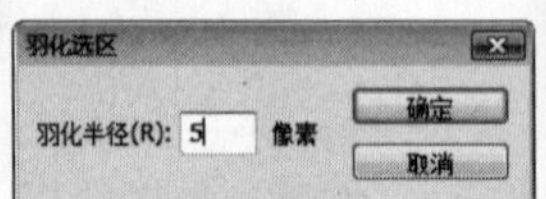

图8.173　羽化选区

图8.174　渐变填充

7 按“Ctrl+D”组合键取消选区，在工具箱中单击“画笔工具”按钮，在显示的属性栏中单击“切换画笔调板”按钮，在弹出的“画笔”调板中单击“画笔笔尖形状”选项，在右侧的参数面板中选择“星星”，设置“直径”为81像素、“间距”为25%，如图8.175所示。

8 单击“动态形状”选项，在右侧的参数面板中设置“大小抖动”为100%、“最小直径”为11%、“角度抖动”为50%，如图8.176所示。

**9** 单击“散布”选项，在右侧的参数面板中设置“散布”为1000%、“数量抖动”为22%，如图8.177所示。

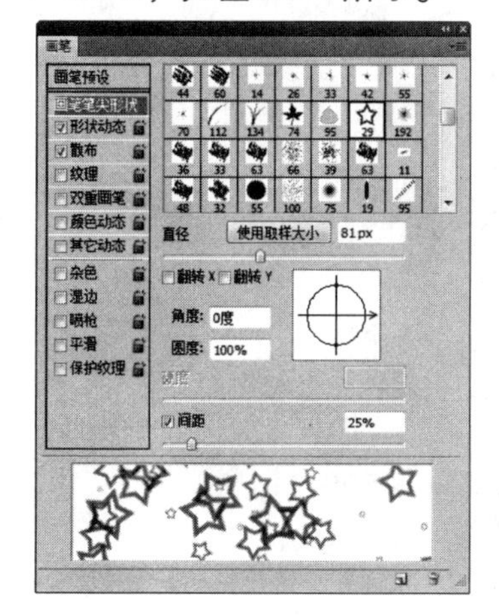


图8.175 设置画笔笔尖形状

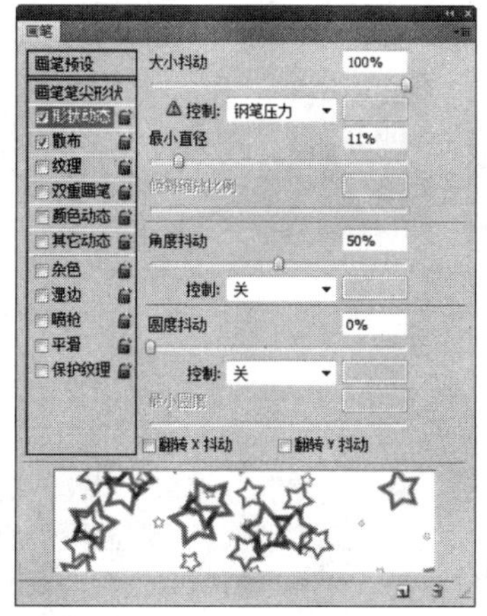


图8.176 设置动态形状

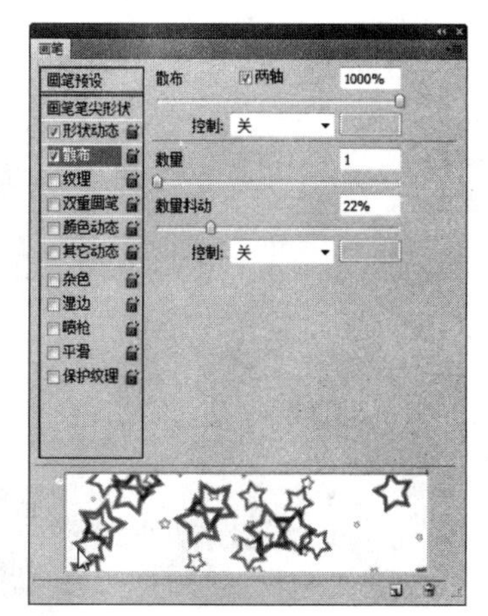


图8.177 设置散布

**10** 设置前景色为白色，在“图层”调板中新建“图层1”，然后使用画笔工具在图像窗口中绘制图像，如图8.178所示。

**11** 在“图层”调板中双击“图层1”的空白处，在弹出的“图层样式”对话框中单击“外发光”选项，在右侧的参数面板中保持默认数值，然后单击“确定”按钮，如图8.179所示。

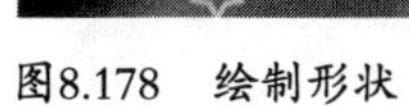

图8.178 绘制形状

图8.179 设置外发光

**12** 在工具箱中单击“横排文字工具”按钮T，在显示的属性栏中设置字体为“方正卡通简体”、字号为“80点”、颜色为白色，然后在图像窗口中输入文字，完成后单击属性栏中的✔按钮，得到的最终效果如图8.180所示。

**13** 在“图层”调板中双击文字图层的空白处，弹出“图层样式”对话框，单击“投影”选项，在右侧的参数面板中设置“角度”为135度、“距离”为6像素、“大小”为6像素，如图8.181所示。

**14** 单击“颜色叠加”选项，在右侧的参数面板中设置颜色为（R：0、G：160、B：233），如图8.182所示。

**15** 单击“描边”选项，在右侧的参数面板中设置“大小”为3像素、颜色为黑色，单击“确定”按钮后得到的效果如图8.183所示。

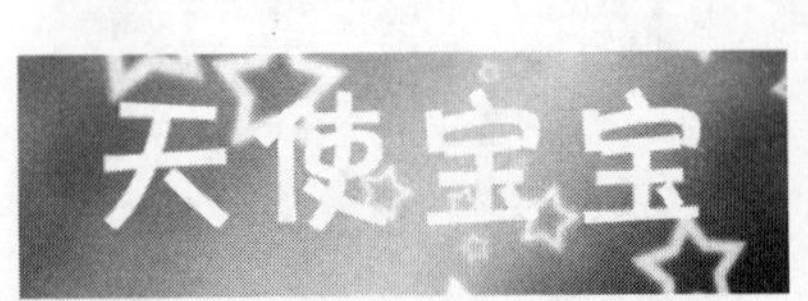


图8.180 输入文字

图8.181 设置投影

图8.182 设置颜色叠加

图8.183 设置描边

## 8.3.4 水晶边框

本例介绍水晶边框的制作方法，帮助读者巩固自定形状工具、套索工具和“图层样式”命令的使用方法和技巧。

### 最终效果

本例制作完成后的最终效果如图8.184所示。

图8.184 最终效果图

### 解题思路

1 打开素材图片，使用自定形状工具绘制路径并载入选区。
2 填充并删除选区内的图像，然后对图像进行图层样式操作。
3 打开素材图片，移动并复制图层样式。

### 操作提示

1 打开素材图片“17.jpg”（图片位置：\素材\第8章\17.jpg），然后复制出“背景副本”图层，如图8.185所示。
2 在“图层”调板中新建“图层1”，在工具箱中单击“自定形状工具”按钮，在显示的属性栏中单击“路径”按钮，在“形状”下拉列表框中选择“边框3”，如图8.186所示。
3 将鼠标指针移动到图像窗口中，然后按下鼠标左键并拖动，绘制路径，如图8.187所示。

图8.185 17.jpg

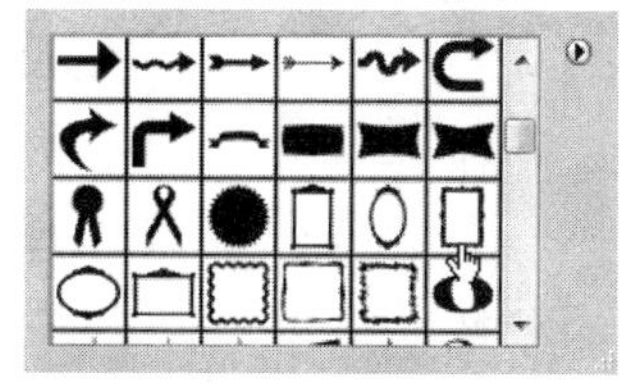

图8.186 选择形状

图8.187 绘制路径

4 设置前景色为白色，在“路径”调板中单击底部的“将路径作为选区载入”按钮，载入选区，然后按“Alt+Delete”组合键填充前景色，再按“Ctrl+D”组合键取消选区，如图8.188所示。

5 在“图层”调板中选择“背景副本”图层，在工具箱中单击“套索工具”按钮，然后在图像窗口中绘制选区，如图8.189所示。

6 按下“Shift+Ctrl+I”组合键反向选区，再按“Delete”键删除选区内的图像，然后按“Ctrl+D”组合键取消选区。在“图层”调板中单击“背景”图层前的眼睛图标，隐藏该图层的图像，如图8.190所示。

图8.188 填充颜色

图8.189 创建选区

图8.190 删除选区内的图像

7 在“图层”调板中选择“图层1”，然后双击该图层的空白处，在弹出的“图层样式”对话框中单击“投影”选项，在右侧的参数面板中设置“角度”为90度、“距离”为4像素、“大小”为8像素，如图8.191所示。

8 单击“内阴影”选项，在右侧的参数面板中设置颜色为（R：255、G：0、B：255）、“不透明度”为100%、“角度”为90度、“距离”为8像素、“大小”为9像素，如图8.192所示。

图8.191　设置投影

图8.192　设置内阴影

**9** 单击“内发光”选项，在右侧的参数面板中设置“不透明度”为59%，颜色设置为（R：228、G：0、B：127），如图8.193所示。

**10** 单击“斜面和浮雕”选项，在右侧的参数面板中设置“深度”为40%、“大小”为15像素、“角度”为90度、“高度”为82度，并设置在高光模式下的“不透明度”为46%、在阴影模式下的“不透明度”为0%，如图8.194所示。

图8.193　设置内发光

图8.194　设置斜面和浮雕

**11** 单击“光泽”选项，在右侧的参数面板中选择混合模式为“颜色减淡”，颜色设置为（R：234、G：104、B：162），“不透明度”设置为22%，“角度”和“距离”分别设置为180度和3像素，如图8.195所示。

**12** 单击“颜色叠加”选项，在右侧的参数面板中设置颜色为（R：170、G：137、B：189）、“不透明度”为100%，如图8.196所示。

图8.195　设置光泽

图8.196　设置颜色叠加

**13** 单击“描边”选项，在右侧的参数面板中设置颜色为（R：220、G：220、B：220），然后单击“确定”按钮，如图8.197所示。

**14** 打开素材图片“18.jpg”（图片位置：\素材\第8章\18.jpg），如图8.198所示。

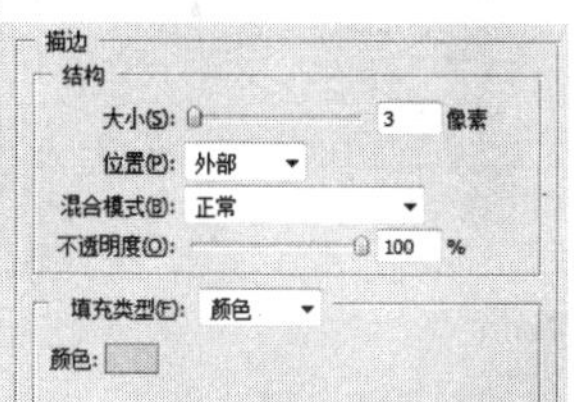


图8.197　设置描边

图8.198　18.jpg

**15** 在工具箱中单击“魔棒工具”按钮，在显示的属性栏中设置“容差”为20，然后在“18.jpg”图像窗口中的空白处单击，创建选区，如图8.199所示。

**16** 按下“Shift+Ctrl+I”组合键反向选区，在工具箱中单击“移动工具”按钮，将“18.jpg”窗口中的选区图像移动到“17.jpg”图像窗口中，这时“图层”调板中自动生成“图层2”，然后按下“Ctrl+T”组合键变换对象，如图8.200所示。

图8.199　创建选区

图8.200　移动并变换图像

**17** 在“图层”调板中选择“图层1”，然后按下“Alt”键不放，单击“图层1”右侧的图标，并将其拖放到“图层2”之上，释放鼠标键后可复制图层样式，如图8.201所示。

**18** 设置前景色为白色，在“图层”调板中选择“背景”图层，按“Alt+Delete”组合键填充前景色，然后在工具箱中单击“裁剪工具”按钮，在图像窗口中裁剪掉多余的区域，得到的最终效果如图8.202所示。

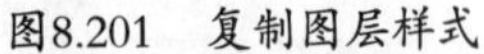
图8.201 复制图层样式

图8.202 最终效果图

## 8.3.5 浪漫婚纱照设计

本例介绍浪漫婚纱的设计方法，帮助读者巩固渐变工具、画笔工具、直线工具、“变换”命令、图层样式和图层蒙版工具的使用方法和技巧。

### 最终效果

本例制作完成后的最终效果如图8.203所示。

图8.203 最终效果图

### 解题思路

利用渐变工具、画笔工具、直线工具、“变换”命令、图层样式和图层蒙版工具等制作浪漫婚纱照。

### 操作提示

1 在菜单栏中选择“文件”→“新建”命令，在弹出的“新建”对话框中设置名称为“浪漫婚纱照”、宽度为“1000像素”、高度为“800像素”、分辨率为“300像素/英寸”，然后单击“确定”按钮，如图8.204所示。

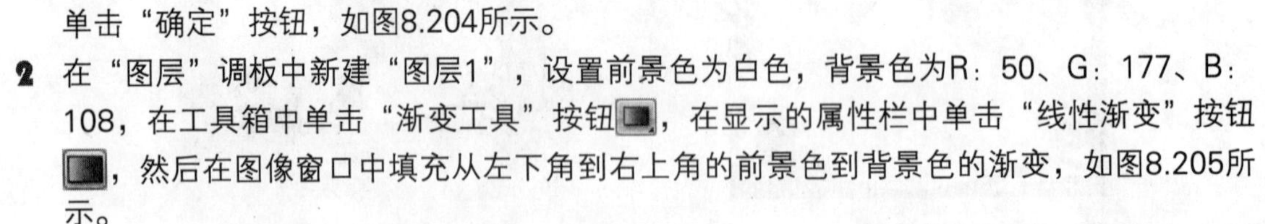

2 在“图层”调板中新建“图层1”，设置前景色为白色，背景色为R：50、G：177、B：108，在工具箱中单击“渐变工具”按钮，在显示的属性栏中单击“线性渐变”按钮，然后在图像窗口中填充从左下角到右上角的前景色到背景色的渐变，如图8.205所示。

3 在“图层”调板中新建“图层2”，设置前景色为（R：143、G：195、B：31）、背景色为白色，然后在图像窗口中填充从左下角到右上角的前景色到背景色的渐变，如图8.206所示。

4 在“图层”调板中设置“图层2”的不透明度为50%，如图8.207所示。

5 打开素材图片“19.jpg”（图片位置：\素材\第8章\19.jpg），如图8.208所示。

6 在工具箱中单击“魔棒工具”按钮，在“19.jpg”图像窗口中的空白处单击，按“Shift+Ctrl+I”组合键反向选区，如图8.209所示。

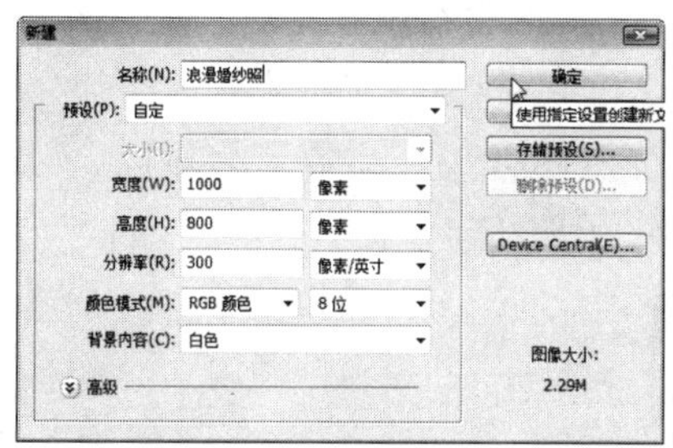


图8.204　“新建”对话框

图8.205　渐变填充

图8.206　渐变填充

图8.207　设置不透明度

图8.208　19.jpg

图8.209　载入选区

**7** 在工具箱中单击“移动工具”按钮，将“19.jpg”窗口中的选区图像移动到“浪漫婚纱照”图像窗口中，这时“图层”调板自动生成“图层3”，然后按下“Ctrl+T”组合键变换图像，如图8.210所示。

**8** 设置前景色为白色，在“图层”调板中新建“图层4”，在工具箱中单击“画笔工具”按钮，在显示的属性栏中单击“切换画笔调板”按钮，将弹出“画笔”调板，如图8.211所示。

**9** 在“画笔”调板中单击右上角的扩展按钮，在弹出的下拉菜单中选择“混合画笔”命令，在弹出的提示对话框中单击“追加”按钮，添加画笔样式。

**10** 在“画笔”调板中单击“画笔笔尖形状”选项，在右侧的参数面板中选择“星星”，并设置“直径”为60px、“间距”为88%，如图8.212所示。

图8.210　移动图像

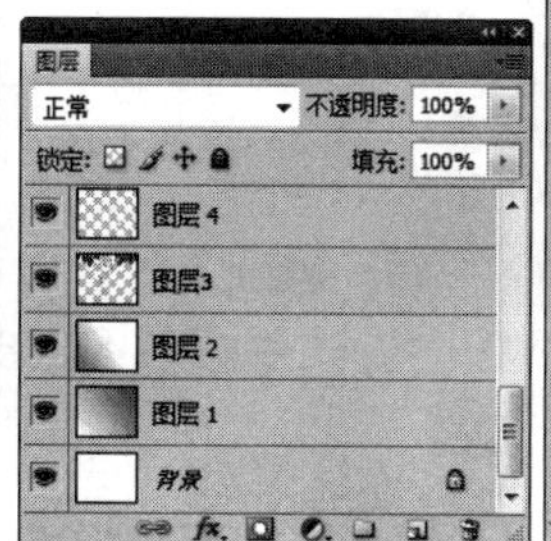


图8.211　新建图层

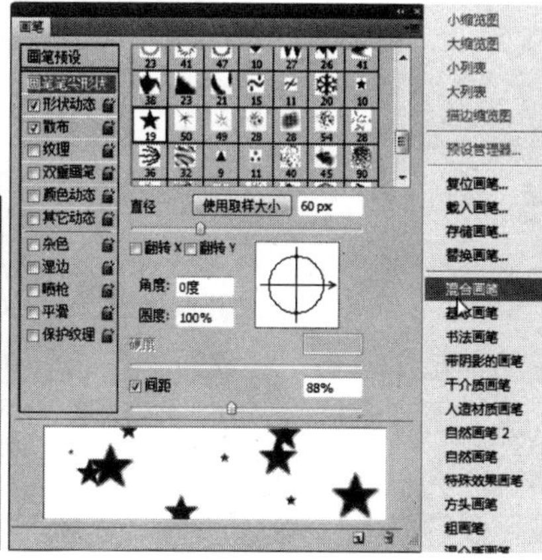


图8.212　设置画笔笔尖形状

**11** 单击“形状动态”选项，在右侧的参数面板中设置“大小抖动”为100%、“最小直径”为11%，如图8.213所示。

**12** 单击“散布”选项，在右侧的参数面板中设置“散布”为1000%、“数量”为1、“数量抖动”为22%，然后在图像窗口中绘制图像，如图8.214所示。

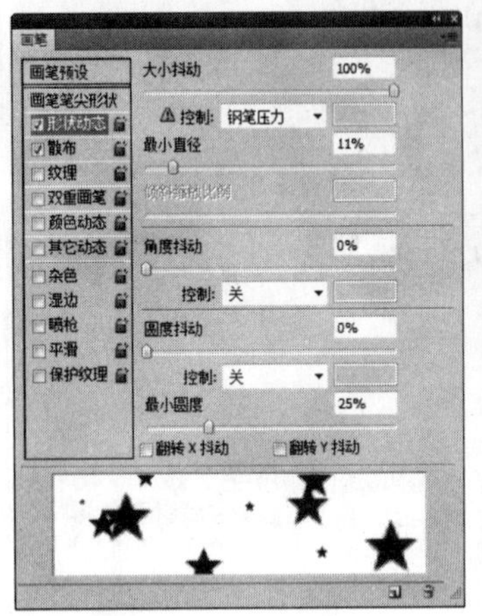


图8.213 设置形状动态

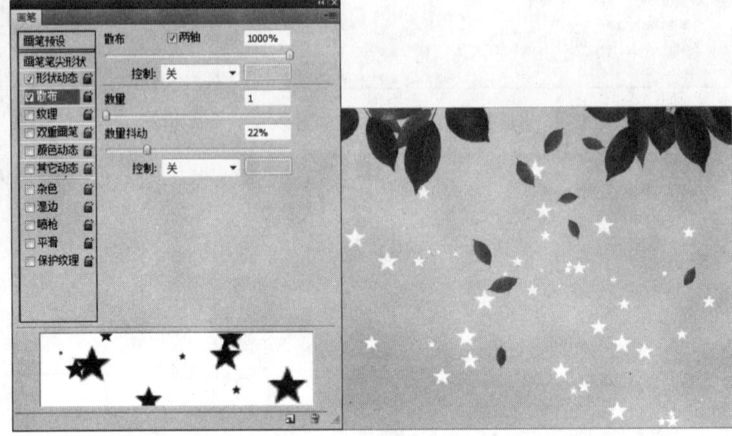


图8.214 绘制图像

**13** 在“图层”调板中新建“图层5”，在工具箱中单击“直线工具”按钮，在显示的属性栏中设置“粗细”为2像素，然后在图像窗口中绘制直线（在绘制直线时，设置不透明度分别为100%、60%、30%），在调板中将“图层3”移动到“图层5”上方，如图8.215所示。

**14** 打开素材图片“20.jpg”和“21.jpg”（图片位置：\素材\第8章\20.jpg、21.jpg），如图8.216和图8.217所示。

图8.215 绘制直线

图8.216 20.jpg

图8.217 21.jpg

**15** 在工具箱中单击“魔棒工具”按钮，在“20.jpg”图像窗口中的空白处单击，按“Shift+Ctrl+I”组合键反向选区，如图8.218所示。

**16** 在工具箱中单击“移动工具”按钮，将“20.jpg”窗口中的选区图像移动到“浪漫婚纱照”图像窗口中，这时“图层”调板中自动生成“图层6”，然后按“Ctrl+T”组合键变换图像，如图8.219所示。

**17** 按照步骤15和步骤16的方法，将“21.jpg”窗口中的选区图像移动到“浪漫婚纱照”图像窗口中，这时“图层”调板中自动生成“图层7”，然后按“Ctrl+T”组合键变换图像，如图8.220所示。

图8.218　创建选区

图8.219　移动并变换图像

图8.220　移动图像

**18** 打开素材图片“22.jpg”（图片位置：\素材\第8章\22.jpg），如图8.221所示。

**19** 在工具箱中单击“魔棒工具”按钮，在显示的属性栏中单击“添加到选区”按钮，设置“容差”为32，然后在图像窗口中单击红色区域，如图8.222所示。

图8.221　22.jpg

图8.222　创建选区

**20** 使用移动工具将“22.jpg”窗口中的选区图像移动到“浪漫婚纱照”图像窗口中，这时“图层”调板中自动生成“图层8”，然后按“Ctrl+T”组合键变换图像，如图8.223所示。

**21** 在“图层”调板中双击“图层8”的空白处，在弹出的“图层样式”对话框中单击“外发光”选项，在右侧的参数面板中设置混合模式为“正常”、不透明度为100%，颜色设置为（R：46、G：77、B：8），“大小”指定为9像素，如图8.224所示。

图8.223　移动图像

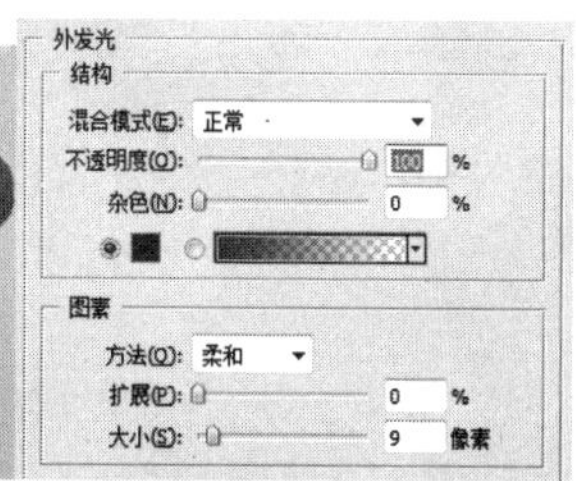


图8.224　设置外发光

**22** 单击“颜色叠加”选项，在右侧的参数面板中设置颜色为白色，如图8.225所示。

**23** 单击“描边”选项，在右侧的参数面板中设置颜色为（R：46、G：88、B：7），然后单击“确定”按钮，如图8.226所示。

图8.225　设置颜色叠加

图8.226　设置描边

**24** 打开素材图片“23.jpg”（图片位置：\素材\第8章\23.jpg），如图8.227所示。

**25** 在工具箱中单击“磁性套索工具”按钮，在“23.jpg”图像窗口中沿人物的边缘绘制选区，如图8.228所示。

**26** 在菜单栏中选择“选择”→“修改”→“收缩”命令，在弹出的“收缩选区”对话框中设置“收缩量”为2像素，然后单击“确定”按钮，如图8.229所示。

图8.227　23.jpg

图8.228　创建选区

图8.229　收缩选区

**27** 在菜单栏中选择“选择”→“修改”→“羽化”命令，在弹出的“羽化选区”对话框中设置“羽化半径”为1像素，然后单击“确定”按钮，如图8.230所示。

**28** 在工具箱中单击“移动工具”按钮，将“23.jpg”窗口中的选区图像移动到“浪漫婚纱照”图像窗口中，这时“图层”调板中自动生成“图层9”，然后按“Ctrl+T”组合键变换图像，如图8.231所示。

**29** 在“图层”调板中复制出“图层9副本”。然后选择“图层9”，在菜单栏中选择“编辑”→“变换”→“水平翻转”命令，对图像进行翻转，如图8.232所示。

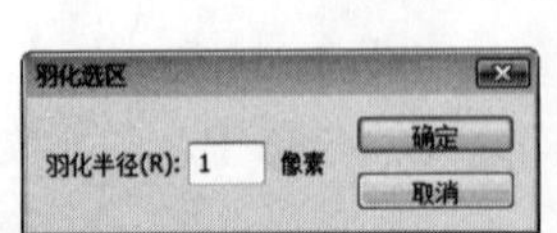


图8.230　羽化选区

图8.231　移动图像

图8.232　水平翻转

**30** 设置前景色为白色、背景色为黑色，在“图层”调板中选择“图层9副本”图层，移动图像至适当位置，然后在调板底部单击“添加图层蒙版”按钮，如图8.233所示。

**31** 在工具箱中单击“渐变工具”按钮，在显示的属性栏中设置混合模式为“正片叠底”，在图像向窗口中进行渐变填充，得到的最终效果如图8.234所示。

图8.233　移动图像

图8.234　隐藏部分区域

## 结束语

快速制作个性照片，需要特别注意对文字工具、图层样式及素材图片的运用。通过本章的实例学习，希望读者可以举一反三，并将其运用到生活和工作当中，使数码照片具有更加丰富的效果。

# Chapter 9

# 第9章 照片动画特效制作

## 本章要点

**入门——基本概念与基本操作**

- “动画”调板
- 动作的应用
- 自动化功能的应用

**进阶——典型案例**

- 制作照片抖动效果
- 制作照片旋转动画效果
- 制作动画风车

**提高——给照片添加水波效果**

## 本章导读

本章主要介绍“动画”调板、动作和自动化功能的应用等相关方面的知识，并通过实例详细介绍在Photoshop CS4中制作照片动画的过程。下面我们将详细介绍这些内容。

# 9.1 入门——基本概念与基本操作

在制作本章实例之前，首先学习一下“动画”调板、动作及自动化功能的应用等基本概念与基本操作。

## 9.1.1 “动画”调板

在Photoshop CS4中，动画是由一系列静态帧或图像连续播放而形成的。在菜单栏中选择“窗口”→“动画”命令，在弹出的“动画”调板中可以得到动画效果，如图9.1所示。

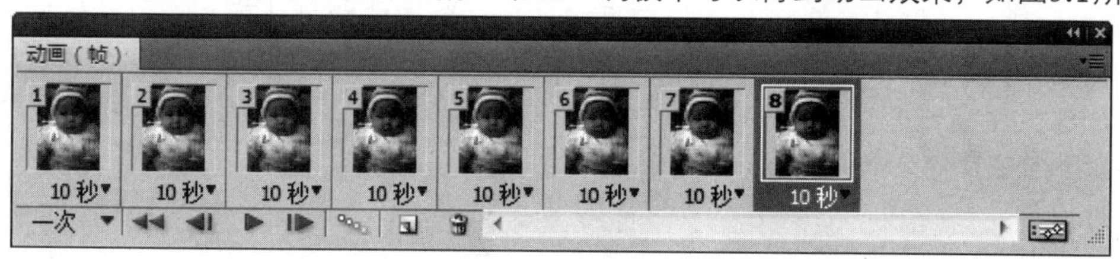


图9.1　“动画”调板

在弹出的“动画”调板中各参数选项的含义如下。

- **选择循环选项**：选择动画循环的次数。
- **选择第一帧**：单击该按钮，选择第一帧。
- **选择上一帧**：单击该按钮，可以选择序列中的上一帧作为当前帧。
- **播放/停止动画**：单击该按钮，可以从当前帧开始播放动画。开始播放动画后，播放按钮变成“停止动画”按钮，单击该按钮，可以停止播放。
- **选择下一帧**：单击该按钮，可以选择序列中的下一帧作为当前帧。
- **过渡动画帧**：单击该按钮，在弹出的“过渡”对话框中进行帧过渡的设置。
- **复制所选帧**：单击该按钮，可以复选当前帧。
- **删除所选帧**：单击该按钮，可以删除当前帧。
- **切换为时间轴动画**：单击该按钮，可以切换到“时间轴”动画调板。

## 9.1.2 动作的应用

在编辑图像过程中，常常会使用重复的操作步骤。利用“动作”调板可以对所有关于动作的设置进行管理。在菜单栏中选择“窗口”→“动作”命令，将弹出“动作”调板（如图9.2所示），其中各参数选项的含义如下。

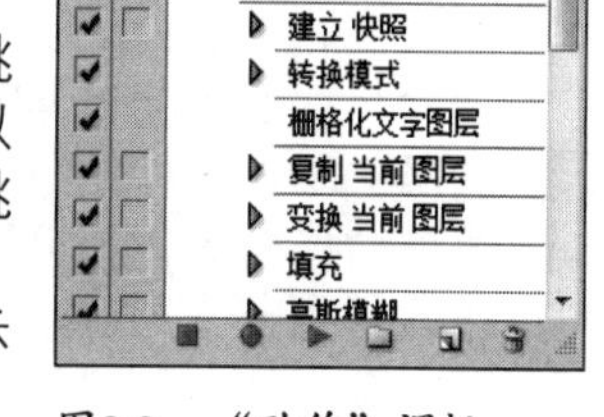


图9.2　“动作”调板

- **切换项目开/关**：用于控制动作或动作中的命令是否被跳过。如果某个动作命令的左边有该图标，则表示这个动作可以执行；如果不显示该图标，则表示该动作命令不执行，直接跳过。
- **切换对话开/关**：用于设置动作是否有在执行过程中会显示参数对话框的命令。
- **展开/折叠**：组是包括多个动作的文件夹，单击组左侧的“展开/折叠”按钮，可以展开一个组中的全部动作，再次单击，可折叠动作。
- **停止播放/记录**：单击该按钮，可以播放或记录动作，它只能在录制或播放动作时才能使用。

- **开始记录** ：单击该按钮，图标呈现为红色，然后可以制作一个新动作。
- **播放选定的动作** ：单击该按钮，可以执行动作回放或执行动作。
- **创建新组** ：单击该按钮，可以在调板中新建一个组，将很多动作放入组中，方便管理。
- **创建新动作** ：单击该按钮，可以在调板上新建一个动作并开始录制动作。
- **删除动作** ：单击该按钮，可删除当前的组、动作或操作。
- **扩展按钮** ：单击该按钮，在弹出的下拉菜单中选择不同的命令。

## 9.1.3 自动化功能的应用

在Photoshop CS4中，自动化功能包括批处理、创建快捷批处理、裁剪并修齐照片、Photomerge、合并到HDR、条件模式更改和限制图像等几个内容。应用自动化命令可以自动对多个图像文件或一个文件夹中的所有图像文件应用指定的动作，从而达到提高工作效率的目的。下面主要介绍一下“批处理”命令的含义。

“批处理”命令可以将现有的动作同时应用到于多个文件中。在菜单栏中选择“文件”→“编辑”→“批处理”命令，将弹出“批处理”对话框，如图9.3所示。

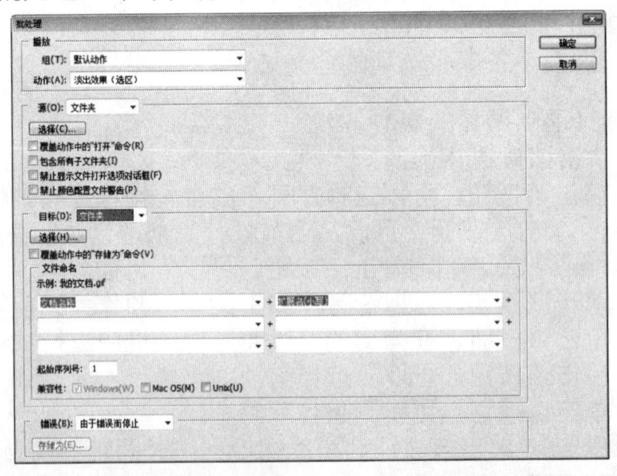


图9.3 “批处理”对话框

在“批处理”对话框中各参数选项的含义如下。

- **组**：该下拉列表框用于选择动作所在的组。
- **动作**：从动作组中选择要执行的一个具体的动作。
- **源**：该下拉列表框用于选择要处理的文件的来源。选择“文件夹”选项，则对已存储在计算机中的文件执行播放动作；选择“导入”选项，则对来自数码相机或扫描仪的图像进行导入和播放动作；选择“打开的文件”选项，则对所有打开的文件进行播放动作；选择“Bridge”选项，则对Bridge中选定的文件进行播放动作操作。
- **选择**：单击该按钮，在弹出的“浏览文件夹”对话框中选择要批处理文件的路径。
- **覆盖动作中的“打开”命令**：勾选该复选框，可以忽略动作中录制的“打开”命令。
- **包含所有子文件夹**：勾选该复选框，可以对指定文件夹中的所有文件包括子文件夹中的图像都执行指定的动作。
- **禁止显示文件打开选项对话框**：勾选该复选框，可以隐藏“文件打开选项”对话框。
- **禁止颜色配置文件警告**：该复选框用于设置当打开文件的色彩与原来定义的文件不同时，是否弹出提示框。
- **目标**：用于选择对文件进行批处理后的保存方式。选择“无”选项，表示文件保持打开状态，但不保存；选择“存储并关闭”选项，则将文件保存到原来的位置；选择“文件夹”选项，则将处理过的文件保存到另一个位置。

- **选择：**单击该按钮，在弹出的“浏览文件夹”对话框中选择要保存的路径。
- **覆盖动作中的“存储为”命令：**勾选该复选框，将用指定“目标”覆盖“存储为”动作。
- **文件命名：**在该区域的下拉列表框中可以指定目标文件生成的命名规则，也可以指定文件名的兼容性。
- **错误：**在该区域中，选择遇到错误时的两种处理方法。选择“由于错误为停止”选项，则指定当动作在执行过程中发生错误时处理错误的方式；选择“将错误记录到文件”选项，则将每个错误记录在文件中而不停止进程。

# 9.2 进阶——典型案例

通过前面的学习，相信读者已经对“动画”调板、动作和自动化功能的应用有了一定了解。下面将在此基础上进行相应的实例练习。

## 9.2.1 制作照片抖动效果

本例介绍制作照片抖动效果（图片位置：\素材\第9章\照片抖动效果.gif）的方法。

### 最终效果

本例制作完成后的最终效果如图9.4所示。

第1帧

第4帧

图9.4 最终效果图

### 解题思路

1. 打开素材图片。
2. 新建图层，并填充颜色。
3. 使用“动感模糊”滤镜，制作模糊效果。
4. 使用“径向模糊”滤镜，制作径向模糊效果。
5. 使用“动画”调板制作动画效果。

### 操作步骤

1 打开素材图片“01.jpg”（图片位置：\素材\第9章\01.jpg），如图9.5所示。

2 设置前景色为白色，在“图层”调板中新建“图层1”，然后按下“Alt+Delete”组合键填充前景色，如图9.6所示。

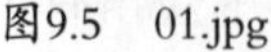
图9.5 01.jpg

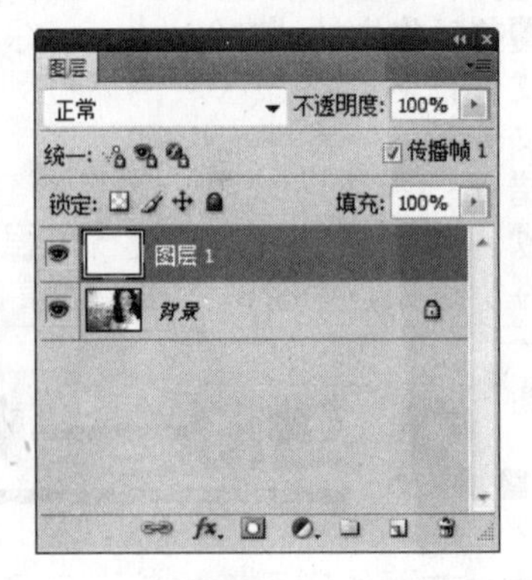

图9.6 新建图层

3 在“图层”调板中新建“背景副本”图层，将“背景副本”图层拖动至图层的最上方，然后在菜单栏中选择“滤镜”→“模糊”→“动感模糊”命令，在弹出的“动感模糊”对话框中设置“角度”为45度、“距离”为15像素，如图9.7所示。

4 在“图层”调板中将“背景”图层拖动到调板底部的“创建新图层”按钮上，复制出“背景副本2”图层，并将该图层拖动到调板的最上方，如图9.8所示。

图9.7 设置动感模糊

图9.8 复制图层

5 在菜单栏中选择“滤镜”→“模糊”→“径向模糊”命令，在弹出的“径向模糊”对话框中设置“数量”为10，“模糊方法”选择“缩放”，“品质”选择“好”，然后单击“确定”按钮，如图9.9所示。

6 在“图层”调板中单击“背景副本2”、“背景副本”和“图层1”前的眼睛图标，隐藏图层，如图9.10所示。在菜单栏中选择“窗口”→“动画”命令，弹出“动画”调板。。

7 在“动画”调板中单击“第1帧”，设置延迟时间为“0.1秒”，如图9.11所示。

8 在“动画”调板中单击“复制所选帧”按钮，复制“第2帧”，然后在“图层”调板中显示“图层1”，隐藏“背景”图层，并设置延迟时间为“0秒”，如图9.12所示。

图9.9 设置径向模糊

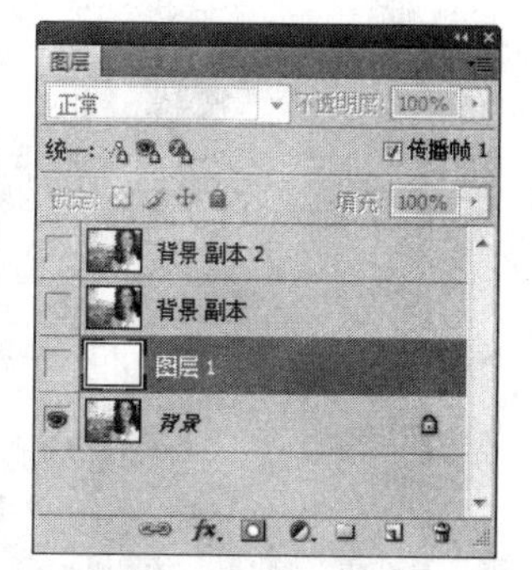


图9.10 隐藏图层

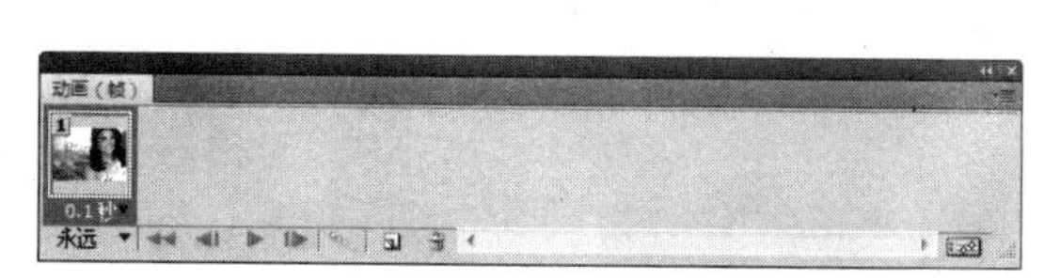


图9.11 设置第1帧

图9.12 设置第2帧

**9** 在“动画”调板中单击“复制所选帧”按钮，复制第3帧，然后在“图层”调板中显示“背景副本”图层，隐藏“图层1”，并设置延迟时间为“0.1秒”，如图9.13所示。

**10** 在“动画”调板中单击“复制所选帧”按钮，复制第4帧，然后在“图层”调板中显示“背景副本2”图层，隐藏“背景副本”图层，如图9.14所示。

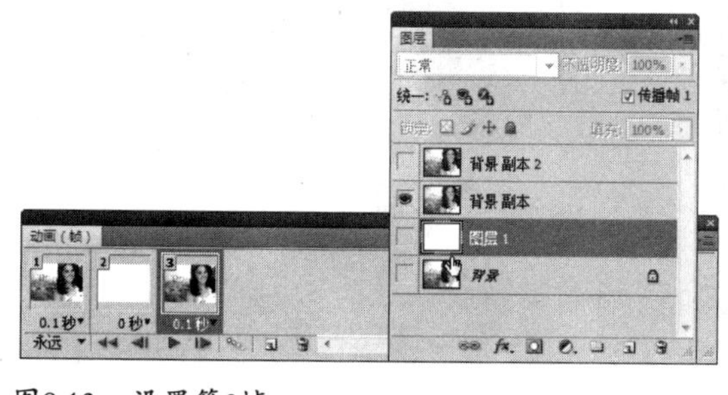


图9.13 设置第3帧

图9.14 设置第4帧

**11** 在菜单栏中选择“文件”→“存储为Web和设备所用格式”命令，在弹出的“存储为Web和设置所用格式”对话框中设置“颜色”为256，然后单击“存储”按钮，如图9.15所示。

**12** 在弹出的“将优化结果存储为”对话框中设置保存路径，然后单击“保存”按钮，如图9.16所示。

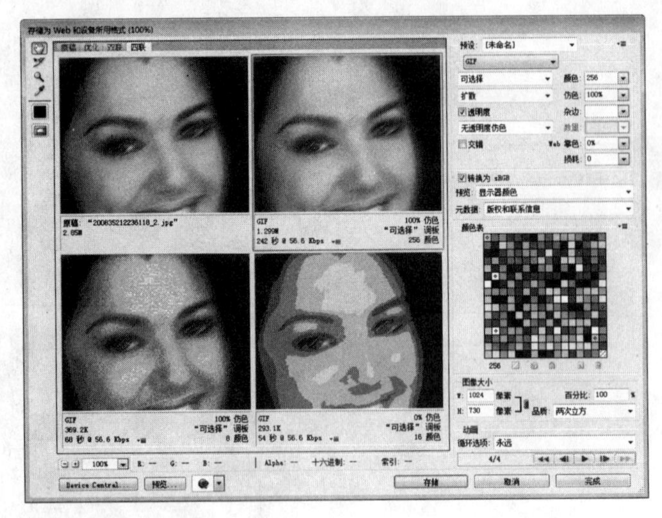

图9.15 优化选项

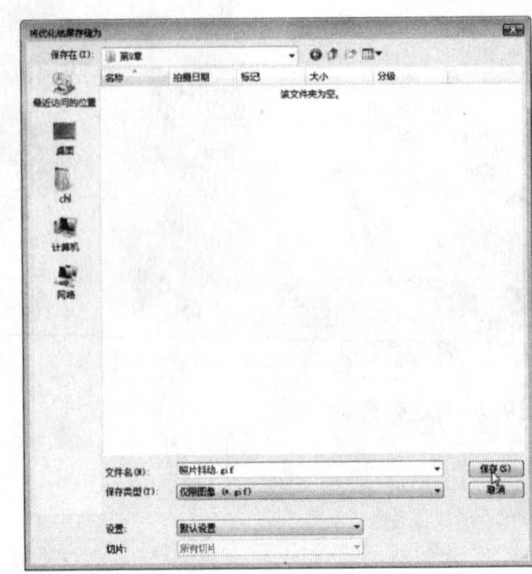

图9.16 保存路径

## 9.2.2 制作照片旋转动画效果

本例介绍照片旋转动画效果（图片位置：\素材\第9章\照片旋转动画.gif）的方法，帮助读者制作照片旋转动画效果。

### 最终效果

本例制作完成后的最终效果如图9.17所示。

原图

第1帧

图9.17 最终效果图

### 解题思路

1 打开素材图片。
2 使用自定形状工具制作照片形状。
3 复制并移动图像，然后描边。
4 合并图层，然后复制并变换图像。
5 使用“动画”调板制作动画。

### 操作步骤

1 打开素材图片“02.jpg”（图片位置：\素材\第9章\02.jpg），复制出“背景副本”图层，如图9.18所示。

2 在“图层”调板中选择“背景”图层，设置前景色为白色，然后按下“Alt+Delete”组合键填充前景色，如图9.19所示。

图9.18 02.jpg

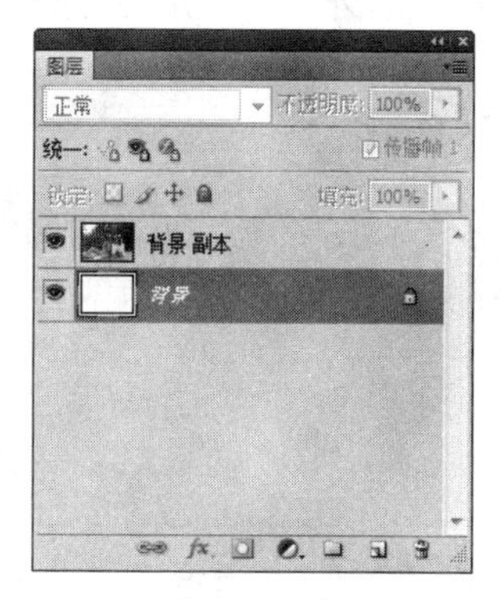


图9.19 填充前景色

3 在工具箱中单击“自定形状工具”按钮，在显示的属性栏中单击“路径”按钮，在“形状”下拉列表框中选择“方块形状”，然后在图像窗口中绘制路径，如图9.20所示。

4 在“路径”调板中单击底部的“将路径作为选区载入”按钮，载入选区，如图9.21所示。

5 按下“Shift+Ctrl+I”组合键反向选区，然后按“Delete”键删除选区内的图像，并按下“Ctrl+D”组合键取消选区，如图9.22所示。

6 在工具箱中单击“移动工具”按钮，将图像移动到适当的位置，如图9.23所示。

图9.20 绘制路径

图9.21 载入选区

图9.22 删除选区内的图像

图9.23 移动图像

**7** 按“Shift+Alt+→”组合键复制并移动图像3次，如图9.24所示。

**8** 设置前景色为黑色，在“图层”调板中选择“背景副本”图层，然后在菜单栏中选择“编辑”→“描边”命令，在弹出的“描边”对话框中设置“宽度”为1px，“位置”选择“居外”，完成后单击“确定”按钮，如图9.25所示。

图9.24　复制并移动图像

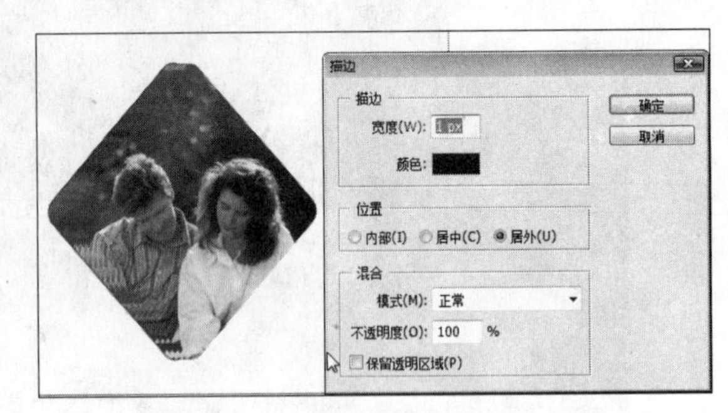


图9.25　描边

**9** 在“图层”调板中选择“背景副本4”图层，在菜单栏中选择“编辑”→“描边”命令，在弹出的“描边”对话框中设置“宽度”为1px，“位置”选择“居外”，完成后单击“确定”按钮，如图9.26所示。

**10** 在“图层”调板中单击“背景”图层前的眼睛图标，隐藏图层，然后选择“背景副本”图层，在菜单栏中选择“合并可见图层”命令，合并图层后再次显示“背景”图层，如图9.27所示。

**11** 在“图层”调板中选择“背景副本”图层，并复制得到“背景副本2”图层，按下“Ctrl+T”组合键，在显示的控制框中变换图像，然后按“Enter”键确认，如图9.28所示。

图9.26　描边

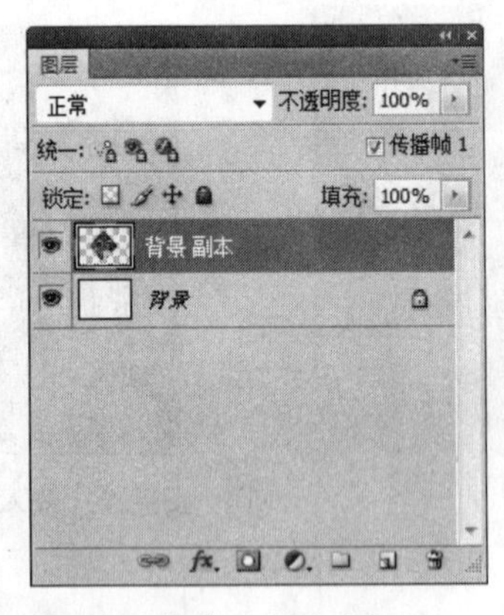


图9.27　合并可见图层

图9.28　变换对象

**12** 选择“背景副本2”图层，复制出“背景副本3”图层，然后按下“Ctrl+T”组合键，在显示的控制框中变换图像，然后按“Enter”键确认，如图9.29所示。

**13** 利用同样的方法，复制图层至“背景副本9”，然后变换图像（每复制一个图层，都要变换图像），如图9.30所示。

图9.29 变换对象

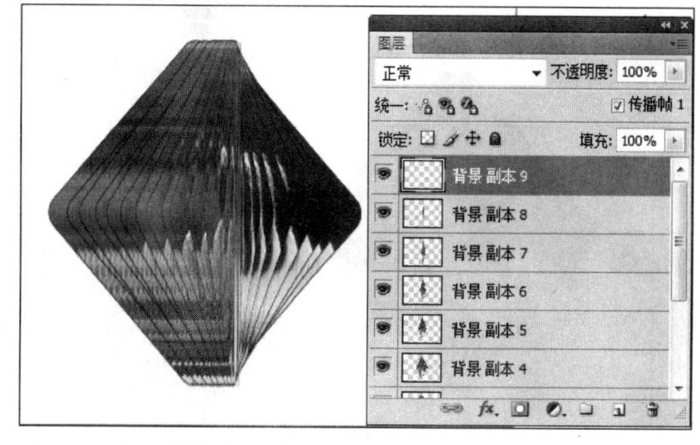


图9.30 复制并变换对象

**14** 在工具箱中单击“移动工具”按钮，在“图层”调板中按住“Shift”键的同时单击“背景副本9”和“背景副本”，选择这两个图层之间的所有图层，然后将这些图层拖动到调板底部的“创建新图层”按钮上，复制得到“背景副本10”至“背景副本18”，如图9.31所示。

**15** 在菜单栏中选择“编辑”→“变换”→“水平翻转”命令，将“背景副本10”至“背景副本18”之间的所有图层中的图像进行翻转，如图9.32所示。

**16** 在“图层”调板中单击“背景副本18”图层，按下“Ctrl”键的同时单击“背景副本9”图层，然后在移动工具属性栏中单击“水平居中”按钮和“垂直居中”按钮，如图9.33所示。

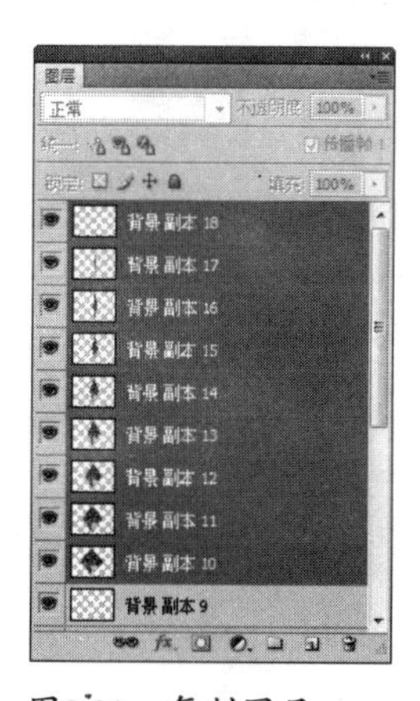


图9.31 复制图层

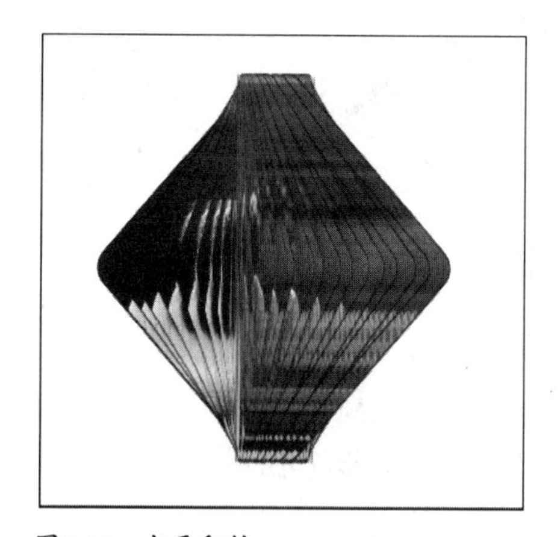

图9.32 水平翻转

图9.33 对齐图层

**17** 利用步骤16的方法，将“背景副本17”和“背景副本8”、“背景副本16”和“背景副本7”、“背景副本15”和“背景副本6”等两个相同的图层进行对齐操作，如图9.34所示。

**18** 在“图层”调板中将“背景副本18”拖动到“背景副本9”的上方，然后将“背景副本17”拖动到“背景副本18”的上方，依次类推，改变图层的顺序，如图9.35所示。

**19** 在“图层”调板中只显示“背景”和“背景副本”图层，将其他图层都隐藏显示，如图9.36所示。

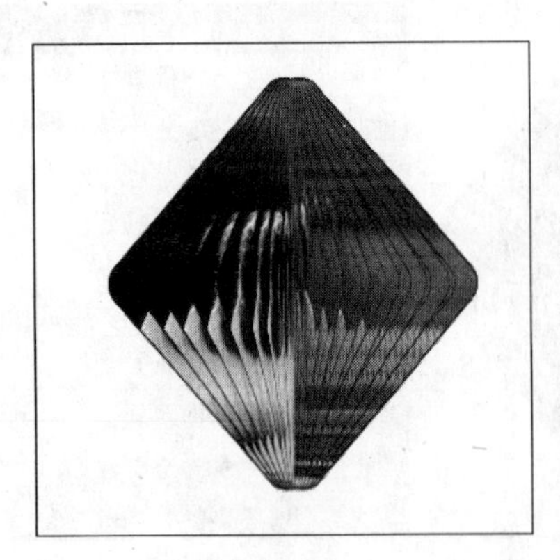

图9.34　对齐图层

图9.35　调整图层顺序

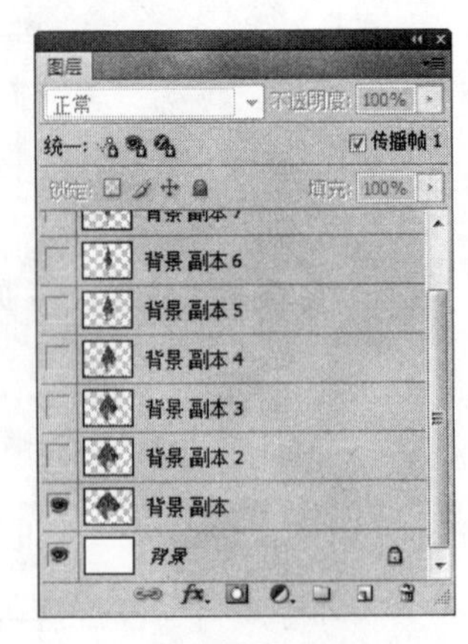

图9.36　隐藏图层

**20** 在菜单栏中选择“窗口”→“动画”命令，在弹出的“动画”调板中选择“第1帧”，设置延迟时间为“0.2秒”，如图9.37所示。

**21** 在“动画”调板中单击“复制所选帧”按钮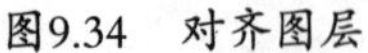，创建“第2帧”，然后在“图层”调板中显示“背景副本2”图层，隐藏“背景副本”图层，如图9.38所示。

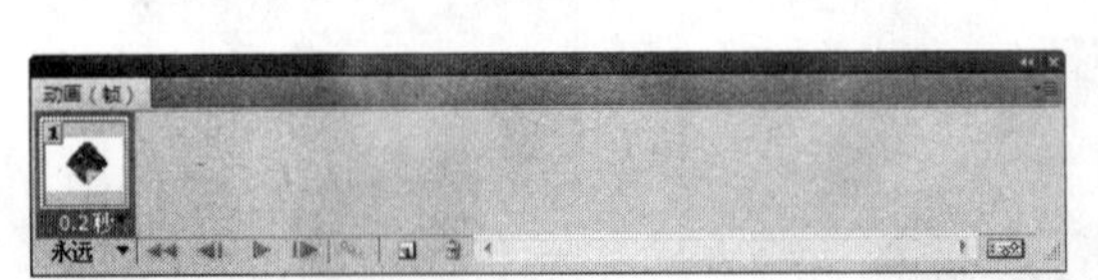

图9.37　设置第1帧

图9.38　设置第2帧

**22** 在“动画”调板中单击“复制所选帧”按钮，创建“第3帧”，然后在“图层”调板中显示“背景副本3”图层，隐藏“背景副本2”图层，如图9.39所示。

**23** 利用前面同样的方法，创建“第18帧”后，在“图层”调板中显示“背景副本10”图层，隐藏“背景副本11”图层，如图9.40所示。

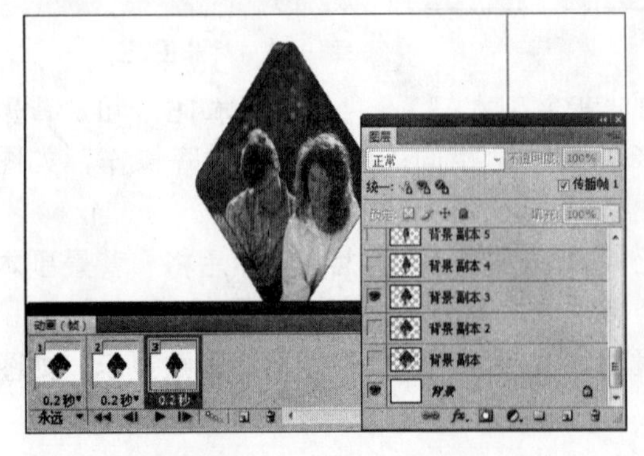

图9.39　设置第3帧

图9.40　设置第18帧

**24** 在“动画”调板中单击“复制所选帧”按钮，创建“第19帧”，然后在“图层”调板中显示“背景副本11”图层，隐藏“背景副本10”图层，如图9.41所示。

**25** 在“动画”调板中单击“复制所选帧”按钮，创建“第20帧”，然后在“图层”调板中显示“背景副本12”图层，隐藏“背景副本11”图层，如图9.42所示。

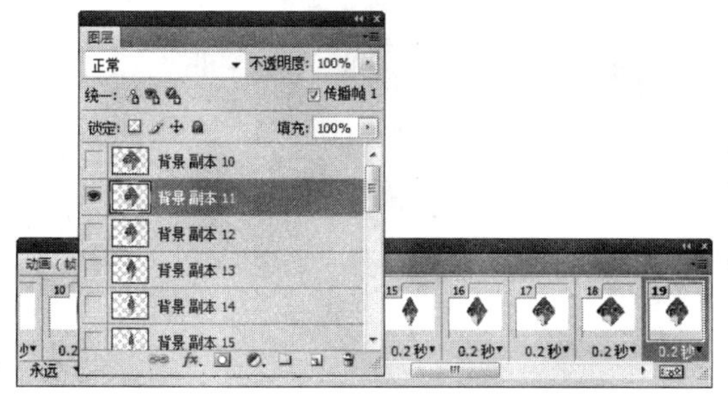


图9.41 设置第19帧

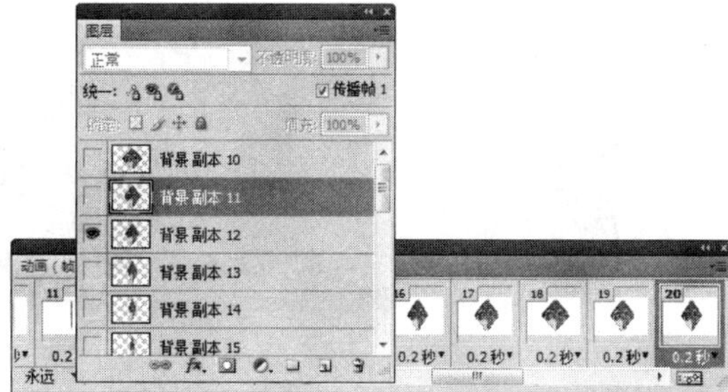


图9.42 设置第20帧

**26** 利用前面同样的方法，创建“第35帧”，在“图层”调板中显示“背景副本”图层，隐藏“背景副本2”图层，如图9.43所示。

**27** 在菜单栏中选择“文件”→“存储为Web和设备所用格式”命令，在弹出的“存储为Web和设置所用格式”对话框中设置“颜色”为256，然后单击“存储”按钮，如图9.44所示。

**28** 在弹出的“将优化结果存储为”对话框中设置保存路径，然后单击“保存”按钮。

图9.43 设置第35帧

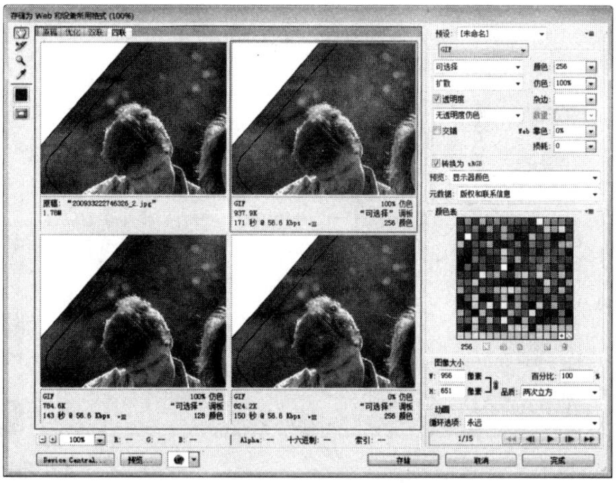

图9.44 优化选项

## 9.2.3 制作动画风车

本例介绍制作动画风车（图片位置：\素材\第9章\动画风车.gif）的方法。

### 最终效果

本例制作完成后的最终效果如图9.45所示。

原图

第1帧

图9.45 最终效果图

## 解题思路

1 在Photoshop中打开素材，并制作风车效果。

2 使用“动画”调板制作动画效果。

## 操作步骤

1 打开素材图片“03.jpg”（图片位置：\素材\第9章\03.jpg），如图9.46所示。

2 在工具箱中单击“矩形选框工具”按钮，在图像窗口中绘制选区，如图9.47所示。

图9.46 03.jpg

图9.47 创建选区

3 按下“Ctrl+J”组合键剪贴图层，这时“图层”调板中将自动生成“图层1”，单击“背景”图层前的眼睛图标，隐藏“背景”图层，如图9.48所示。

4 按下“Ctrl+T”组合键，在显示的属性栏中设置角度为45°，完成后单击按钮，如图9.49所示。

5 在工具箱中单击“移动工具”按钮，然后将鼠标指针移动到标尺上，按住鼠标左键不放拖移出参考线，如图9.50所示。

图9.48　剪贴图层

图9.49　旋转图像

图9.50　拖移参考线

6　在工具箱中单击“钢笔工具”按钮，在图像窗口中绘制路径，如图9.51所示。

7　在“路径”调板中单击底部的“将路径作为选区载入”按钮，载入选区，然后按“Delete”键删除选区内的图像，按下“Ctrl+D”组合键取消选区，如图9.52所示。

8　在“路径”调板中单击“工作路径”，在图像窗口中显示路径，然后在工具箱中单击“路径选择工具”按钮，在图像窗口中单击其中一条路径，如图9.53所示。

9　单击“路径”调板中的“将路径作为选区载入”按钮，载入选区。设置前景色为（R：150、G：139、B：70），在“图层”调板中新建“图层2”，按“Alt+Delete”组合键填充前景色，然后按下“Ctrl+D”组合键取消选区，如图9.54所示。

图9.51　绘制路径

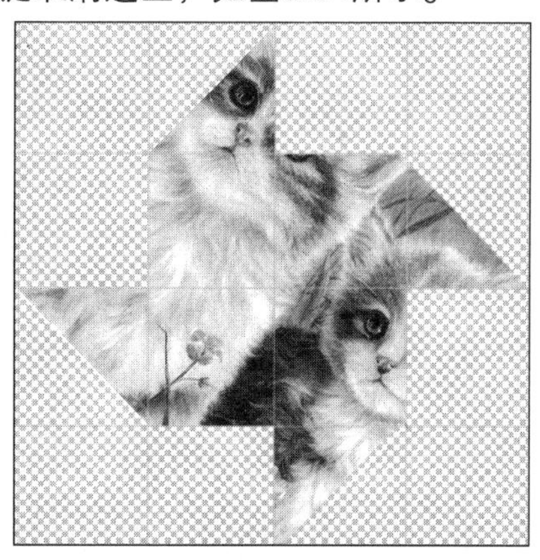

图9.52　删除选区内的图像

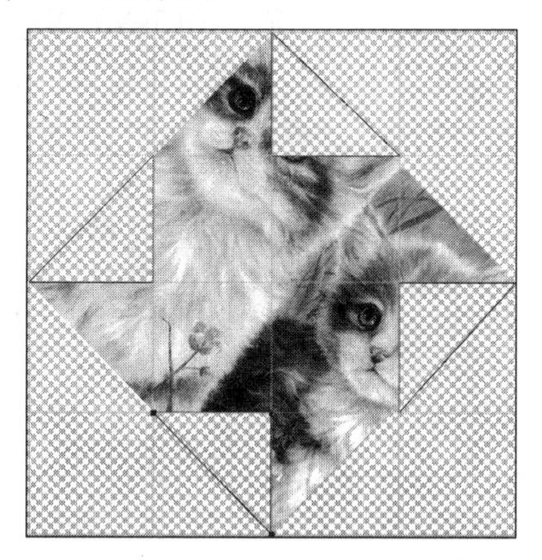

图9.53　选择路径

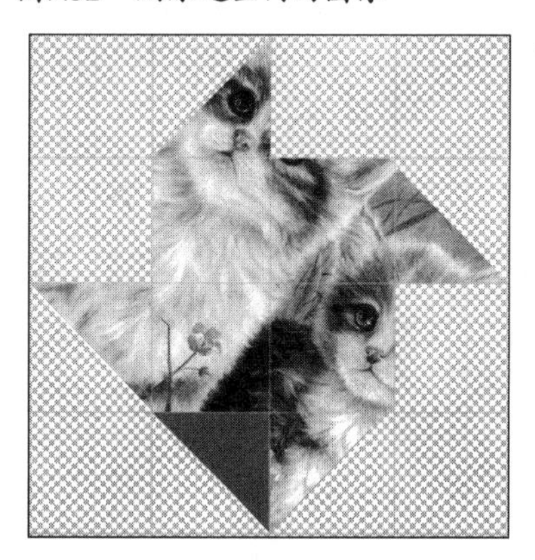

图9.54　填充选区

**10** 在菜单栏中选择“编辑”→“变换”→“旋转90度（顺时针）”命令，将图像进行旋转，并移动到适当的位置，如图9.55所示。

**11** 在菜单栏中选择“编辑”→“变换”→“变形”命令，在显示的网格中拖动节点，然后按“Enter”键确认，如图9.56所示。

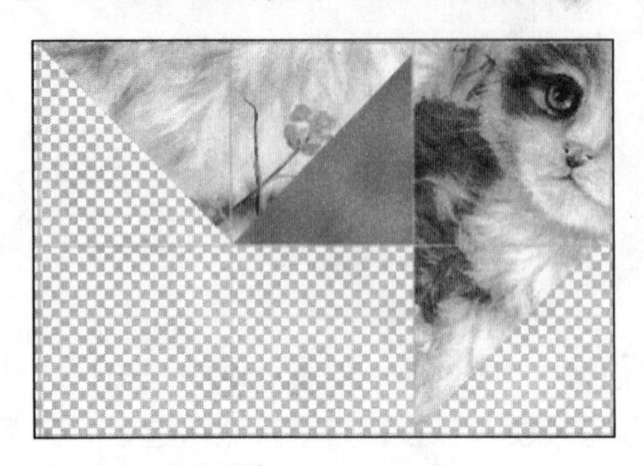

图9.55　旋转图像

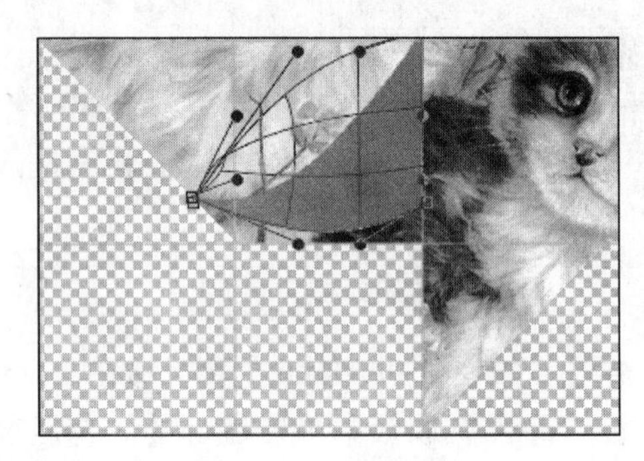

图9.56　变形图像

**12** 在“图层”调板中双击“图层2”的空白处，在弹出的“图层样式”对话框中单击“投影”选项，在右侧的参数面板中设置“角度”为-52度、“距离”为15像素、“扩展”为10%、“距离”为27像素，如图9.57所示。

**13** 在“图层样式”调板中单击“内阴影”选项，在右侧的参数面板中设置“角度”为-52度、“距离”为5像素、“大小”为35像素，然后单击“确定”按钮，如图9.58所示。

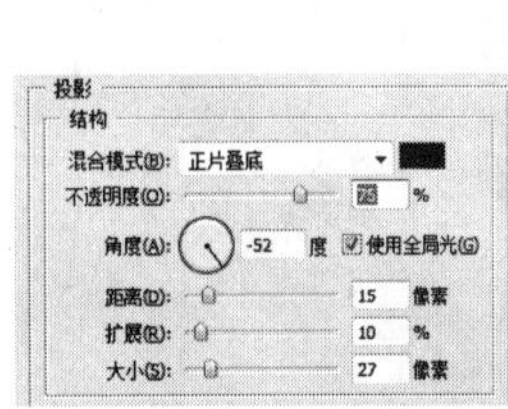


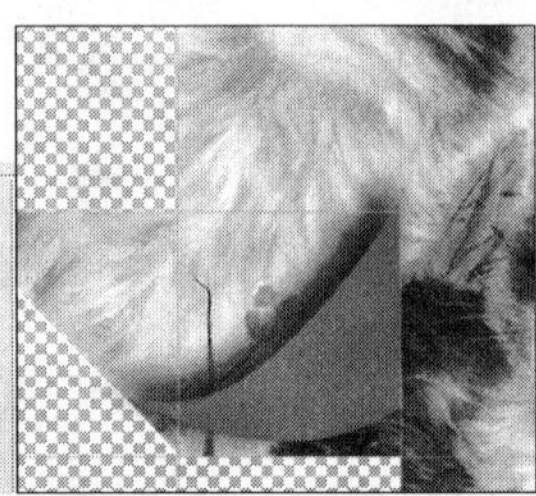

图9.57　设置投影

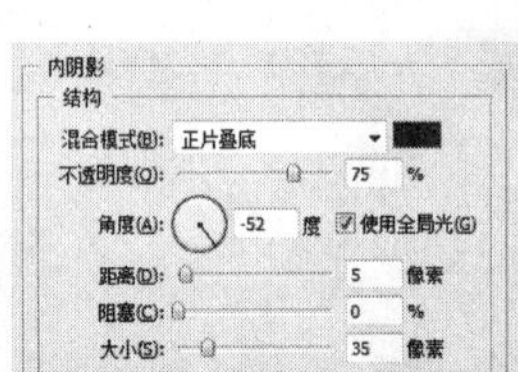


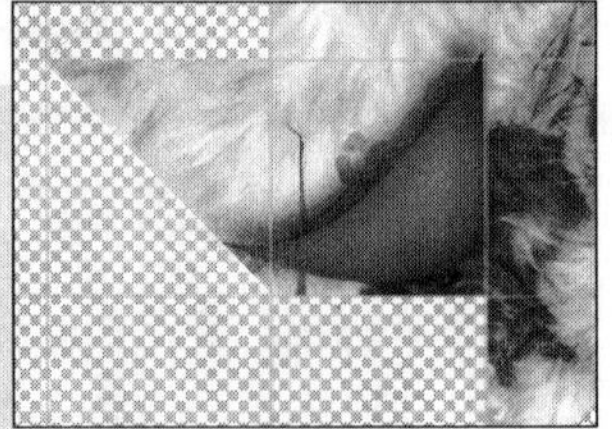

图9.58　设置内阴影

**14** 在“图层”调板中将“图层2”拖动到调板底部的“创建新图层”按钮上，复制得到“图层2副本”，然后在菜单栏中选择“编辑”→“变换”→“旋转90度（顺时针）”命令，旋转图像，如图9.59所示。

**15** 在工具箱中单击“移动工具”按钮，将图像移动到适当的位置，如图9.60所示。

图9.59　复制并旋转图像

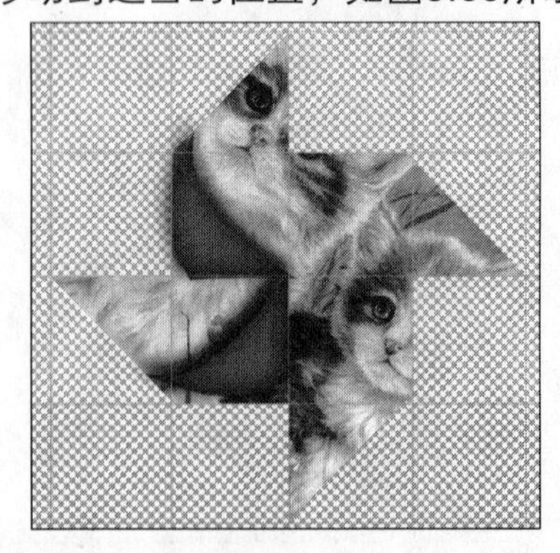

图9.60　移动图像

**16** 在“图层”调板中将“图层2副本”图层拖动到调板底部的“创建新图层”按钮上，复制出“图层2副本2”，然后顺时针旋转90°，并移动到适当的位置，如图9.61所示。

**17** 在“图层”调板中将“图层2副本2”图层拖动到调板底部的“创建新图层”按钮上，复制出“图层2副本3”，然后顺时针旋转90°，并移动到适当的位置，如图9.62所示。

图9.61　复制图像

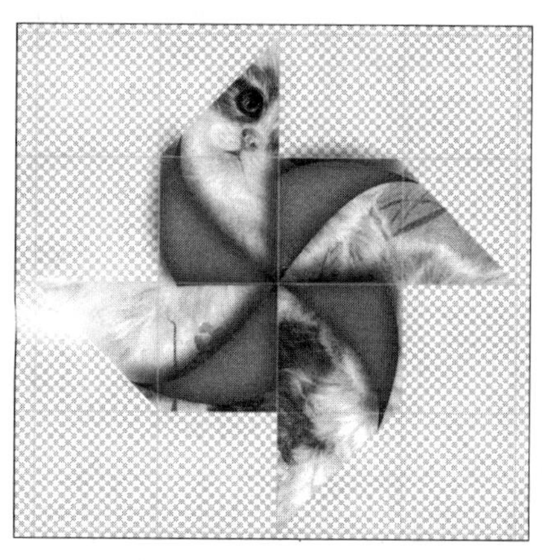

图9.62　复制图像

**18** 在工具箱中单击“磁性套索工具”按钮，在显示的属性栏中单击“添加到选区”按钮，然后在图像窗口中创建选区，如图9.63所示。

**19** 在“图层”调板中选择“图层1”，按“Delete”键删除选区内的图像，然后按下“Ctrl+D”组合键取消选区，如图9.64所示。

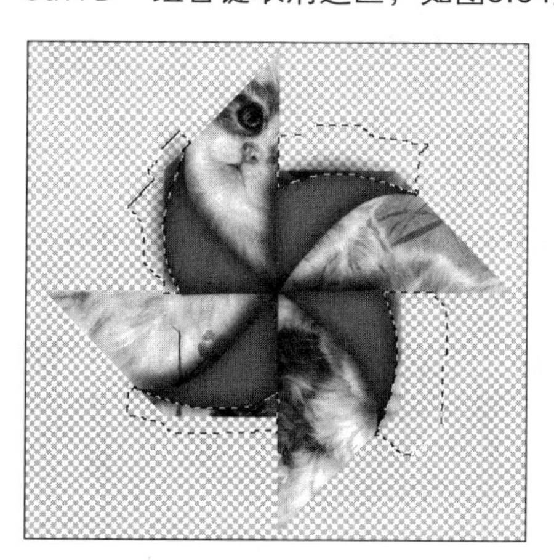

图9.63　创建选区

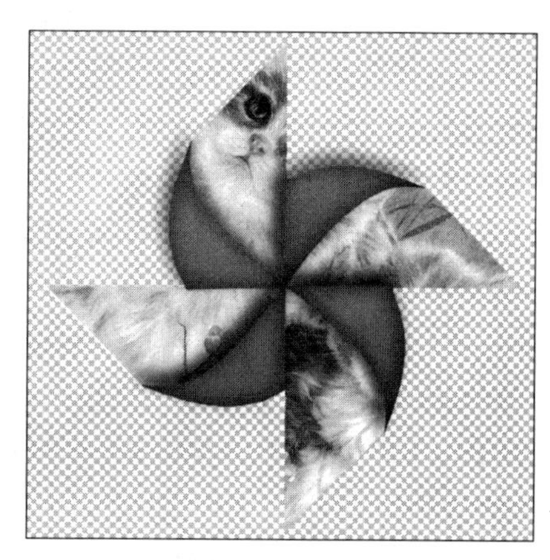

图9.64　删除选区内的图像

**20** 在“图层”调板中新建“图层3”，在工具箱中单击“椭圆选框工具”按钮，然后在图像窗口中绘制选区，如图9.65所示。

**21** 设置前景色为白色，按“Alt+Delete”组合键填充前景色，然后按“Ctrl+D”组合键取消选区，如图9.66所示。

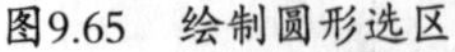

图9.65　绘制圆形选区

图9.66　填充前景色

**22** 在"图层"调板中双击"图层3"的空白处，在弹出的"图层样式"对话框中单击"内阴影"选项，在右侧的参数面板中将颜色设置为（R：154、G：143、B：72），"角度"设置为-52度，"距离"和"大小"都设置为5像素，如图9.67所示。

**23** 单击"斜面和浮雕"选项，在右侧的参数面板中设置"角度"为-52度，然后单击"确定"按钮，如图9.68所示。

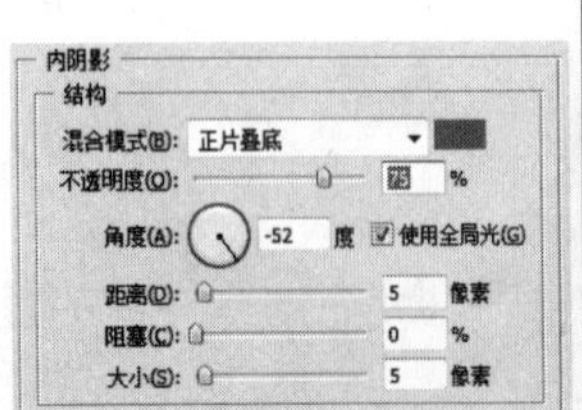


图9.67　设置内阴影

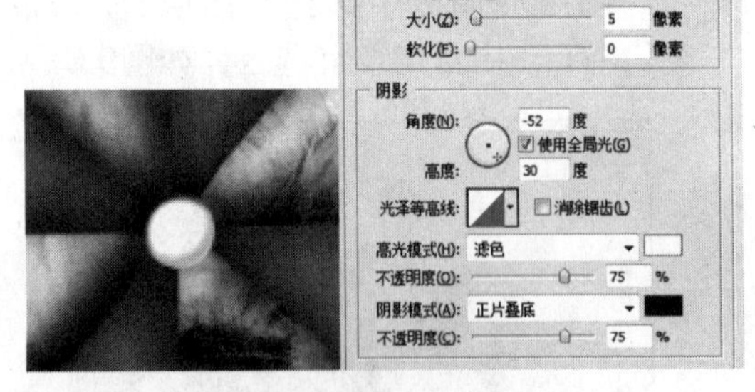


图9.68　设置斜面和浮雕

**24** 在"图层"调板中单击底部的"创建新组"按钮，新建"组1"，然后将除"背景"图层以外的图层都拖动到"组1"中，如图9.69所示。

**25** 按"Ctrl+T"组合键，在显示的控制框中缩放图像，并移动到适当的位置，然后按"Enter"键确认，如图9.70所示。

**26** 在"图层"调板中单击"背景"图层，新建"图层4"，在工具箱中单击"矩形选框工具"按钮，在图像窗口中绘制选区，如图9.71所示。

**27** 设置前景色为（R：144、G：106、B：0），在工具箱中单击"渐变工具"按钮，在显示的属性栏中单击渐变条，在弹出的"渐变编辑器"对话框中设置渐变样式，然后单击"确定"按钮，如图9.72所示。

图9.69　创建组

图9.70　变换对象

图9.71　绘制选区

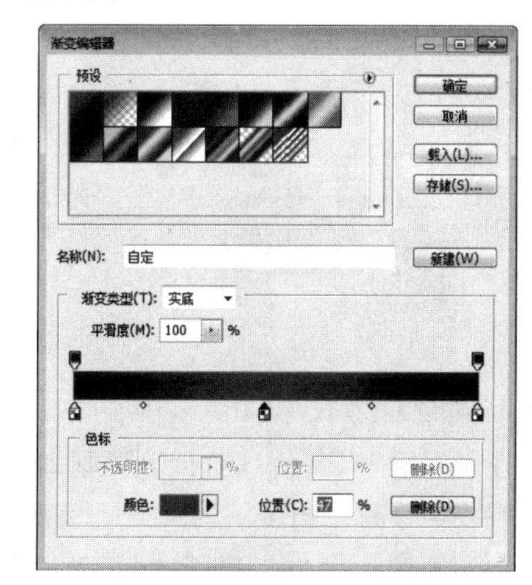

图9.72　渐变编辑器

**28** 将鼠标指针移动到选区内，按“Shift”键的同时拖动鼠标，释放鼠标键后可填充颜色，然后按“Ctrl+D”组合键取消选区，如图9.73所示。

**29** 在工具箱中单击“橡皮擦工具”按钮，在显示的属性栏中设置画笔大小为“柔角13像素”，然后在图像窗口中擦除多余的区域，如图9.74所示。

图9.73　渐变填充

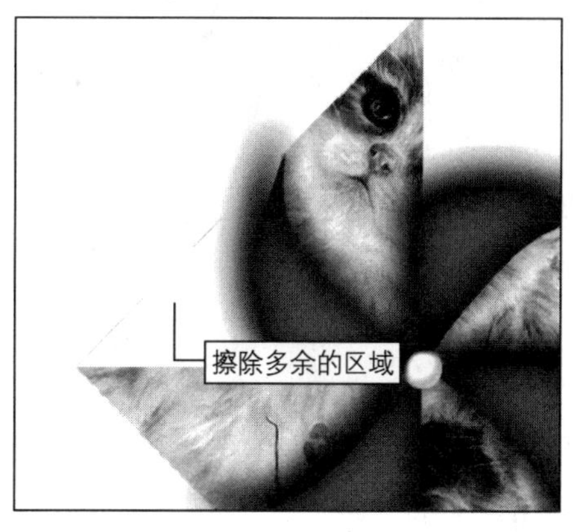


图9.74　擦除区域

**提示** 由于图像的背景是透明的，读者可能无法仔细观察到擦除的区域，因此这里添加了白色背景，帮助读者快速找到要擦除的区域。

**30** 在“图层”调板中单击“背景”图层，新建“图层5”，在工具箱中单击“渐变工具”按钮，在显示的属性栏中单击渐变条右侧的小三角按钮，在弹出的下拉列表框中单击“铬黄渐变”图标，如图9.75所示。

**31** 将鼠标指针移动到图像窗口上，按住“Shift”键不放的同时从上向下拖动鼠标，线性填充渐变色，如图9.76所示。

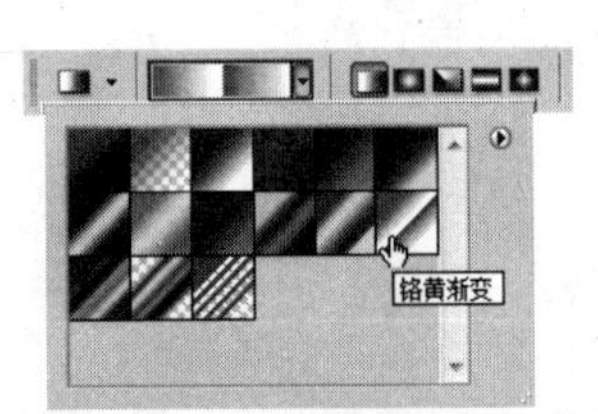


图9.75 选择渐变样式

图9.76 渐变填充

**32** 在“图层”调板中复制“组1副本”，按下“Ctrl+T”组合键，显示控制框，然后在其属性栏中设置“角度”为30°，完成后单击按钮，如图9.77所示。

**33** 在“图层”调板中将“组1副本”拖动到调板底部的“创建新图层”按钮上，复制出“组1副本2”，然后按下“Ctrl+T”组合键，显示控制框，然后在其属性栏中设置“角度”为30°，完成后单击按钮，如图9.78所示。

图9.77 复制并旋转对象

图9.78 复制并旋转对象

**34** 利用前面的方法，复制图层至“组1副本11”，然后进行旋转操作（每复制一次都旋转30°），如图9.79所示。

**35** 在“图层”调板中除“组1”、“图层4”和“图层5”外，隐藏其他所有组，如图9.80所示。

**36** 在菜单栏中选择“窗口”→“动画”命令，在弹出的“动画”调板中选择“第1帧”，设置延迟时间为“0.1秒”，如图9.81所示。

**37** 在“动画”调板中单击“复制所选帧”按钮，创建“第2帧”，然后在“图层”调板中显示“组1副本”，并隐藏“组1”，如图9.82所示。

图9.79　旋转对象

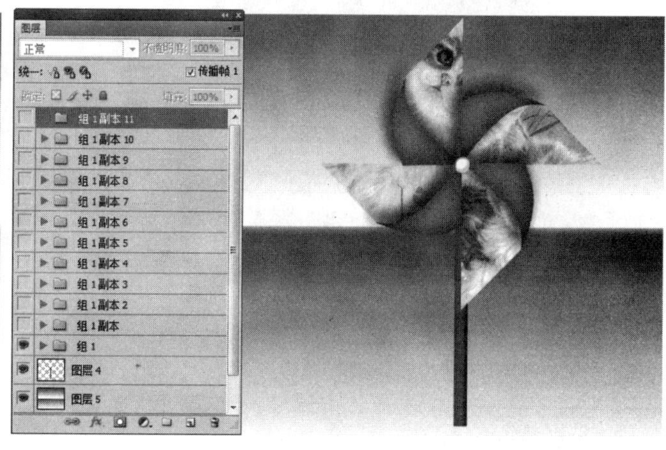


图9.80　隐藏组

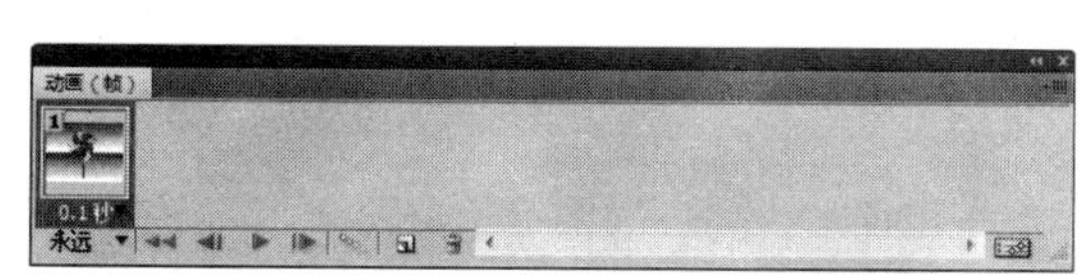


图9.81　设置第1帧

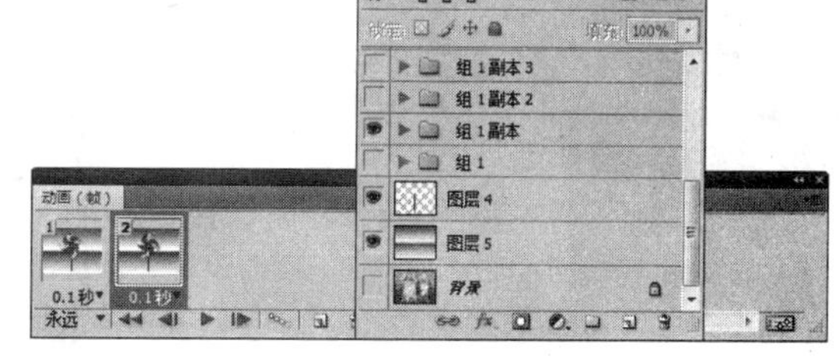


图9.82　设置第2帧

**38** 在“动画”调板中单击“复制所选帧”按钮，创建“第3帧”，然后在“图层”调板中显示“组1副本2”，并隐藏“组1副本”，如图9.83所示。

**39** 用相同的方法，创建“第12帧”，然后在“图层”调板中显示“组1副本11”，并隐藏“组1副本10”，如图9.84所示。

图9.83　设置第3帧

图9.84　设置第12帧

40 在菜单栏中选择“文件”→“存储为Web和设备所用格式”命令，在弹出的“存储为Web和设置所用格式”对话框中设置“颜色”为256，然后单击“存储”按钮，如图9.85所示。

41 在弹出的“将优化结果存储为”对话框中设置保存路径，然后单击“保存”按钮，如图9.86所示。

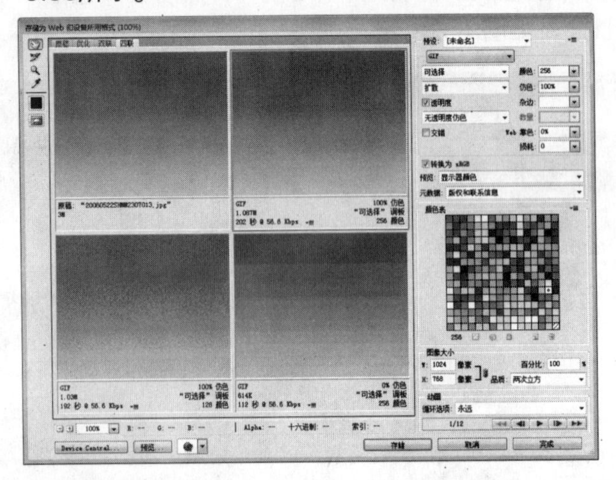

图9.85　优化选项

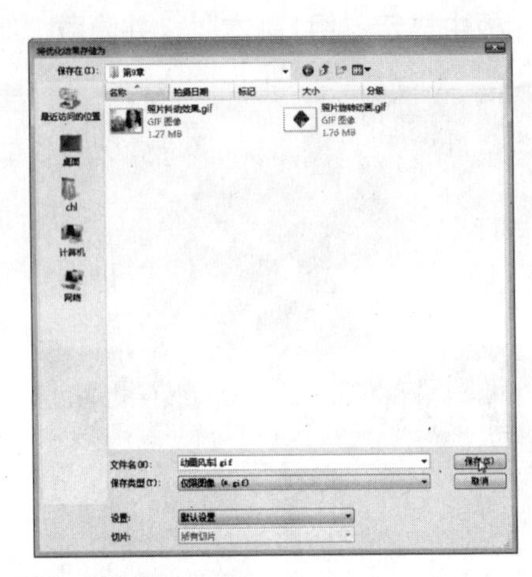

图9.86　保存路径

# 9.3 提高——给照片添加水波效果

本例介绍给照片添加水波效果（图片位置：\素材\第9章\给照片添加水波.gif）的方法。

## 最终效果

本例制作完成后的最终效果如图9.87所示。

原图

第1帧

图9.87　最终效果图

## 解题思路

1 在Photoshop中打开素材，并制作效果。

**2** 利用“动画”调板制作动画效果。

**操作步骤**

**1** 打开素材图片“04.jpg”和“05.jpg”（图片位置：\素材\第9章\04.jpg、05.jpg），如图9.88和图9.89所示。

图9.88　04.jpg

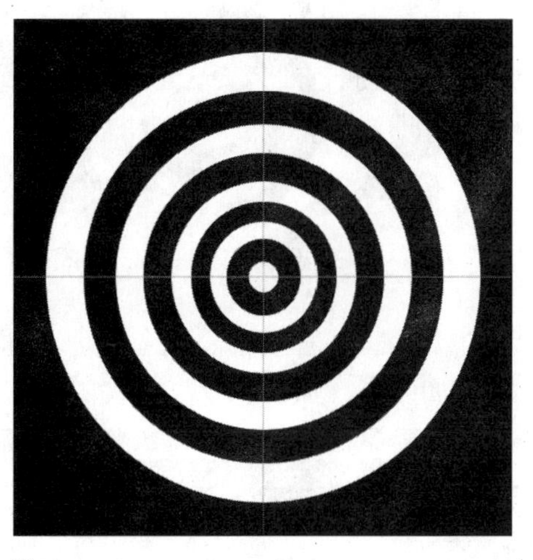

图9.89　05.jpg

**2** 在“05.jpg”窗口中双击“背景”图层，在弹出的“新建图层”对话框中单击“确定”按钮，将“背景”图层转换为普通图层，如图9.90所示。

**3** 在工具箱中单击“魔棒工具”按钮，在“05.jpg”图像窗口中单击黑色部分，然后按“Delete”键删除选区内的图像，如图9.91所示。

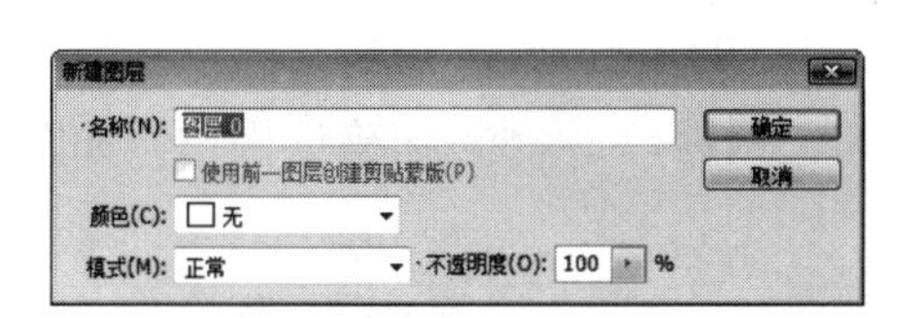


图9.90　新建图层

图9.91　删除选区内的图像

**4** 按下“Ctrl+D”组合键取消选区，在工具箱中单击“移动工具”按钮，将图像拖动到“04.jpg”图像窗口中，这时“图层”调板中将自动生成“图层1”，如图9.92所示。

**5** 在工具箱中单击“魔棒工具”按钮，在图像窗口中单击白色区域，载入选区，然后在“图层”调板中选择“背景”图层，按下“Ctrl+J”组合键复制图层，这时“图层”调板中自动生成“图层2”，如图9.93所示。

**6** 在菜单栏中选择“滤镜”→“液化”命令，在弹出的“液化”对话框中单击“膨胀工具”按钮，并设置相关选项参数，然后在左侧的预览框中进行膨胀处理，完成后单击“确定”按钮，如图9.94所示。

图9.92　移动图像

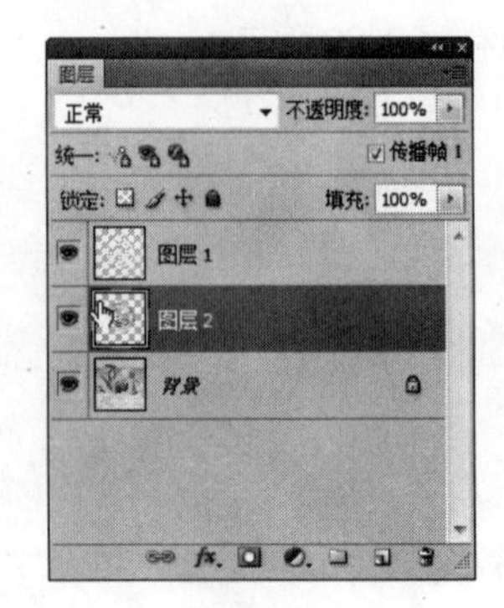


图9.93　剪贴图层

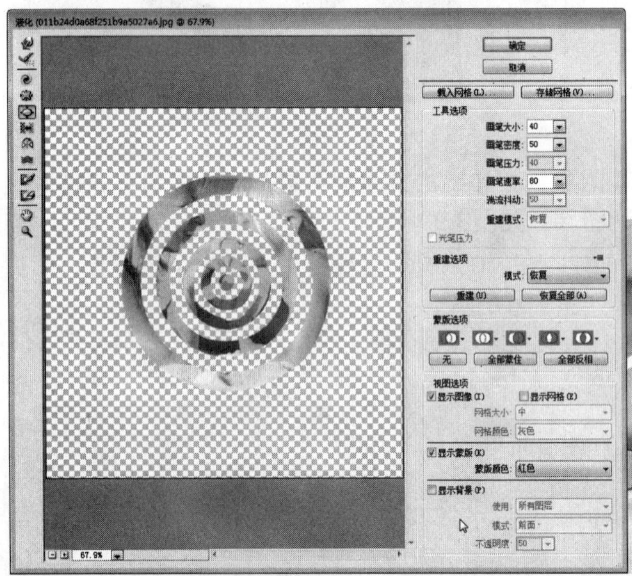

图9.94　液化处理对象

**7** 在“图层”调板中选择“图层1”，按下“Ctrl+T”组合键，在显示的属性栏在中设置水平缩放比例W为120%、垂直缩放比例H为120%，然后单击✔按钮确认操作，如图9.95所示。

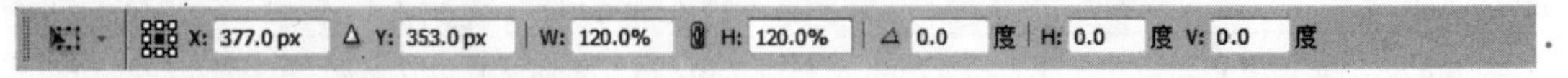


图9.95　变换属性栏

**8** 在工具箱中单击“魔棒工具”按钮，在图像窗口中单击白色区域，载入选区，然后在“图层”调板中选择“背景”图层，按“Ctrl+J”组合键复制图层，这时“图层”调板中自动生成“图层3”，如图9.96所示。

**9** 在菜单栏中选择“滤镜”→“液化”命令，在弹出的“液化”对话框中单击“膨胀工具”按钮，并设置相关选项参数，然后在左侧的预览框中进行膨胀处理，完成后单击

“确定”按钮，如图9.97所示。

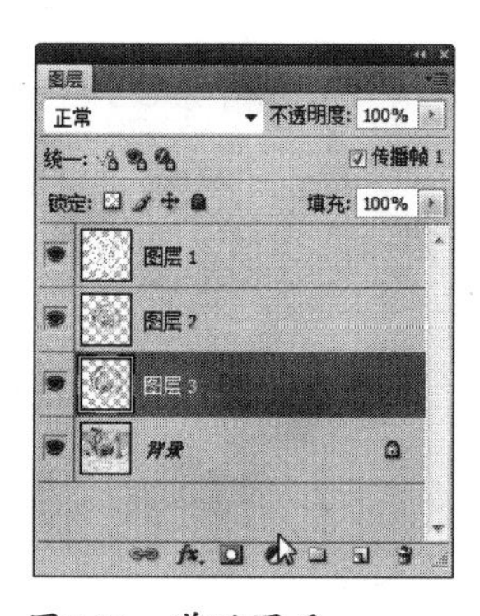

图9.96 剪贴图层

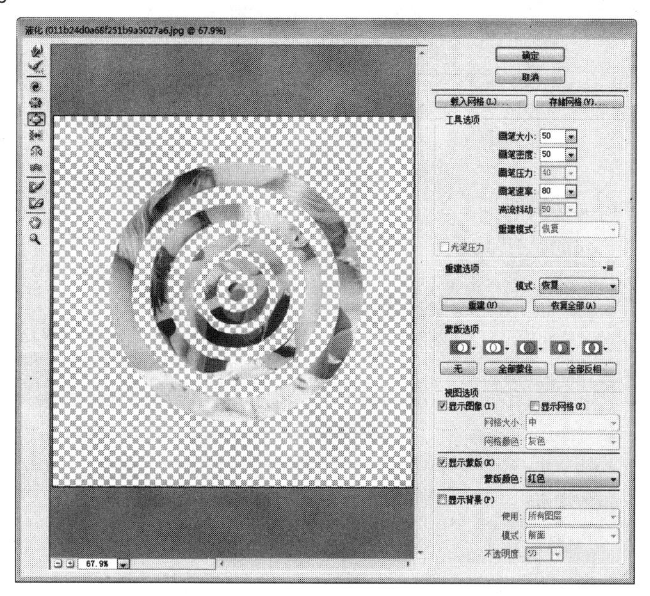

图9.97 “液化”对象

**10** 在“图层”调板中选择“图层1”，按下“Ctrl+T”组合键，在显示的属性栏在中设置水平缩放比例W为120%、垂直缩放比例H为120%，然后单击按钮确认操作，如图9.98所示。

**11** 在工具箱中单击“魔棒工具”按钮，在图像窗口中单击白色区域，载入选区，然后在“图层”调板中选择“背景”图层，按下“Ctrl+J”组合键复制图层，这时“图层”调板中自动生成“图层4”，如图9.99所示。

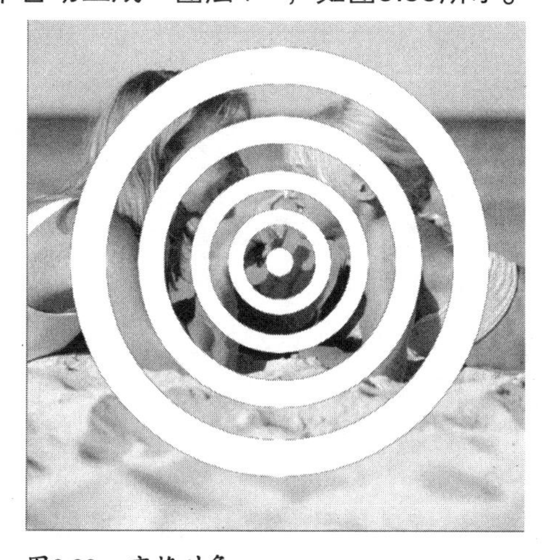

图9.98 变换对象

图9.99 剪贴对象

**12** 在菜单栏中选择“滤镜”→“液化”命令，在弹出的“液化”对话框中单击“膨胀工具”按钮，并设置相关选项参数，然后在左侧的预览框中进行膨胀处理，完成后单击“确定”按钮，如图9.100所示。

**13** 利用步骤10至步骤12的方法，复制出“图层5”和“图层6”，并进行“液化”滤镜处理，如图9.101所示。

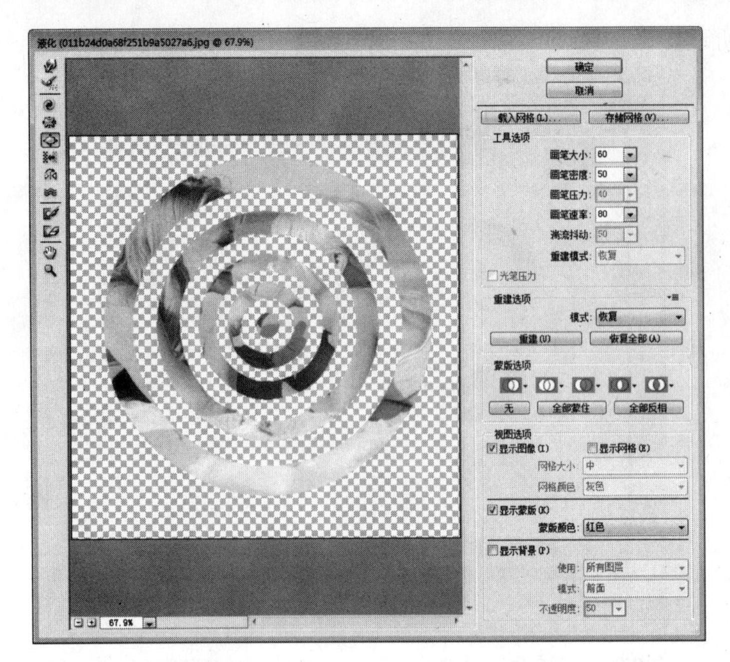

图9.100　液化对象　　　　图9.101　变换图层

**14** 在“图层”调板中除“图层2”和“背景”图层外，隐藏所有图层，如图9.102所示。

**15** 在菜单栏中选择“窗口”→“动画”命令，在弹出的“动画”调板中单击“第1帧”，设置延迟时间为“0.3秒”，如图9.103所示。

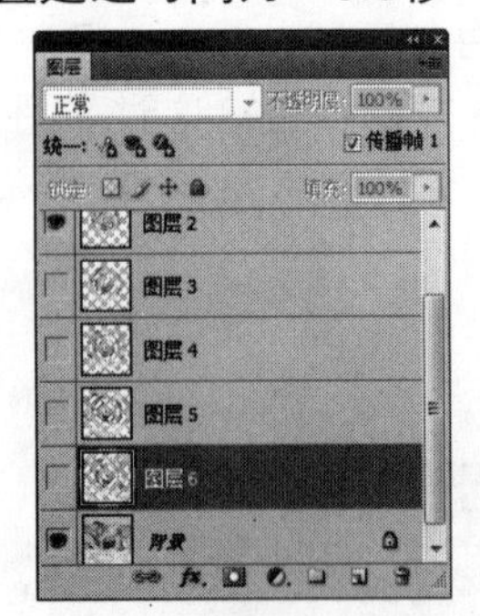

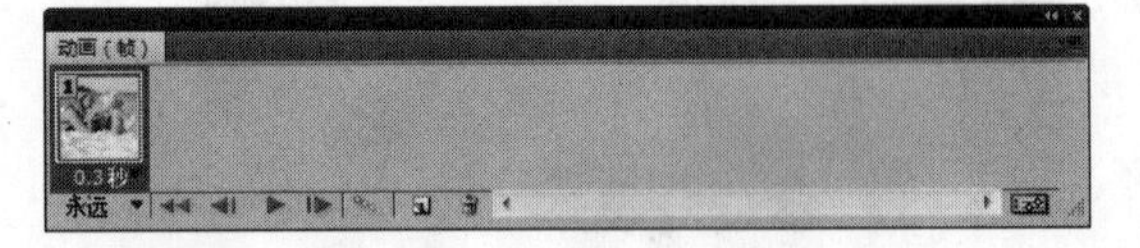

图9.102　隐藏图层　　　　图9.103　设置第1帧

**16** 在“动画”调板中单击“复制所选帧”按钮，创建“第2帧”，然后在“图层”调板中显示“图层3”，隐藏“图层2”，如图9.104所示。

**17** 在“动画”调板中单击“复制所选帧”按钮，创建“第3帧”，然后在“图层”调板中显示“图层4”，隐藏“图层3”，如图9.105所示。

**18** 利用前面相同的方法，创建“第5帧”，然后在“图层”调板中显示“图层6”，隐藏“图层5”，如图9.106所示。

**19** 在菜单栏中选择“文件”→“存储为Web和设备所用格式”命令，在弹出的“存储为Web和设置所用格式”对话框中设置“颜色”为256，然后单击“存储”按钮，如图9.107所示。

**20** 在弹出的“将优化结果存储为”对话框中设置保存路径，然后单击“保存”按钮。

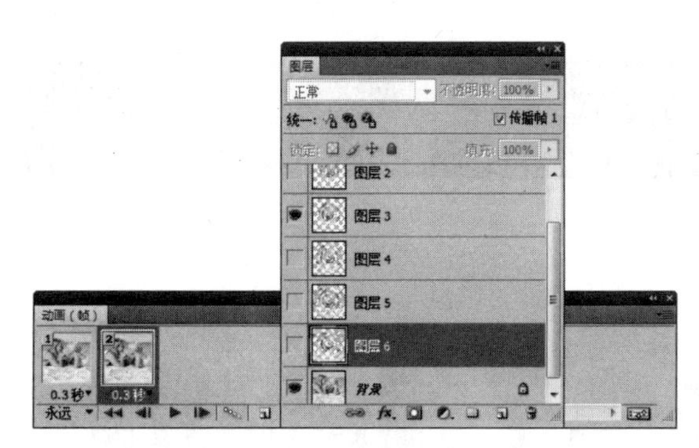


图9.104　设置第2帧

图9.105　设置第3帧

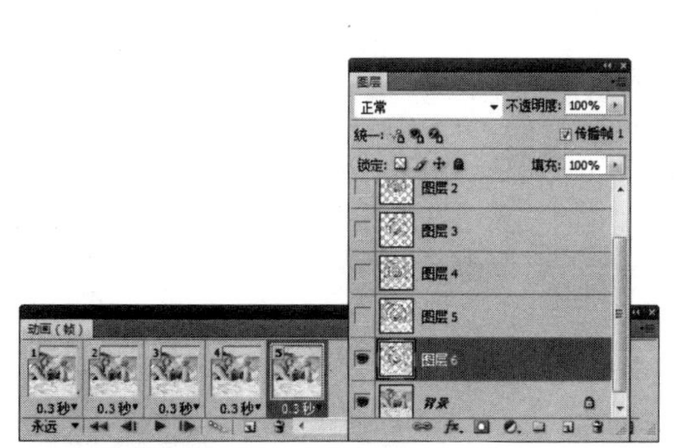


图9.106　设置第5帧

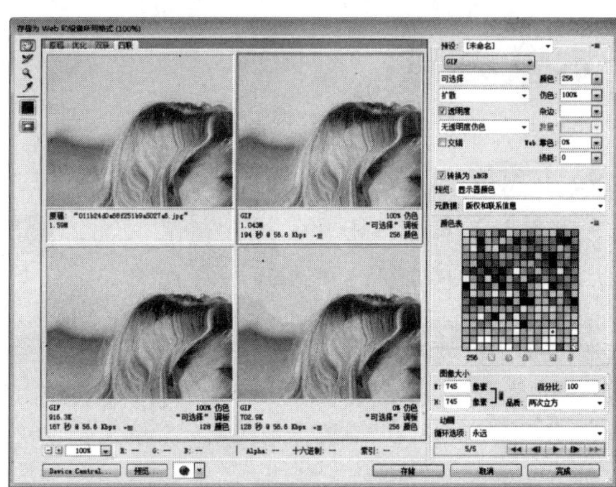


图9.107　优化选项

## 结束语

通过对本章的学习，相信读者已经了解了制作动画的过程，即先在Photoshop CS4中制作好每一帧动画的静态图像，然后在“动画”调板中制作出动画效果。

Chapter 10

# 第10章 数码照片打印与电子相册制作

## 本章要点

**打印照片**

- 打印照片的方式
- 打印后的注意事项

**在网上建立个人相册**

**电子相册**

**编辑电子相册**

## 本章导读

本章主要介绍打印输出数码照片、网上建立个人相册、制作和编辑电子相册等相关知识。通过本章的学习，希望读者能掌握数码照片输出的知识。

# 10.1 打印照片

如今越来越多的人热衷于数码摄影，但是如何欣赏和存储数码照片呢？大多数人将数码照片存储在计算机上，但也有人将照片打印到纸张上，使之更具有收藏价值。

## 10.1.1 打印照片的方式

数码照片是一种数字产物，其输出的方式要根据实际情况来选择。后期数码照片的输出有多种方式，包括打印机打印输出、数码扩印机打印输出和数码印像机打印输出。下面将详细介绍这三种输出方式。

### 1. 打印机打印输出

打印机（Printer）是计算机的输出设备之一，用于将计算机处理结果打印在相关介质上。通常情况下，打印机只适合单张输出，并且有纸张规格限制。如果要批量输出，则需要专业的印刷设备。

在使用打印机打印数码照片时，需要注意以下几点。

- 确定打印机和计算机的连接无误，并且能够正常使用。
- 检查墨水的情况。一般的喷墨打印机都有墨水自检装置，它能够检测到墨水的多少，当墨水不足时会及时提醒更换墨盒。
- 喷墨打印机是靠一个个微小的喷头将墨水喷到相关介质上的，如果墨水中有杂质或长时间不用打印机，很容易引起喷头堵塞，这样打印出的照片颜色残缺不全，影响效果，因此要检查喷头。

下面以Photoshop CS4软件为例介绍如何使用打印机打印输出照片，具体操作步骤如下。

1. 打开Photoshop CS4软件，然后打开一张照片（可以根据需要进行相关处理）。
2. 在菜单栏中选择“文件”→“打印”命令，打开“打印”对话框。
3. 在“打印”对话框中设置纸张放置的方向、选择图像的位置等，然后单击“打印”按钮，如图10.1所示。
4. 在弹出的“打印”对话框中选择需要的打印机、页面范围和打印份数，然后单击“打印”按钮进行打印，如图10.2所示。

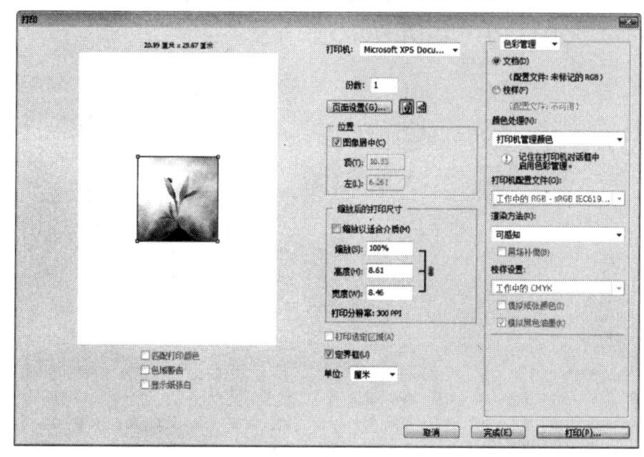

图10.1 “打印”对话框

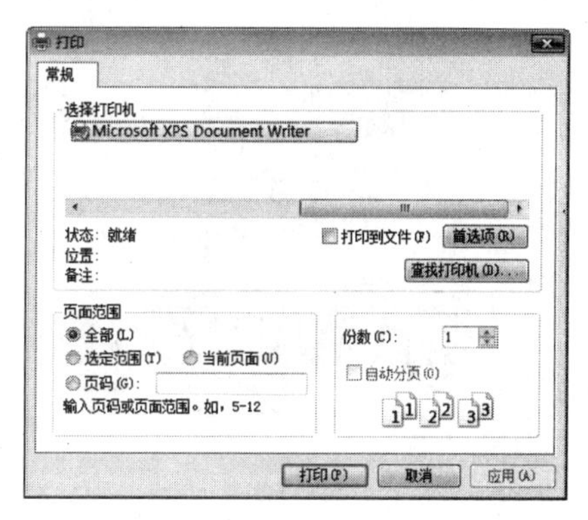


图10.2 “打印”对话框

### 2. 数码扩印机打印输出

目前，市场上能够扩印数码照片的设备称为数码扩印机。数码扩印机的基本工作原理是在扩印机前端加一个计算机，将各种来源的图像的光电信号转换成模拟信号，再将模拟信号通过计算机前端的模 / 数转换器，转换成计算机可以识别的数字信号，由计算机进行分析处理，再通过制图软件（Adobe Photoshop）对所输入的数字图片信号进行修改、加工，将加工好的图片信号通过曝光系统，把影像投射到感光相纸上，最后再通过冲洗工艺制成照片。

### 3. 数码印像机打印输出

数码印像机是指专门用来打印数码照片的打印机，它可以在无须连接计算机的情况下直接插入数码存储卡进行数码照片的打印，并且可以根据需要通过产品的液晶显示屏进行一定的格式设置和编辑。这类打印机打印方式简单、快捷，而且打印出来的照片效果与拍摄效果十分接近。

数码相机在拍摄时会记录图像信息，还会在文件中嵌入相机拍摄条件、相机设置和色彩编码等参数，当拍摄的照片被拿到数码打印机中打印时，打印机会参考照片上记录的拍摄信息进行调整，从而使打印效果尽量接近拍摄效果。

## 10.1.2 打印后的注意事项

在数码照片打印完成后，为了避免造成损坏，应遵守以下几点打印后的注意事项。

- 打印完成后，不能立即用手触摸。
- 每次打印最好只打印一张。
- 打印完成后不要在阳光下曝晒，应在阴凉处放干。

# 10.2 在网上建立个人相册

在网络盛行的今天，互联网为广大用户提供了建立相册的平台。通过这些平台可以随心所欲、随时随地地上传数码照片，这样无论在何时何地都可以通过网络欣赏到自己的照片。下面以在新浪网站上创建个人相册为例，介绍如何在网上创建个人相册。

1 打开新浪的网站（网址：http://www.sina.com.cn/），如图10.3所示。

2 单击“相册”链接，如图10.4所示。

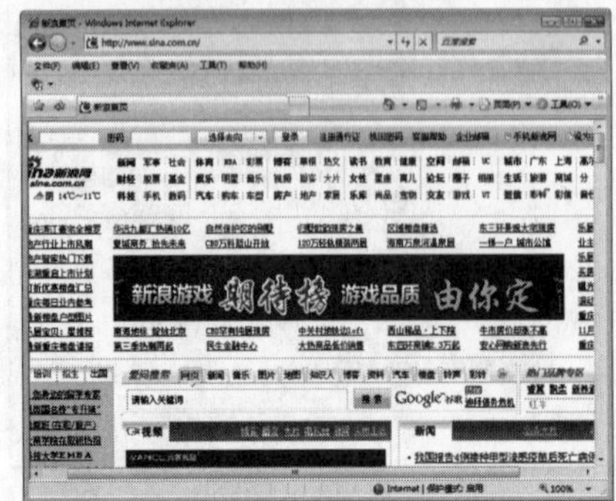


图10.3 打开新浪首页

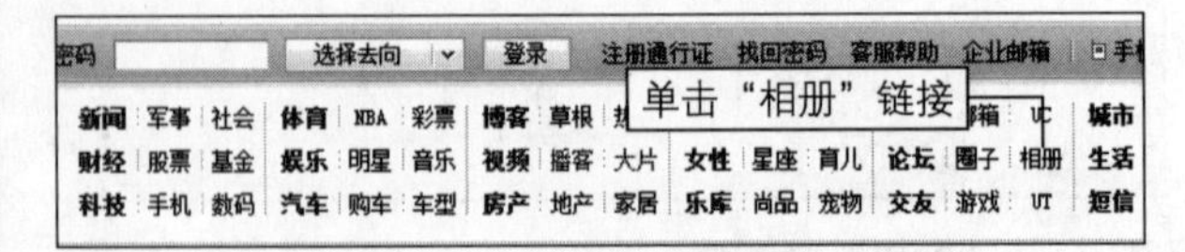


图10.4 单击“相册”链接

3　在弹出的新浪相册首页窗口中单击“开通我的相册”链接，如图10.5所示。

4　在弹出的注册新浪博客窗口中设置登录名、密码、昵称、个性域名以及验证码等信息，然后单击“完成”按钮，如图10.6所示。

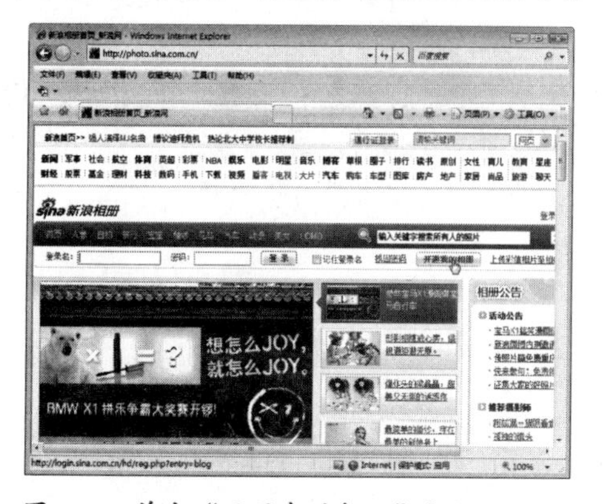

图10.5　单击“开通我的相册”按钮

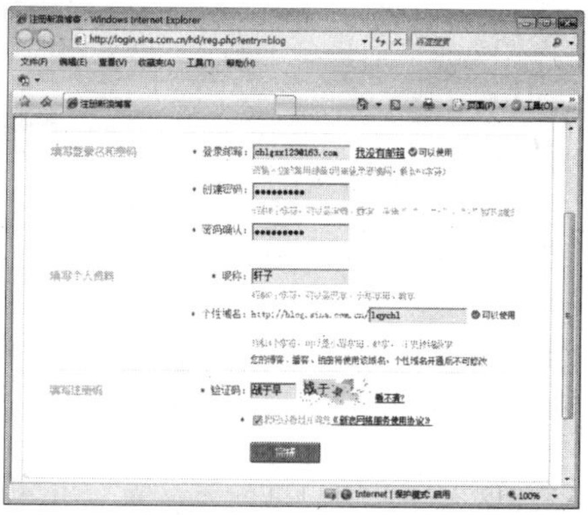

图10.6　填写注册信息

5　在接下来的窗口中将显示要求用户验证邮箱地址的提示信息，如图10.7所示。

6　登录刚才填写注册信息时输入的邮箱，打开收到的新邮件，单击其中的确认链接，如图10.8所示。

图10.7　验证提示信息

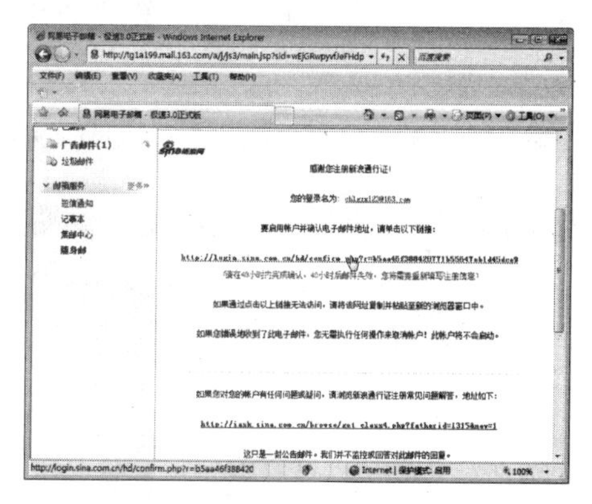

图10.8　单击链接

7　在弹出的“登录新浪博客”窗口中提示注册成功，然后输入密码登录博客，如图10.9所示。

8　在弹出的窗口中单击“相册”选项卡，如图10.10所示。

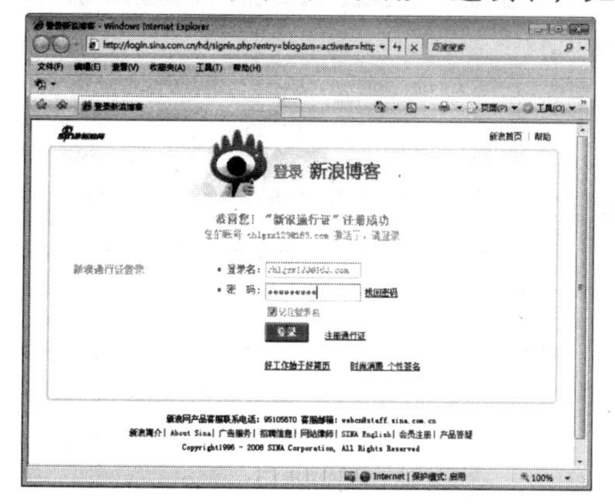

图10.9　登录博客

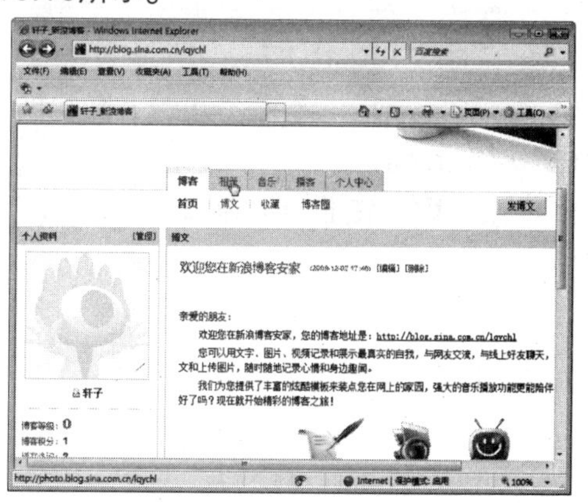

图10.10　切换到“相册”选项卡

9 在弹出的新浪相册窗口中单击“上传图片”按钮 上传图片，如图10.11所示。

10 在弹出的“上传图片”窗口中单击“浏览”按钮 浏览...，如图10.12所示。

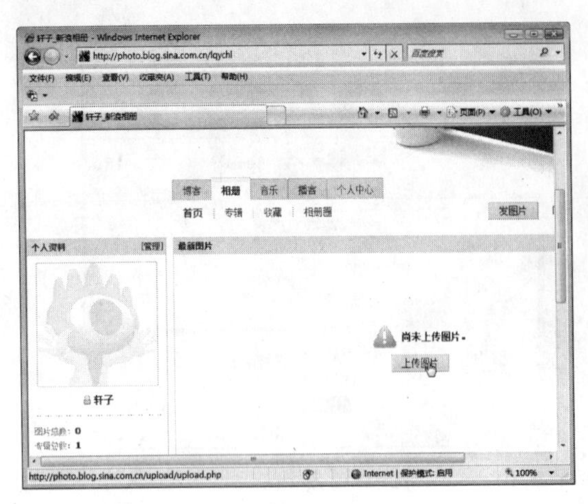

图10.11 单击“上传图片”按钮

图10.12 单击“浏览”按钮

11 打开“选择文件”对话框，在上传图片的所在位置选择图片，然后单击“打开”按钮，如图10.13所示。

12 返回到“上传图片”窗口中，如果要继续上传图片，可以直接单击“第二张”后面的“浏览”按钮，如图10.14所示。

图10.13 “选择文件”对话框

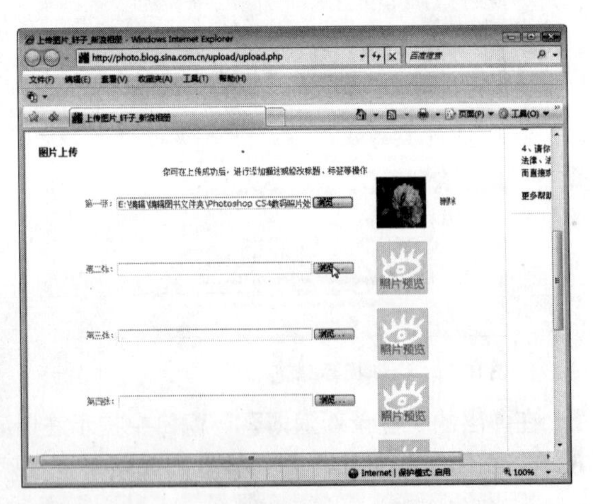

图10.14 显示上传的路径

13 全部添加完成后，单击“开始上传”按钮，这时窗口中会显示“准备上传”进度条，如图10.15所示。

14 上传完成后，在显示的窗口中会显示“上传成功”，并显示上传的图片，如图10.16所示。

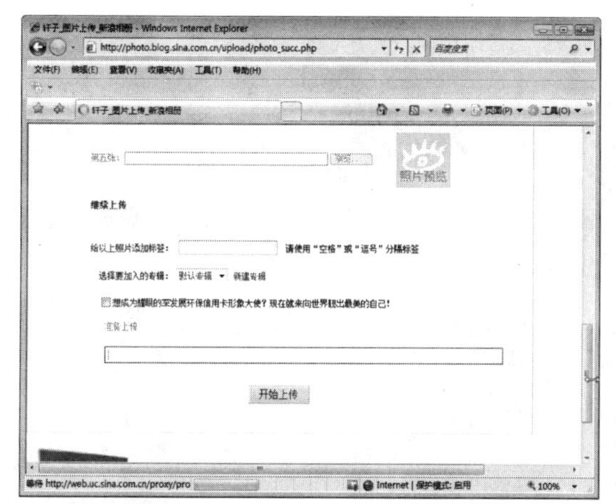

图10.15　开始上传

图10.16　显示上传的照片

# 10.3 电子相册

电子相册是指可以在计算机上观赏区别于CD或VCD的静止图片的特殊文档，其内容不局限于拍摄的照片，也可以包括各种艺术创作图片。制作电子相册的软件有很多，除了本章介绍的“会声会影”软件外，还有Ulead DVD Picture Show 2和Premiere Pro等。

下面我们将介绍制作电子相册的具体操作步骤。

1 启动“会声会影”软件，在显示的窗口中单击“会声会影编辑器”选项，如图10.17所示。

2 这时，系统将显示“会声会影”软件的界面窗口，如图10.18所示。

3 单击“时间轴视图”按钮，这时编辑栏将变为时间轴视图栏，如图10.19所示。

4 在“视频”选项区域查找到视频“V16”，如图10.20所示。

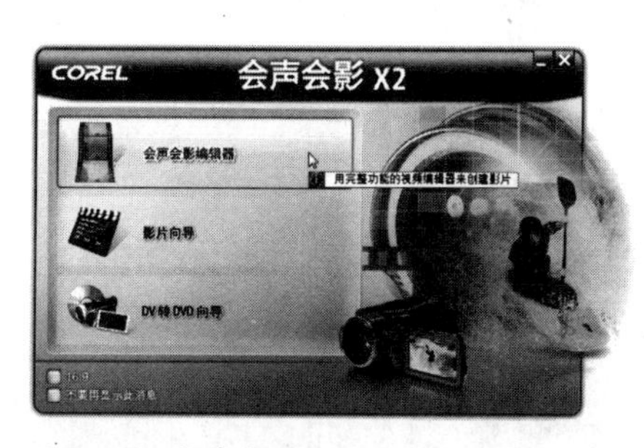


图10.17　会声会影

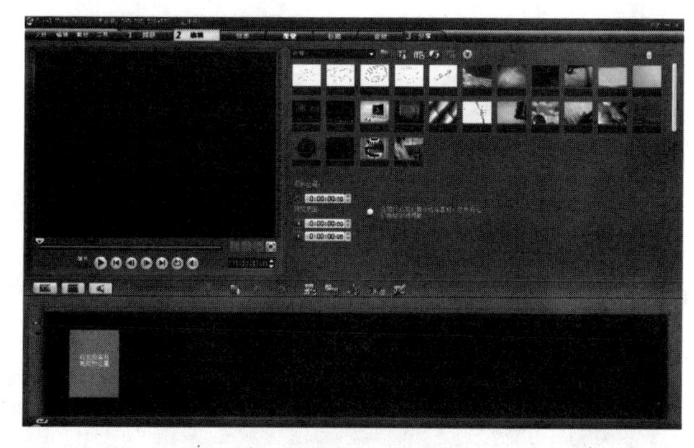

图10.18　“会声会影”界面窗口

5 将“视频V16”拖动到视频轨上，作为相册的片头，如图10.21所示。

6 单击“视频”下拉列表框右侧的小三角按钮，在弹出的下拉列表中选择“图像”选项，如图10.22所示。

图10.19　显示时间轴视图

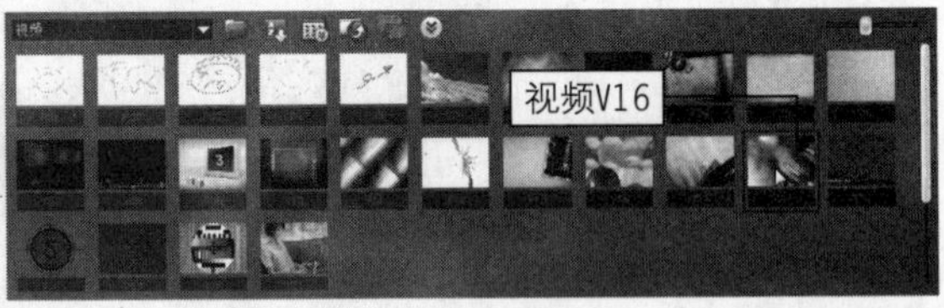

图10.20　选择视频V16

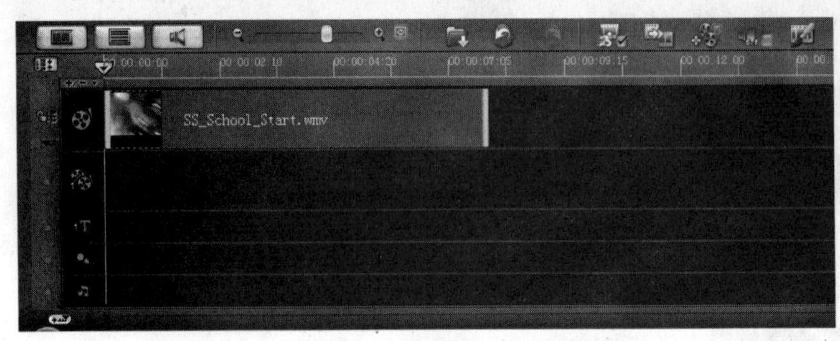


图10.21　拖动视频

图10.22　选择“图像”选项

**7** 这时，切换到“图像”选项区域，如图10.23所示。

**8** 单击“图像”右侧的“加载图像”按钮，在弹出的“打开图像文件”对话框中选择需要编辑的素材，如图10.24所示。

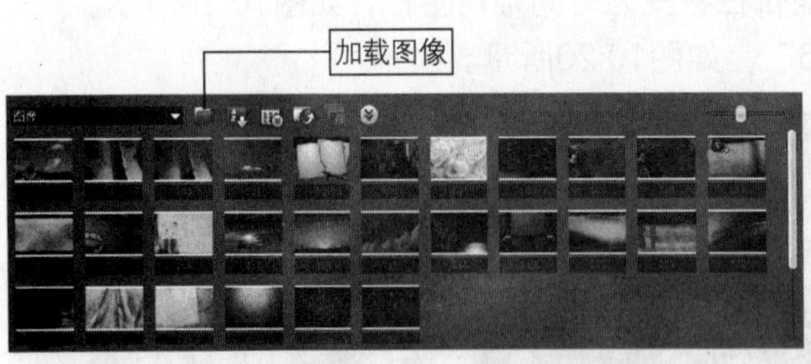


图10.23　图像选项区域

图10.24　“打开图像文件”对话框

**9** 单击“打开”按钮后，“图像”选项区域中将显示新添加的图像文件，如图10.25所示。

**10** 按住“Ctrl”键不放，选择加载的图像文件，然后将其拖动到视频轨上，如图10.26所示。

图10.25　添加新的图像文件

图10.26　拖动图像文件

**11** 在“会声会影”界面窗口中，在菜单栏中单击“效果”按钮，切换到“效果”选项区域，如图10.27所示。

**12** 在“效果”选项区域中，单击“收藏夹”下拉列表框右侧的小三角按钮▼，在弹出的下拉列表中选择“三维”选项，这时显示“三维”转场效果，如图10.28所示。

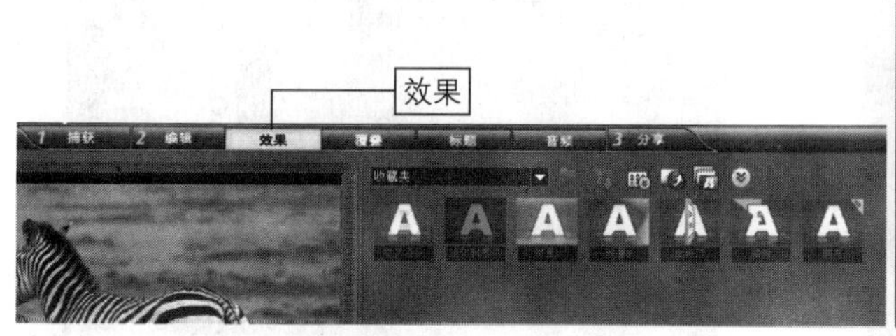


图10.27 切换到“效果”选项区域

图10.28 选择“三维”选项

**13** 随意选择8个不同的转场效果，将其拖动到视频轨中，放在每两个素材图像之间，如图10.29所示。

**14** 在菜单栏中单击“编辑”按钮，切换到“视频”选项区域中，然后选择“V20”，并将其拖动到视频轨上，作为电子相册的片尾，如图10.30所示。

**15** 在菜单栏中单击“标题”按钮，切换到“标题”选项区域，如图10.31所示。

**16** 在“标题”选项区域中单击“Show Time”标题，这时可以在预览框中看到选中的文字，如图10.32所示。

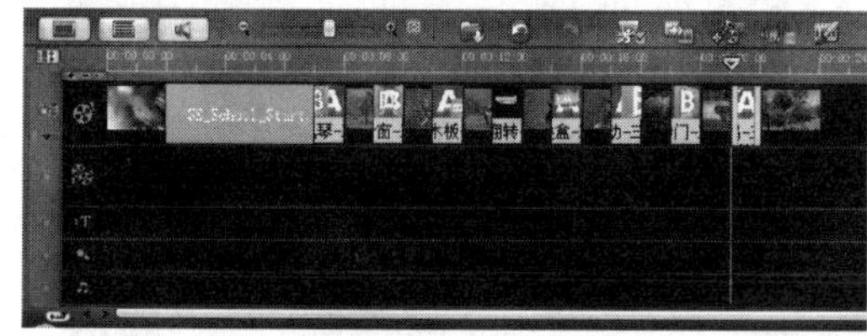

图10.29 添加转场效果

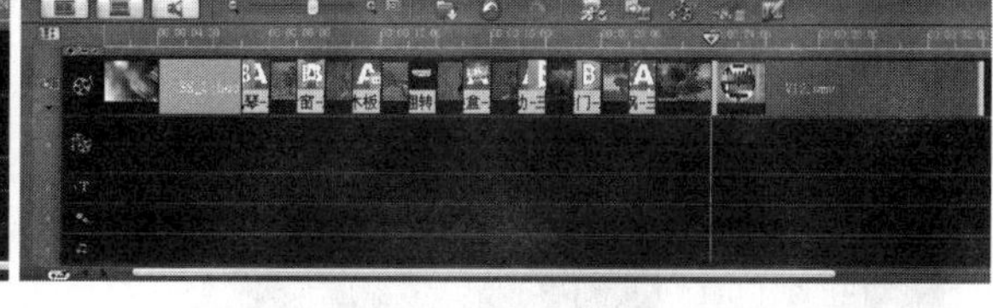

图10.30 添加视频

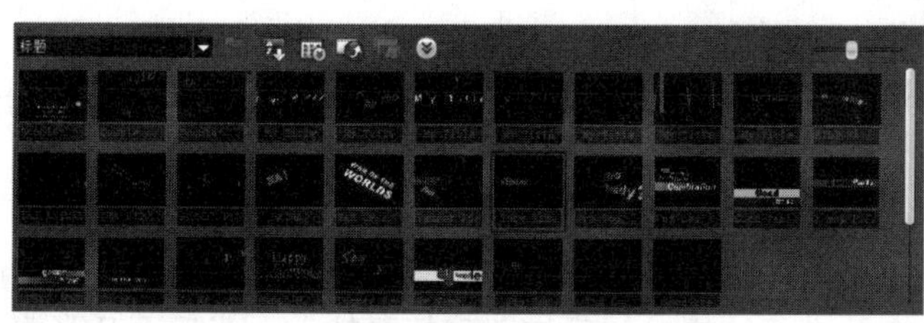

图10.31 切换到“标题”选项区域

图10.32 选择标题样式

**17** 在预览框中的文字上双击鼠标左键，将打开文字编辑框，在编辑框中输入文字，如图10.33所示。

**18** 单击预览框中的空白处，确定编辑的文字，然后在“标题”选项区域中选择“Show Time”标题，并将其拖动到标题轨上的适当位置，如图10.34所示。

图10.33 输入文字

图10.34 拖动文字

**19** 在“标题”选项区域中单击“Good Times”标题，在预览框中双击文字，然后在编辑框中输入文字，并在空白处单击确认，如图10.35所示。

**20** 在“标题”选项区域中单击刚才选择的“Good Times”标题，然后将其拖动到标题轨上，拖动鼠标改变标题长短，使其对齐第1张素材图片，如图10.36所示。

图10.35 输入文字

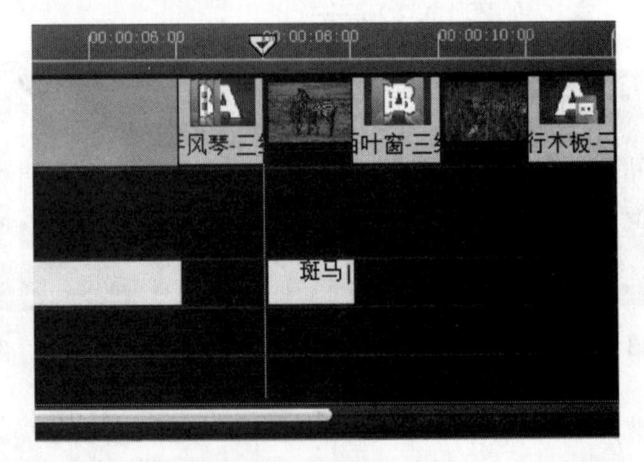


图10.36 拖动标题

**21** 在“标题”选项区域中单击“In the Groove”标题，在预览框中双击文字，然后在编辑框中输入文字，并在空白处单击确认，如图10.37所示。

**22** 在“标题”选项区域中单击刚才选择的“In the Groove”标题，然后将其拖动到标题轨上，拖动鼠标改变标题长短，使其对齐第2张素材图片，如图10.38所示。

**23** 在“标题”选项区域中单击“Xmas Party”标题，在预览框中双击并输入文字，在空白处单击确认。然后将标题拖动到标题轨上，拖动鼠标改变标题长短，使其对齐第3张素材图片，如图10.39所示。

**24** 利用前面同样的方法，选择标题文字并进行编辑，然后拖动到标题轨上，为后面几张素材图片添加标题，如图10.40所示。

图10.37　输入文字

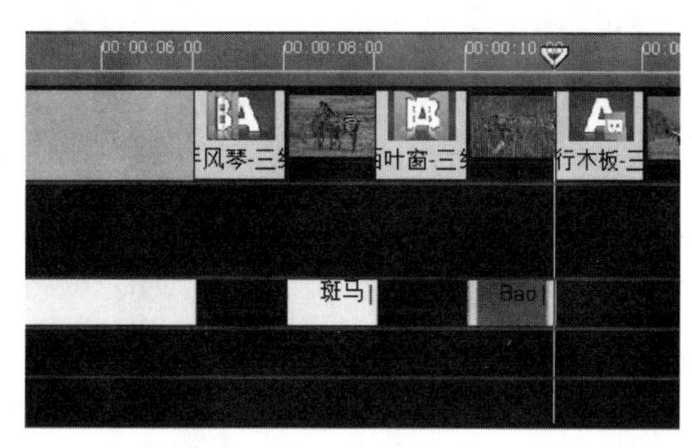


图10.38　拖动标题

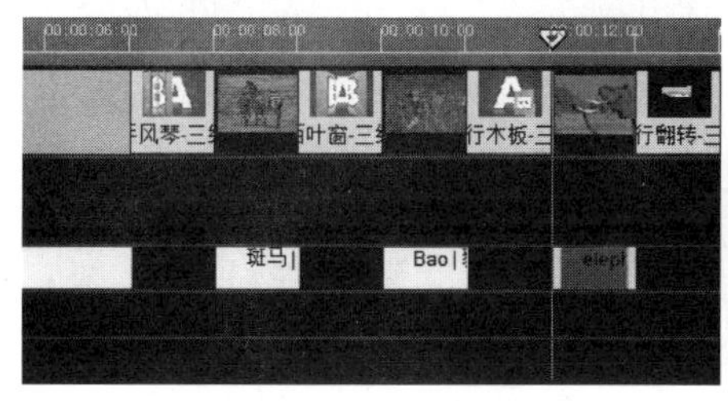


图10.39　设置标题文字

图10.40　添加标题文字

**25** 在菜单栏中单击“音频”按钮，切换到“音频”选项区域，如图10.41所示。

**26** 在“音频”选项区域中选择音频“A03”，将其拖动到音频轨上并摆放在适当的位置，然后改变音频的长度，如图10.42所示。

图10.41　切换到“音频”选项区域

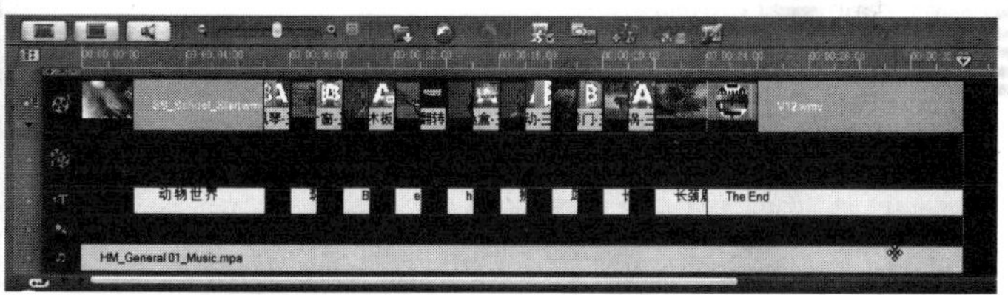


图10.42　拖动音频

**27** 在菜单栏中单击“分享”按钮，切换到“分享”选项区域中，如图10.43所示。

**28** 单击“创建视频文件”命令，在弹出的下拉列表中选择“DV”→“PAL DV（4：3）”命令，如图10.44所示。

图10.43　切换到“分享”选项区域

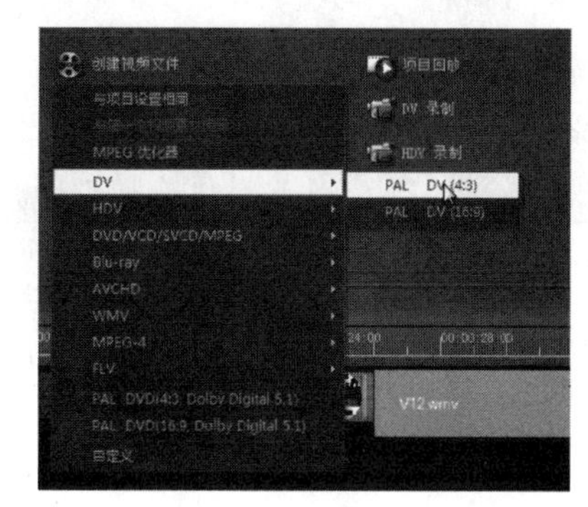


图10.44　创建视频文件

29 在弹出的“创建视频文件”对话框中设置文件的名称、保存路径，然后单击“保存”按钮。渲染完成后即可在播放器中播放视频文件，如图10.45所示。

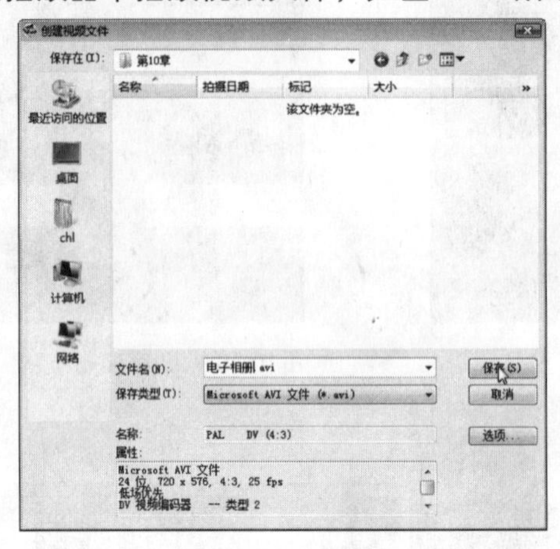

图10.45 视频保存

# 10.4 编辑电子相册

对于制作好的视频，如果有不满意的地方，可通过“会声会影”软件进行编辑。下面将详细介绍编辑电子相册的操作步骤。

1 启动“会声会影”软件，然后在显示的窗口中单击“会声会影编辑器”选项，进入界面中，如图10.46所示。

2 单击“时间轴视图”按钮，这时编辑栏将变为时间轴视图栏，然后在“视频”选项区域中单击“加载视频”按钮，如图10.47所示。

图10.46 “会声会影”界面窗口

图10.47 加载视频

3 在弹出的“打开视频文件”对话框中选择需要编辑的视频，然后单击“打开”按钮，如图10.48所示。

4 在“视频”选项区域中将新添加的视频文件拖动到视频轨上，如图10.49所示。

图10.48　选择视频文件

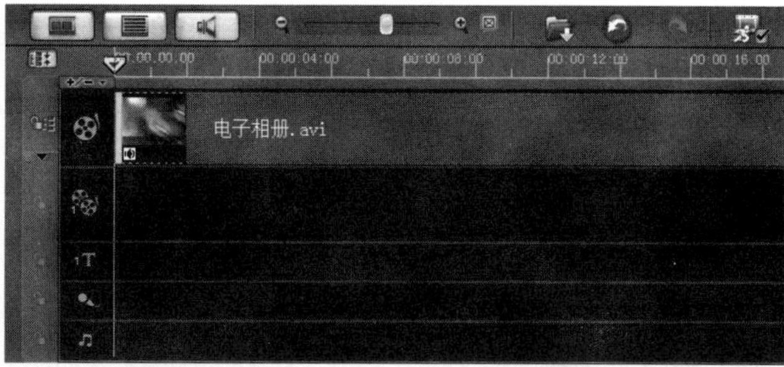


图10.49　拖动视频

**5** 在预览框中单击“播放”按钮▶，当飞梭栏到一定的位置时，单击“暂停”按钮⏸，然后单击“按照飞梭栏的位置剪辑素材”按钮✂，如图10.50所示。

**6** 这时“时间轴视图”区域中，视频文件被分割成两段，如图10.51所示。

图10.50　剪辑素材

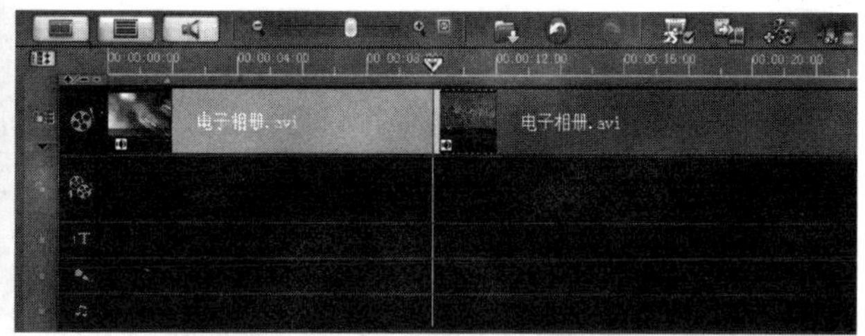


图10.51　分割视频

**7** 在“视频”选项区域中将视频“V11”拖动到视频轨上，放置在两个视频之间，如图10.52所示。

**8** 在菜单栏中单击“效果”按钮，切换到“效果”选项区域中，单击“收藏夹”右侧的小三角按钮▼，在弹出的下拉列表中选择“滑动”选项，这时选项区域将显示“滑动”的转场效果，如图10.53所示。

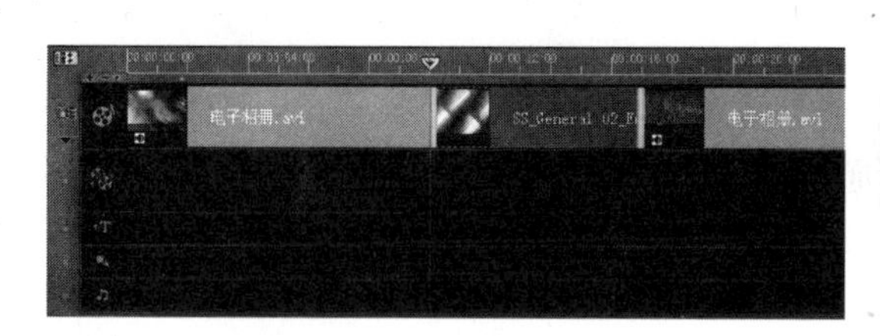


图10.52　拖动视频

图10.53　“效果”选项区域

9 在“效果”选项区域中选择“对开门”转场效果，并将其拖动到视频轨上，如图10.54所示。

10 在菜单栏中单击“标题”按钮，在“标题”选项区域中单击“See You”标题，在预览框中双击并输入文字，在空白处单击确认，如图10.55所示。

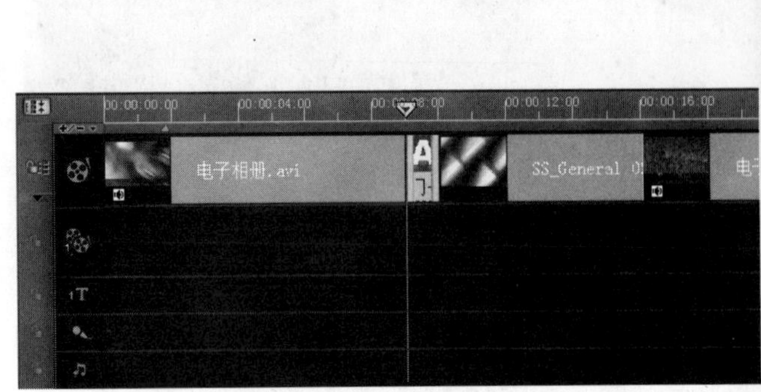


图10.54 添加转场效果

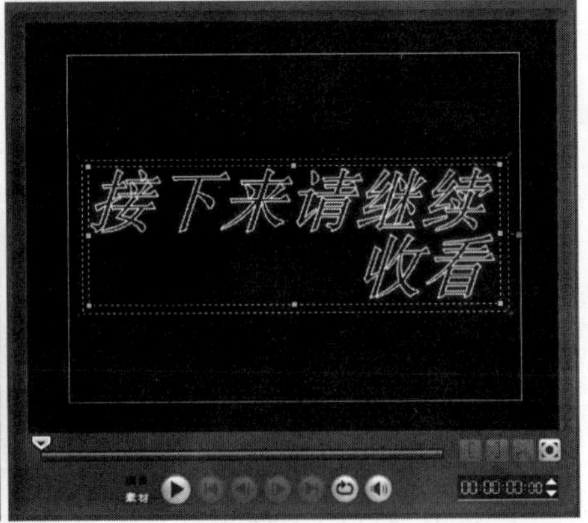


图10.55 输入文字

11 在“标题”选项区域中，将标题“See You”拖动到标题轨上，拖动改变标题长短，使其对齐刚添加的视频，如图10.56所示。

12 在菜单栏中单击“效果”按钮，在“效果”选项区域中选择“彩带”转场效果，并将其拖动到视频轨上，然后调整文字的长度，如图10.57所示。

图10.56 拖动标题文字

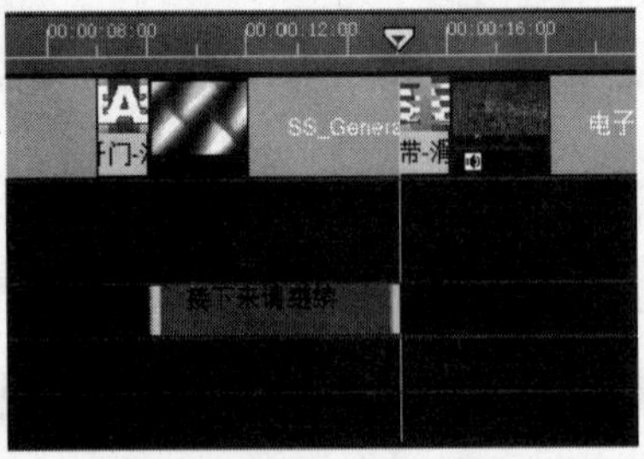

图10.57 添加转场效果

13 在菜单栏中单击“编辑”按钮，切换到“视频”选项区域。单击“视频”下拉列表框右侧的小三角按钮，在弹出的下拉列表中选择“图像”选项，然后单击“加载图像”按钮，如图10.58所示。

14 在弹出的“打开图像文件”对话框中选择需要的图像文件，然后单击“打开”按钮，这时“图像”选项区域中将显示新添加的图像文件，如图10.59所示。

15 将图像文件拖动到视频轨上的第一个“电子相册”和“对开门”转场效果之间，然后调整文字的位置，如图10.60所示。

16 在菜单栏中单击“标题”按钮，在“标题”选项区域中单击“My Memorise”标题，在预览框中双击并输入文字，在空白处单击确认，如图10.61所示。

图10.58　载入图像

图10.59　显示添加的图像文件

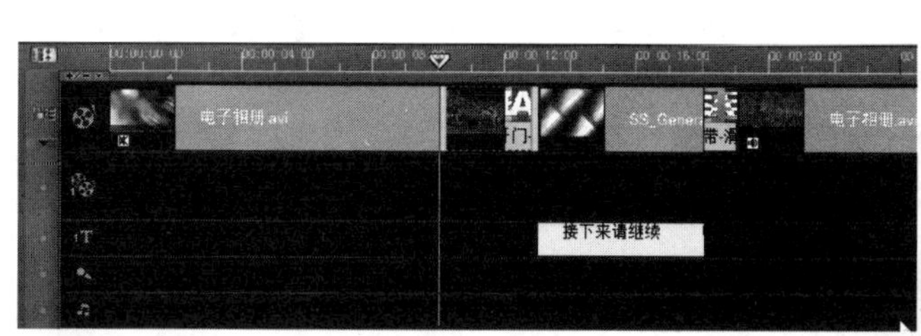


图10.60　拖动图像文件

图10.61　输入文字

**17** 在“标题”选项区域中，将标题“My Memorise”拖动到标题轨上，拖动改变标题长短，使其对齐图像文件，如图10.62所示。

**18** 在菜单栏中单击“效果”按钮，在“效果”选项区域中选择“交叉”转场效果，并将其拖动到视频轨上，然后适当调整新添加的标题文字，如图10.63所示。

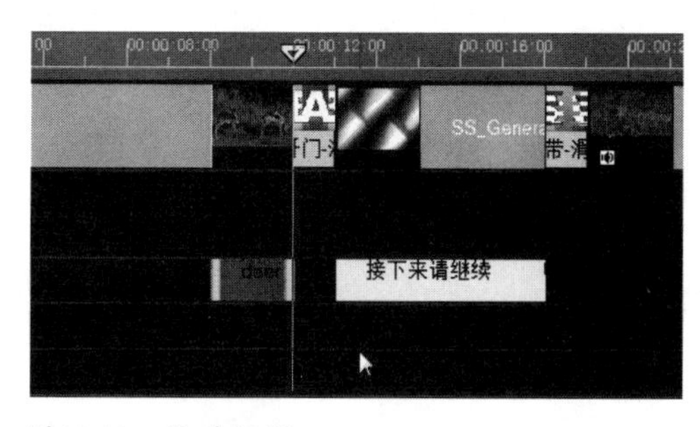


图10.62　拖动标题

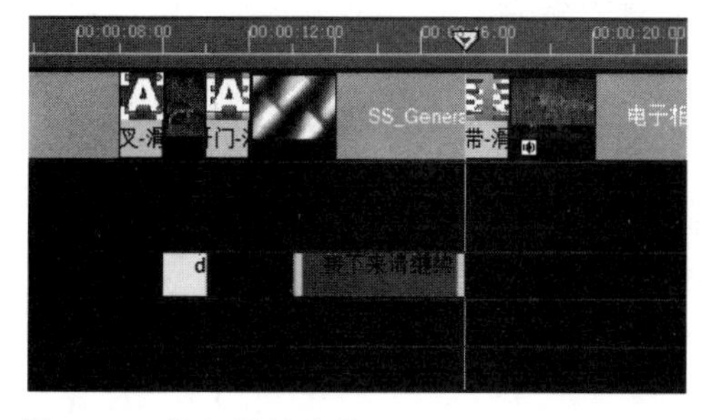


图10.63　添加转场效果

**19** 在“时间轴视图”选项区域中，选择第一个“电子相册”文件，然后单击鼠标右键，在弹出的快捷菜单中选择“分割音频”命令，如图10.64所示。

**20** 在音频轨上可以看到分割出来的音频文件，然后改变其长度至视频“V11”前，如图10.65所示。

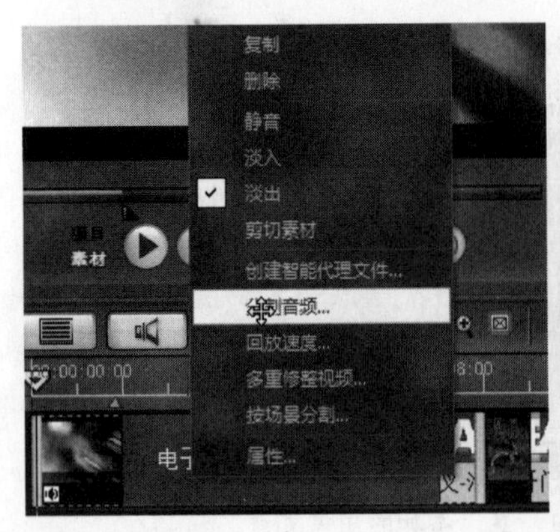


图10.64　分割音频

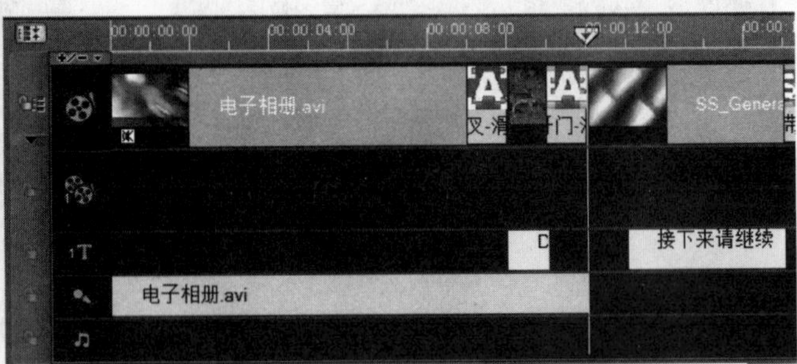


图10.65　改变音频长度

**21** 在菜单栏中单击“音频”按钮，切换到“音频”选项区域。在“音频”选项区域中选择音频“A05”，将其拖动到音频轨上并摆放在适当的位置，然后改变音频的长度，如图10.66所示。

**22** 在菜单栏中单击“分享”按钮，在“分享”选项区域中， 单击“创建视频文件”命令，在弹出的下拉菜单中选择“PAL DV（4∶3）”命令，然后在弹出的“创建视频文件”对话框中设置文件的名称、保存路径，最后单击“保存”按钮。渲染完成后即可在播放器中播放视频文件，如图10.67所示。

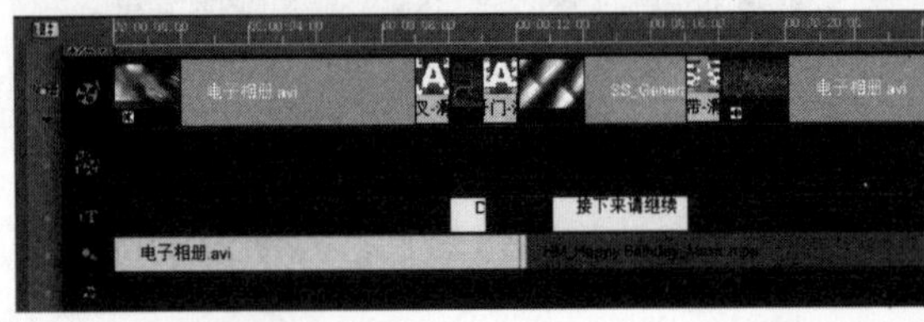


图10.66　添加音频

图10.67　渲染

## 结束语

通过本章的学习，相信读者对网络发布数码照片的知识有了一定的了解，希望感兴趣的读者朋友能够再扩展性地学习一些关于网格相册的知识。